シリーズ
応用最適化
久保幹雄・田村明久・松井知己 編集

6

非線形計画法

山下信雄 著

朝倉書店

まえがき

近年，情報技術の著しい発展に伴い，日々，莫大なデータが生成され，そのデータに基づいたリアルタイムな意思決定が行われている．数理最適化は，データを効率的に処理し，最良の方策を提供するための必要不可欠な技術であり，近年，ますます盛んに研究開発されている．そのような時代の要請に従い，2002 年に『応用数理計画ハンドブック』が朝倉書店より出版された．さらに，そのハンドブックの個々の内容を分化し，より詳細に記述した「応用最適化シリーズ」が刊行されている．本書は，その一環として，ハンドブックの第 11 章「非線形計画法」を分化し，加筆したものである．

本書では，ハンドブックと独立して，より深く「非線形計画法」を学べるように，以下の点を考慮して，執筆・加筆している．

・非線形計画問題の応用問題の紹介
・「最適性の条件」の証明の提供
・古典的な解法に加えて，大規模問題の解法などの紹介

現実的な応用問題の多くは連続変数だけでなく離散変数も持つが，非線形計画問題（連続最適化）に重点をおいている本書では，離散変数は取り扱っていない．幸いなことに，近年，金融工学や機械学習の発展により，（大学生にとっても）興味深い連続変数だけの応用問題が見受けられるようになってきている．そこで，本書の第 1 章では，そのような分野からサポートベクター回帰，資産配分問題を紹介している．「最適性の理論」に関しては，福島雅夫先生による名著『非線形最適化の基礎』が朝倉書店より出版されている．しかし，同書は「最適性の条件」だけではなく，凸解析，双対性理論など高度で多岐にわたる内容を含んでいる．そこで，本書では，「最適性の条件」に限定し，証明の流れを明記することによって，短時間で理解できるように試みている．（理論的証明に，興味がなければ読み飛ばしてもらってもかまわない．）一方，非線形計画問題の代表的な解法である準ニュートン法は，多くの教科書では，呪文のように与えられることが多い．本書では最適性の条件の例題として，その手法の導出を与えている．また，準ニュートン法に関連して，大規模な問題の解法など，『応用数理計画ハンドブック』では

触れなかった解法をいくつか紹介している.

本書を執筆するにあたり多くの方々にお世話になった. まず, 本書の執筆機会を与えていただいた久保幹雄先生, 田村明久先生, 松井知己先生に感謝したい. 先生方には, 執筆中から多くのご助言をいただいた. 特に田村先生には原稿に目を通していただき, 多くの貴重なコメントをいただいた. また, 朝倉書店の編集部には出版までにひとかたならぬお世話になった.

現在のインターネットの時代に, インタラクティブに欠ける教科書はやや古いかもしれない. そこで, 本書に関連した情報や資料は, 適宜, 以下のウェブページで提供していくつもりである.

http://www-optima.amp.i.kyoto-u.ac.jp/~nobuo/NLP

このウェブページも含めて, 本書が日本の数理最適化の発展の一助になることができれば, 望外な幸せである.

2015 年 6 月

山 下 信 雄

目　　次

1.　非線形計画法とは ……………………………… 1
1.1　非線形計画問題 ……………………………… 1
1.2　非線形計画問題の分類 ……………………………… 3
1.3　非線形計画問題の基礎用語 ……………………………… 6
1.4　非線形計画問題の代表的な解法 ……………………………… 10
1.5　非線形計画問題の例 ……………………………… 13
1.5.1　サポートベクター回帰 ……………………………… 13
1.5.2　最 尤 推 定 ……………………………… 15
1.5.3　CVaR を用いた資産配分問題 ……………………………… 15
1.5.4　通信における電力配分問題 ……………………………… 18
1.5.5　行列式最大化問題 ……………………………… 19
1.5.6　ロバスト最適化問題 ……………………………… 19
1.5.7　非線形相補性問題 ……………………………… 20
1.5.8　シミュレーション最適化 ……………………………… 21

2.　凸性と凸計画問題 ……………………………… 23
2.1　凸集合と凸関数 ……………………………… 23
2.1.1　凸　集　合 ……………………………… 24
2.1.2　凸　関　数 ……………………………… 28
2.1.3　凸関数の劣勾配 ……………………………… 35
2.2　凸計画問題の重要性 ……………………………… 36

3.　最適性の条件 ……………………………… 39
3.1　カルーシュ–キューン–タッカー条件 ……………………………… 39
3.2　カルーシュ–キューン–タッカー条件の証明 ……………………………… 46
3.3　制 約 想 定 ……………………………… 58
3.4　最適性の 2 次の条件 ……………………………… 61

4. 双 対 問 題 …… 71
4.1 ラグランジュ緩和問題とラグランジュ双対問題 …… 72
4.2 弱双対定理と強双対定理 …… 75
4.3 双対理論の応用例 …… 79
4.3.1 サポートベクター回帰とカーネルトリック …… 79
4.3.2 緩 和 問 題 …… 82
4.3.3 ロバスト最適化 …… 82

5. 凸 2 次計画問題に対する解法 …… 85
5.1 共役勾配法 …… 85
5.2 双　対　法 …… 91

6. 制約なし最小化問題に対する解法 …… 103
6.1 制約なし最小化問題と降下法 …… 103
6.2 直線探索法 …… 104
6.2.1 最急降下法 …… 108
6.2.2 ニュートン法 …… 109
6.2.3 準ニュートン法 …… 111
6.3 信頼領域法 …… 113
6.3.1 Steihaug 法 …… 119
6.4 大規模な問題の解法 …… 120
6.4.1 非単調直線探索 …… 121
6.4.2 Barzilai と Borwein の方法 …… 122
6.4.3 記憶制限つき BFGS 法 …… 123
6.4.4 共役勾配法 …… 125

7. 非線形方程式と最小二乗問題に対する解法 …… 127
7.1 非線形方程式と非線形計画問題 …… 127
7.2 非線形方程式に対するニュートン法 …… 129
7.3 修正ガウス–ニュートン法 …… 131
7.4 ホモトピー法 …… 134
7.5 一般化ニュートン法 …… 135

8.　制約なし最小化問題に対する微分を用いない解法 …… 141
8.1　微分不可能な最小化問題に対する直線探索法 …… 141
8.2　凸計画問題に対する劣勾配を用いた手法 …… 144
8.3　大域的収束性が保証された微分を用いない最適化法 …… 149
8.3.1　直接探索法 …… 151
8.3.2　simplex gradient を用いた手法 …… 152

9.　制約つき最小化問題に対する解法 …… 154
9.1　射影勾配法 …… 155
9.2　逐次 2 次計画法 …… 157
9.3　内　点　法 …… 163
9.4　拡張ラグランジュ法 …… 171

A.　数 学 用 語 …… 177

B.　補 助 定 理 …… 180

C.　ウルフのルールをみたすステップ幅の求め方 …… 184

D.　修正ガウス–ニュートン法の **2** 次収束性 …… 187

参 考 文 献 …… 192

索　　引 …… 193

1 非線形計画法とは

最適化問題 (optimization problem) は，与えられた制約条件をみたす選択肢のなかから，ある目的に関して最適となるものを求める問題である．例えば，ある 2 地点を結び複数の道の候補のなかから（制約条件），その 2 地点の距離を最小（目的）にする道（解）を求める問題は最適化問題である．最適化問題のなかでも，制約条件や目的が連続関数によって定式化された問題を非線形計画問題 (nonlinear programming problem) あるいは連続最適化問題 (continuous optimization problem) とよぶ．非線形計画問題は，自然科学，工学，社会科学など，様々な分野において現れる重要な問題である．本書の目的は，非線形計画問題の性質および解法の紹介を行うことである．なお，本書で用いる数学記号や用語は付録 A にまとめている．

● 1.1 ● 非線形計画問題 ●

以下では実数の集合を R とする．連続関数 $f : R^n \to R$, $h_i : R^n \to R$, $i = 1, \ldots, m$, $g_j : R^n \to R$, $j = 1, \ldots, r$ が与えられたとき，非線形計画問題は次のように定式化される．

[非線形計画問題]

$$\begin{array}{l|l} \text{目的} & f(\boldsymbol{x}) \;\to\; \text{最小化 (or 最大化)} \\ \text{条件} & h_i(\boldsymbol{x}) = 0, \;\; i = 1, \ldots, m \\ & g_j(\boldsymbol{x}) \le 0, \;\; j = 1, \ldots, r \end{array} \tag{1.1}$$

この定式の意味は以下のとおりである．第 1 行目にある「目的　$f(\boldsymbol{x}) \to$ 最小化」は，「関数 f を最小とする $\boldsymbol{x}$ を求めよ」という意味である．同様に，「目的 $f(\boldsymbol{x}) \to$ 最大化」は，「関数 f を最大とする $\boldsymbol{x}$ を求めよ」という意味である．次に現れる「条件」からの行は，「～という条件のもとで」という意味で，$\boldsymbol{x}$ がみたすべき条件を記述している．

定式化中の $\boldsymbol{x} \in R^n$ が非線形計画問題において求めたい（決定したい）変数であり，これを決定変数 (decision variables) とよぶ．最大化または最小化を考える決定変数の関数 f を目的関数 (objective function) とよぶ．また，「条件」をみたした点 $\boldsymbol{x}$ を実行可能解 (feasible solution) とよび，実行可能解の集合

$$\mathcal{F} := \{x \mid h_i(\boldsymbol{x}) = 0,\ i = 1, \ldots, m,\ g_j(\boldsymbol{x}) \leq 0,\ j = 1, \ldots, r\}$$

を実行可能集合 (feasible set) とよぶ．以下では，特に断らない限り，ベクトル値関数

$$\boldsymbol{h}(\boldsymbol{x}) := \begin{pmatrix} h_1(\boldsymbol{x}) \\ \vdots \\ h_m(\boldsymbol{x}) \end{pmatrix},\ \ \boldsymbol{g}(\boldsymbol{x}) := \begin{pmatrix} g_1(\boldsymbol{x}) \\ \vdots \\ g_r(\boldsymbol{x}) \end{pmatrix}$$

に対して，$\boldsymbol{h}(\boldsymbol{x}) = \boldsymbol{0}$ と $\boldsymbol{g}(\boldsymbol{x}) \leq \boldsymbol{0}$ は，それぞれ $h_i(\boldsymbol{x}) = 0,\ i = 1, \ldots, m$ と $g_j(\boldsymbol{x}) \leq 0,\ j = 1, \ldots, r$ を表すこととする．$\boldsymbol{h}(\boldsymbol{x}) = \boldsymbol{0}$ を等式制約 (equality constraints)，$\boldsymbol{g}(\boldsymbol{x}) \leq \boldsymbol{0}$ を不等式制約 (inequality constraints) とよぶ．等式制約や不等式制約を構成する関数 $h_i,\ i = 1, \ldots, m$ や $g_j,\ j = 1, \ldots, r$ を制約関数 (constraint function) とよぶ．

不等式制約のなかでも，$l_i < u_i$ となるような $l_i, u_i,\ i = 1, \ldots, n$ を用いて，

$$l_i \leq x_i \leq u_i,\ \ i = 1, \ldots, n$$

と表される制約を，上下限制約あるいはボックス制約という．ここで $l_i = -\infty$, $u_i = +\infty$ となることもある．特に，$l_i = 0, u_i = +\infty$ とした制約 $0 \leq x_i$ を非負制約 (nonnegative constraint) という．また，非負制約に 1 つの等式制約がついた次の制約を単位単体制約 (unit simplex constraint) あるいは単体制約 (simplex constraint) という．

$$0 \leq x_i,\ i = 1, \ldots, n,\ \ \sum_{i=1}^{n} x_i = 1$$

この制約は，割合や確率などを表すときによく用いられる制約である．

非線形計画問題は，「実行可能集合 $\mathcal{F}$ のなかから目的関数を最小化（または最大化）する決定変数 $\boldsymbol{x}$ を求めよ」ということができる．なお，以下では，非線形最小化問題 (nonlinear minimization problem)：

$$\text{[非線形最小化問題]}\quad \begin{array}{r|l} \text{目的} & f(\boldsymbol{x}) \quad \to \quad \text{最小化} \\ \text{条件} & \boldsymbol{h}(\boldsymbol{x}) = \boldsymbol{0} \\ & \boldsymbol{g}(\boldsymbol{x}) \leq \boldsymbol{0} \end{array}$$

を中心に扱うこととする．目的関数が $\hat{f}$ で与えられている最大化問題に対しては，$f(\boldsymbol{x}) := -\hat{f}(\boldsymbol{x})$ とすることによって，等価な非線形最小化問題に変形することができる．また，特に断らない限り，最小化問題というときは，非線形最小化問題を意味しているものとする．

● 1.2 ● 非線形計画問題の分類 ●

非線形計画問題は，その目的関数，実行可能集合の性質から，いくつかの問題のグループに分類することができる．

実行可能集合 $\mathcal{F}$ が全空間 R^n で与えられている最小化問題を制約なし最小化問題 (unconstrained minimization problem) という．

$$\text{[制約なし最小化問題]}\quad \begin{array}{r|l} \text{目的} & f(\boldsymbol{x}) \quad \to \quad \text{最小化} \\ \text{条件} & \boldsymbol{x} \in R^n \end{array}$$

一方，制約がある問題を制約つき最小化問題 (constrained minimization problem) とよぶ．制約つき最小化問題のなかでも，等式制約のみの問題を等式制約問題，不等式制約のみの問題を不等式制約問題とよぶ．

目的関数 f と，制約を表す関数 $\boldsymbol{h}$ と $\boldsymbol{g}$ が，1 次関数[*1)]で与えられている最小化問題を線形計画問題 (linear programming problem) とよぶ．n 次元ベクトル $\boldsymbol{c}$, $m+r$ 個の n 次元ベクトル $\boldsymbol{a}^i$, $i = 1, \ldots, m+r$，$m+r$ 個の定数 b_i, $i = 1, \ldots, m+r$ が与えられているとき，線形計画問題は以下のように定式化できる．

$$\text{[線形計画問題]}\quad \begin{array}{r|l} \text{目的} & \boldsymbol{c}^\top \boldsymbol{x} \quad \to \quad \text{最小化} \\ \text{条件} & (\boldsymbol{a}^i)^\top \boldsymbol{x} - b_i = 0, \ \ i \in E \\ & (\boldsymbol{a}^j)^\top \boldsymbol{x} - b_j \leq 0, \ \ j \in G \end{array}$$

ここで，$^\top$ はベクトルの転置を表す．また E と G は $E := \{1, \ldots, m\}$ と $G := \{m+1, \ldots, m+r\}$ で表された添字集合である．線形計画問題に対しては，問題固有の特性を利用した効率的な解法が提案されており，連続最適化問題のなかでも極めて成功をおさめている問題である．

---

*1) 線形関数を平行移動して得られる関数を 1 次関数とよぶ．

一方，目的関数が 2 次形式，つまり，$n \times n$ 行列 Q と n 次元ベクトル $\boldsymbol{q}$ を用いて $f(\boldsymbol{x}) = \frac{1}{2}\boldsymbol{x}^\top Q\boldsymbol{x} + \boldsymbol{q}^\top\boldsymbol{x}$ で表されている問題を **2 次計画問題** (quadratic programming problem) とよぶ．

$$
\textbf{[2 次計画問題]}\quad
\begin{array}{r|l}
\text{目的} & \frac{1}{2}\boldsymbol{x}^\top Q\boldsymbol{x} + \boldsymbol{q}^\top\boldsymbol{x} \quad \to \quad \text{最小化} \\
\text{条件} & (\boldsymbol{a}^i)^\top\boldsymbol{x} - b_i = 0,\ \ i \in E \\
 & (\boldsymbol{a}^j)^\top\boldsymbol{x} - b_j \le 0,\ \ j \in G
\end{array}
$$

Q が半正定値行列で与えられている 2 次計画問題に対しては，内点法や双対法など効率的な解法が提案されており，有限回の演算で解が得られることが知られている．

一般の非線形計画問題のなかでも，目的関数 f が**凸関数** (convex function)，実行可能集合 $\mathcal{F}$ が**凸集合** (convex set) であるような問題は扱いやすい．そのような問題を**凸計画問題** (convex programming problem) とよぶ．ここで，関数 f が凸であるとは，

$$f(\alpha\boldsymbol{x} + (1-\alpha)\boldsymbol{y}) \le \alpha f(\boldsymbol{x}) + (1-\alpha)f(\boldsymbol{y}), \quad \forall\boldsymbol{x}, \boldsymbol{y} \in R^n,\ \forall\alpha \in [0,1]$$

が成り立つことをいい，集合 S が凸集合であるとは，

$$\forall\boldsymbol{x}, \boldsymbol{y} \in S \Rightarrow \alpha\boldsymbol{x} + (1-\alpha)\boldsymbol{y} \in S, \quad \forall\alpha \in [0,1]$$

が成り立つことをいう（図 1.1 参照）．なお，線形計画問題や Q が半正定値行列で与えられている 2 次計画問題は凸計画問題となる．

2 次計画問題をさらに一般化したものに**多項式計画問題** (polynomial optimization problem) がある．これは，目的関数および制約関数が決定変数 $\boldsymbol{x}$ の多項式

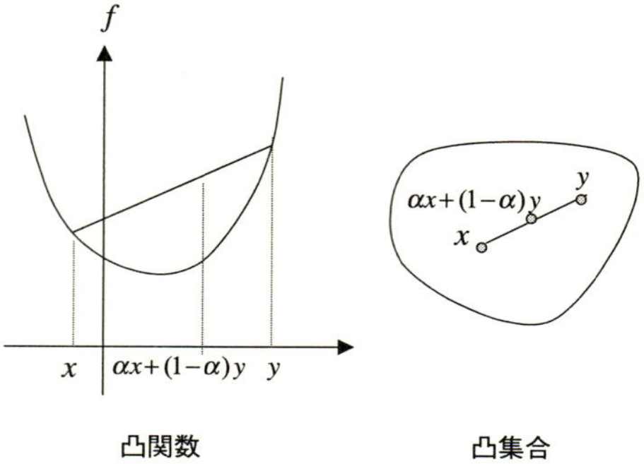

図 **1.1**　凸関数と凸集合

で表されている問題である．

また，不等式制約において，不等式を一般化したものに**錐計画問題** (cone programming problem) がある．ここで，錐とは，$x \in K$ であれば，任意の $\alpha \geq 0$ に対して，$\alpha x \in K$ となる集合 K のことである．各成分が非負となるベクトルの集合 $R^n_+ = \{x \in R^n \mid x_i \geq 0,\ i = 1, \ldots, n\}$ は錐となる．不等式制約 $g_j(\boldsymbol{x}) \leq 0,\ j = 1, \ldots, r$ は，錐 R^r_+ を用いて $-\boldsymbol{g}(\boldsymbol{x}) \in R^r_+$ と表すことができる．R^r_+ を錐 K に一般化したものが錐計画問題である．

$$
\text{[錐計画問題]} \quad \begin{array}{r|l} \text{目的} & f(\boldsymbol{x}) \quad \rightarrow \quad \text{最小化} \\ \text{条件} & \boldsymbol{h}(\boldsymbol{x}) = \boldsymbol{0} \\ & \boldsymbol{g}(\boldsymbol{x}) \in K \end{array}
$$

ここで，K が半正定値行列の集合のとき，**半正定値計画問題** (semidefinite programming problem) とよぶ．

次に，より複雑な制約条件や目的をもつ問題を紹介しよう．次の問題のように，制約条件が他の問題の解の集合を用いて定義されている問題を **2 段階計画問題** (bilevel programming problem) という．

$$
\text{[2 段階計画問題]} \quad \begin{array}{r|l} \text{目的} & f(\boldsymbol{x}, \boldsymbol{y}) \quad \rightarrow \quad \text{最小化} \\ \text{条件} & \boldsymbol{x} \in X \\ & \boldsymbol{y} \in S(\boldsymbol{x}) \end{array}
$$

ここで，X は決定変数 $\boldsymbol{x}$ のみに関わる制約条件を表し，$S(\boldsymbol{x})$ は $\boldsymbol{x}$ を固定した（パラメータとした）次の非線形計画問題の解の集合である．

$$
\begin{array}{r|l} \text{目的} & \hat{f}(\boldsymbol{x}, \boldsymbol{y}) \quad \rightarrow \quad \text{最小化} \\ \text{条件} & \boldsymbol{y} \in Y(\boldsymbol{x}) \end{array}
$$

この問題の決定変数は $\boldsymbol{y}$ であり，$Y(\boldsymbol{x})$ はこの問題の実行可能集合である．

これまでは，暗黙のうちに決定変数および制約条件の数を有限のものとしていた．これらのものが無限にあるものを**無限計画問題** (infinite programming problem) という．特に，決定変数の数は有限であるが，制約条件が無限個あるような問題を**半無限計画問題** (semi-infinite programming problem) という．

$$
\text{[半無限計画問題]} \quad \begin{array}{r|l} \text{目的} & f(\boldsymbol{x}) \quad \rightarrow \quad \text{最小化} \\ \text{条件} & g_j(\boldsymbol{x}) \leq 0,\ j \in J \end{array}
$$

ここで，集合 J の要素数は無限であることを許している．

現実の問題では，目的が2つ以上あるようなことが多い．そのような問題を多目的最適化問題 (multi-objective optimization problem) とよぶ．

● 1.3 ● 非線形計画問題の基礎用語 ●

本節では，本書を通して必要となる基本的な用語や数学的性質の説明を行う．

最小化問題において，実行可能集合 $\mathcal{F}$ 上のすべての $\boldsymbol{x}$ の目的関数値よりも大きくならない目的関数値をもつ点 $\bar{\boldsymbol{x}} \in \mathcal{F}$ を，その問題の**大域的最小解** (global minimum) あるいは**大域的最適解** (global optimum) とよぶ（図 1.2）．大域的最小解では，

$$f(\bar{\boldsymbol{x}}) \leq f(\boldsymbol{x}), \quad \forall \boldsymbol{x} \in \mathcal{F}$$

が成り立つ．また，大域的最小解の目的関数値 $f(\bar{\boldsymbol{x}})$ を大域的最小値 (global minimum) とよぶ．

凸計画問題などを除いて，現在の計算機では大域的最小解を求めることが難しい．実際，その点が大域的最小解であるかどうか判別することすらできないことがある*2)．そのため，次の**局所的最小解** (local minimum) という概念が重要となる．点 $\hat{\boldsymbol{x}} \in \mathcal{F}$ に対して，

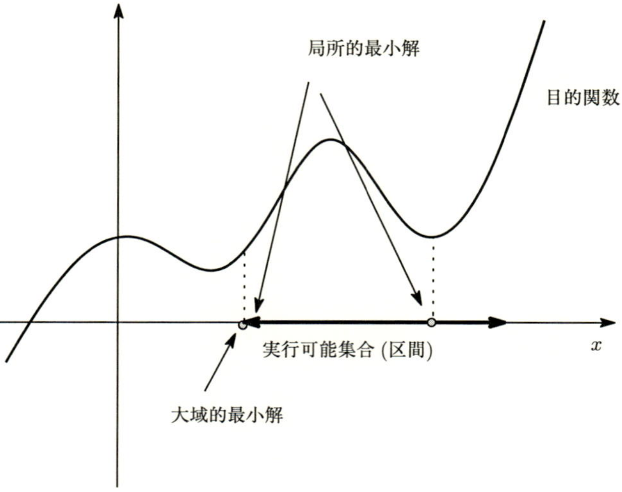

図 1.2 大域的最小解，局所的最小解

*2) f の性質が未知のときには，実行可能集合 $\mathcal{F}$ 上のすべての点の関数値を知る必要がある．

$$f(\hat{\boldsymbol{x}}) \le f(\boldsymbol{x}),\ \ \forall \boldsymbol{x} \in B(\hat{\boldsymbol{x}}, \varepsilon) \cap \mathcal{F},\ \boldsymbol{x} \neq \hat{\boldsymbol{x}}$$

となる ε が存在するとき，$\hat{\boldsymbol{x}}$ を最小化問題の**局所的最小解**あるいは**局所的最適解** (local optimum) とよぶ（図 1.2 参照）．ただし，$B(\hat{\boldsymbol{x}}, \varepsilon) = \{\boldsymbol{x} \in R^n \mid \|\boldsymbol{x} - \hat{\boldsymbol{x}}\| \le \varepsilon\}$ である．さらに上の不等式が狭義に（等式なしで）成り立つとき，$\hat{\boldsymbol{x}}$ を**狭義の局所的最小解** (strictly local minimum) とよぶ．

実際には，局所的最小解であるかどうかの判別も困難である．そこで，計算機で容易に判別することが可能な条件がいくつか調べられており，そのような条件を**最適性の条件** (optimality condition) とよぶ．最適性の条件については，第 3 章において説明する．最適性の条件には，$\boldsymbol{x}$ が最適解（局所的最小解）であるときにみたされる最適性の必要条件と，最適解であることを保証する最適性の十分条件がある．これまでに知られている最適性の十分条件はかなり厳しいものである．一方，最適性の必要条件を理解することは，以下の意味で重要である．

- 非線形計画問題の解法の多くは最適性の必要条件をみたした点 $\boldsymbol{x}$ を求める手法である．
- 凸計画問題など，特別な問題においては最適性の必要条件をみたした点が最適解となる（そのため，現実問題を非線形計画問題にモデル化（定式化）する際に，f, h, g がそのような問題となるように考慮する必要がある）．

このような理由のため，定式化および解法の構築をする以前に，最適性の必要条件を熟知することが望ましい．

以下では，大域的最小解，局所的最小解，あるいは最適性の条件をみたす点のことを，特に区別しないで，**最適解** (optimal solution) ということにする．また，最適解に近い解を近似解とよぶことにする．

第 4 章では，非線形計画問題に対して，**双対問題** (dual problem) とよばれる問題を導出し，その性質を紹介する．以下の理由より，特定の非線形計画問題に対しては，双対問題を考えるとよい場合がある．

- 元の問題（主問題）よりも扱いやすい問題となることがある．
- 双対問題の解が，主問題の目的関数値の下界値を与える．

次に非線形計画問題の解法，アルゴリズムにおける用語を定義する．多くのアルゴリズムでは，非線形計画問題の解 $\boldsymbol{x}^*$ に収束する点列 $\{\boldsymbol{x}^k\} = \{\boldsymbol{x}^0, \boldsymbol{x}^1, \ldots\}$ を順次生成する．このように点列を生成していく手法を**反復法** (iterative method)

とよぶ．また，反復法において，はじめの点 $\boldsymbol{x}^0$ を特に**初期点** (initial point) とよぶ．

反復法によっては，次の反復点 $\boldsymbol{x}^{k+1}$ を得るために，元の非線形計画問題を簡単にした問題を解く．このような問題を**部分問題** (subproblem) とよぶ．部分問題が元の問題をよく近似できていたら，その最適解は元の問題においてもよい近似解となる．しかし，部分問題が難しくなってしまっては，計算時間の観点から好ましくない．

反復法において，任意の初期点 $\boldsymbol{x}^0$ から始めて，非線形計画問題の何らかの解に収束するとき，その反復法は**大域的収束** (global convergence) するという．ここで「何らかの解」とは，必ずしも大域的最小解というわけではなく，局所的最小解であったり，最適性の必要条件をみたす実行可能解であったりすることに注意してほしい．つまり，大域的収束の「大域」とは，大域的最小解の「大域」という意味ではなく，初期点を「大域的」に選べるということである．また，理論的な証明上の都合から，次の場合も「収束する」という．

1. 点列 $\{\boldsymbol{x}^k\}$ が解 $\boldsymbol{x}^*$ に収束する．
2. 点列 $\{\boldsymbol{x}^k\}$ が有界で，任意の集積点が解となる．
3. 点列 $\{\boldsymbol{x}^k\}$ の任意の集積点が解となる．

もちろん，1.，2.，3. の順番で好ましい「大域的収束性」である．ここで，点 $\boldsymbol{x}^*$ が点列 $\{\boldsymbol{x}^k\}$ の集積点であるとは，$\{\boldsymbol{x}^k\}$ のなかに $\boldsymbol{x}^*$ に収束する無限部分列が存在することである．また，点列 $\{\boldsymbol{x}^k\}$ が有界であれば（発散しなければ）必ず集積点をもつので，2. の意味で大域的収束するアルゴリズムであれば，解を得るという目的は達成することができる．一方，3. の意味での大域的収束性は，点列が発散する場合もあり，その場合は解が得られない．

一方，解のそばの初期点から始めたときには，生成された点列が解に収束することができる反復法は**局所的収束** (local convergence) するという．

次に反復法の速さを議論する用語について説明する．非線形計画問題では，有限回の演算では，厳密な最適解が求まらないことがある．例えば，$f(\boldsymbol{x}) = x, h(\boldsymbol{x}) = x^2 - 2$ という等式制約問題を考えてみよう．この問題の解は $\sqrt{2}$ であるが，$\sqrt{2}$ は有限回の演算で表現することはできない．そのため，非線形計画法のアルゴリズムでは，次の**収束率** (rate of convergence) を用いてアルゴリズムの優劣を比較することが多い．

定義 1.1　点列 $\{\boldsymbol{x}^k\}$ は $\boldsymbol{x}^*$ に収束するものとする．

- 次の不等式をみたす正の定数 $c \in (0,1)$ が存在するとき，点列 $\{\boldsymbol{x}^k\}$ は $\boldsymbol{x}^*$ に **1 次収束** (linear convergence) するという．

$$\|\boldsymbol{x}^{k+1} - \boldsymbol{x}^*\| \le c\|\boldsymbol{x}^k - \boldsymbol{x}^*\|$$

- 次の不等式をみたす正の定数 p が存在するとき，点列 $\{\boldsymbol{x}^k\}$ は $\boldsymbol{x}^*$ に $\boldsymbol{p}$ **次収束** (convergence with order p) するという．

$$\lim_{k\to\infty} \frac{\|\boldsymbol{x}^{k+1} - \boldsymbol{x}^*\|}{\|\boldsymbol{x}^k - \boldsymbol{x}^*\|^p} < \infty$$

- 次の不等式をみたす 0 に収束する数列 $\{c_k\}$ が存在するとき，点列 $\{\boldsymbol{x}^k\}$ は $\boldsymbol{x}^*$ に**超 1 次収束** (superlinear convergence) するという．

$$\|\boldsymbol{x}^{k+1} - \boldsymbol{x}^*\| \le c_k\|\boldsymbol{x}^k - \boldsymbol{x}^*\|$$

$p > 1$ 以上の p 次収束する点列は超 1 次収束する．

ここで，次の列 $\{y^k\}$ と $\{z^k\}$ を考えてみよう．

$$y^k = 0.5^k$$
$$z^k = 0.5(z^{k-1})^2$$

ここで，$z^0 = 1$ とする．この点列 $\{y^k\}$ は，0 に 1 次収束している．一方，点列 $\{z^k\}$ は，0 に 2 次収束している．これを計算してみると，表 1.1 となる．この表より，2 次収束するアルゴリズムは極めて速いことがわかる．

一般に，1 次収束以上の速い収束をするアルゴリズムは，目的関数の勾配やヘッセ行列の情報を必要とする．そのような情報が得られない，例えば，微分不可能

表 1.1　1 次収束と 2 次収束

k	y^k	z^k
0	1	1
1	0.5	0.5
2	0.25	0.125
3	0.125	0.0078125
4	0.0625	0.0000305
⋮	⋮	⋮

な関数の最適化においては，1 次収束より速い収束は期待できないが，次のような不等式をみたすことがある．

$$\|\boldsymbol{x}^k - \boldsymbol{x}^*\| \leq \frac{a}{k^b}$$

ここで，a および b は正の定数である．このような収束をするとき，点列 $\{\boldsymbol{x}^k\}$ は $\boldsymbol{x}^*$ に**劣 1 次収束** (sublinear convergence) するという．

● 1.4 ● 非線形計画問題の代表的な解法 ●

非線形計画問題に様々な解法がある．第 5–9 章では，非線形計画問題の代表的な解法の紹介をおこなう．それらの解法を選択する際に，解くべき問題の分類や特徴を理解することが大事である．以下では，解法を選択する際に考慮すべき性質を列挙する．

問題の種類　非線形計画問題はおおまかに，制約なし最小化問題，凸 2 次計画問題，凸計画問題，それ以外の問題に分類できる．凸計画問題の解法を用いれば，凸 2 次計画問題を解くことができる．しかし，問題特有の性質を利用した解法を用いたほうが，より効率的に解くことができる．そのため，問題に特化して開発された解法がある場合は，それを使ったほうがよい．

目的関数や制約関数から得られる情報　目的関数や制約関数が 2 回微分可能であるとき，それらの性質を利用したほうが精度のよい解を高速に得ることができる．しかし，問題によっては，微分不可能であったり，簡単には勾配の計算ができないことがある．そのようなときは，勾配や 2 階微分を利用した解法を適用することができない．

必要な解の精度　解くべき問題の状況によっては，必要とされる最適解の精度が異なる．厳密な解が必要なときもあれば，近似解で十分なときもある．例えば，統計などの分野で現れる非線形計画問題では，問題の定式化においてすでに誤差が含まれていたりすることが多い．そのようなときに，高精度な解を求める必要はない．一般に，精度が高い解が欲しいときは，2 次の微分の情報を用いるニュートン法が適している．一方，それほど精度は必要としない大規模な問題に対しては，勾配だけを用いる最急降下法や射影勾配法で十分なことが多い．

計算時間のボトルネック　非線形計画問題に対する反復法において，時間を要する計算は，おおまかにいって，関数値の評価，勾配やヘッセ行列の評価，それら以外の各反復の計算（線形方程式を解くことなど），があげられる．これらの時間は，通常，「関数値の評価」≒「勾配やヘッセ行列の評価」＜「各反復の計算」と考えられている．そのため，一般には各反復の計算時間を考慮して，解法を選択することになる．

一方，目的関数の評価がシミュレーションや数値計算（数値積分など）によって行われるとき，「勾配やヘッセ行列の評価」≫「関数値の評価」≫「部分問題の求解」となることがある．このようなときは，各反復の計算の手間はそれほど重要ではなく，なるべく少ない関数評価回数で解が求まる手法を選ぶ必要がある．

初期点の選択　問題によっては，近似解が容易に推定できるものがある．その近似解を初期点として，反復法を実行すれば，効率よく解が求まるはずである．例えば，以前に解いた問題に対して，目的関数や制約関数が微小に変化した問題を解きたいときがある．そのとき，以前に解いた問題の最適解を初期点として選ぶことができたら都合がよい．このようなことができるためには，初期点を自由に選ぶことができる解法でなければならない．内点法のように，初期点がみたすべき条件があるような解法は，そのような初期点を利用できないことがある．

実装の容易さ　市販のパッケージソフトを使うときには問題にならないが，自分で実装したり，他の数値計算で利用したりする際には，実装の容易さも解法の選択基準の１つになる．例えば，制約なし最小化問題に対して，ニュートン法と信頼領域法を組み合わせた手法は優れた収束性をもつが，自動微分や部分問題を解くプログラムなどが必要となり，一般のユーザには実装が難しい．一方，準ニュートン法は，計算時間にはやや難があるが，その実装は容易である．

本書では，以下の解法を紹介する．第５章では，凸２次計画問題の解法を紹介する．凸２次計画問題は，一般の非線形計画問題の解法の部分問題としても現れる重要な問題である．第６章では制約なし最小化問題を扱い，特に最急降下法，ニュートン法，準ニュートン法および信頼領域法を紹介する．制約つきの最小化問題を考える上で，非線形方程式の解法が重要となることが多い．第７章では，方程式系に対する様々なニュートン型の手法を紹介する．第８章では，微分を用いない最適化法を紹介する．特に，微分不可能な凸計画問題に対する劣勾配法，

bundle 法を解説する．また，微分可能ではあるが，勾配が簡単に計算できないような問題に対して，目的関数値のみを利用した最適化法をいくつか紹介する．続いて第 9 章では制約つき最小化問題を扱い，**射影勾配法**，**逐次 2 次計画法**，**内点法**，**拡張ラグランジュ法（乗数法）**(augmented Lagrangian method (method of multipliers)) の説明をする．

これらの手法の特徴を表 1.2–1.4 にまとめたので，非線形計画問題の解法としてどの手法を用いるか選択する際には参考にしてもらいたい．

表 **1.2** 制約なし最小化問題に対するアルゴリズム

手 法	勾配	ヘシアン	計算量	大域的収束性 収束率	備 考
最急降下法 （+直線探索法）	必要	不必要	n^2	する 1 次	実装は容易だが精度がよい解を求めるのは遅い．
ニュートン法 （+直線探索法）	必要	必要	n^3	しない 2 次	解の近傍では高速
ニュートン法 （+信頼領域法）	必要	必要	n^3	する 2 次	収束性が優秀．実装が難
準ニュートン法 （+直線探索法）	必要	不必要	n^2	する 超 1 次	実装が簡単．大規模な問題には不適
共役勾配法	必要	不必要	n^2	工夫次第 超 1 次	大規模な問題に有効

ここで「勾配」「ヘシアン」は目的関数の勾配やヘッセ行列が必要かどうかを意味している．計算量は，アルゴリズムの 1 反復に必要な計算量の目安である（目的関数値，勾配の計算が $O(n^2)$ であると想定）．なお，上記の欠点を克服する工夫がいろいろと考案されているため，これらの性質が必ず成り立つというわけではない．

表 **1.3** 凸 2 次計画問題に対するアルゴリズム

手 法	備 考
双対法	小中規模な問題に有効．有限回で終了．任意の初期点から始められる
内点法	中大規模な問題に有効．有限回（多項式時間）で終了．初期点は内点にとる必要がある．

表 **1.4** 制約つき最小化問題に対するアルゴリズム

手 法	備 考
逐次 2 次計画法	任意の初期点から始められる．1 回の反復に 2 次計画問題を解かなければならない．
内点法	部分問題が線形方程式．大規模な問題に有効．
拡張ラグランジュ法	1 回の反復に（簡単な制約をもつ）非線形計画問題を解かなければならない．超大規模な問題に有効．

1.5 非線形計画問題の例

ここでは，非線形計画問題に定式化される問題をいくつか紹介しよう．

1.5.1 サポートベクター回帰

入力 $\boldsymbol{x}^i \in R^n$ と出力 $y_i \in R$ のデータが m 個与えられているとする．このとき $f(\boldsymbol{x}^i) = y_i$, $i = 1, \ldots, m$ となるような関数 $f : R^n \to R$ を推定することは，多くの分野において重要な役割を果たす．例えば，入力を天候データ，出力を天気予報と考えると，関数 f は天気予報を与える関数となる．

まず，f が 1 次関数，つまり $\boldsymbol{w} \in R^n$, $b \in R$ を用いて

$$f(\boldsymbol{x}) = \boldsymbol{w}^\top \boldsymbol{x} + b \tag{1.2}$$

と表されている場合を考えよう．ここで，t の絶対値が ε 以内であれば 0，そうでなければその差を出力する関数を l_ε とする（図 1.3）．

$$l_\varepsilon(t) = \begin{cases} 0, & -\varepsilon \le t \le \varepsilon \\ |t| - \varepsilon, & \text{それ以外} \end{cases}$$

ここで，各データペア $(\boldsymbol{x}^i, y^i)$ に対して，推定された関数 f の値 $f(\boldsymbol{x}^i)$ と実際の出力 y^i との差が ε を超える大きさを推定の誤差と定義する．この誤差は，関数 l_ε を用いて，$l_\varepsilon(\boldsymbol{w}^\top \boldsymbol{x}^i + b - y^i)$ で表すことができる．

よって，すべてのデータに対する誤差の和を最小とする 1 次関数 f を求める問題は

$$\begin{array}{l|l} \text{目的} & \sum_i^m l_\varepsilon(\boldsymbol{w}^\top \boldsymbol{x}^i + b - y^i) + C\|\boldsymbol{w}\|^2 \quad \to \quad \text{最小化} \\ \text{条件} & \boldsymbol{w} \in R^n,\ b \in R \end{array}$$

と定式化できる．ただし，C は正の定数であり，$C\|\boldsymbol{w}\|^2$ は正則化項とよばれる

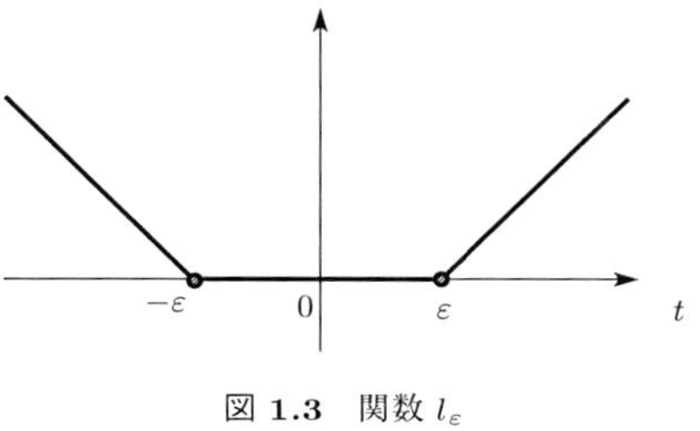

図 1.3 関数 l_ε

項である．もしこのような項がなければ，m 個のデータのなかに特異なデータが含まれていたら，そのデータにも適合した関数 f が求まってしまう．そのようなことを抑える働きをするのが正則化項である．

この問題は，$\boldsymbol{w}$ と b を決定変数とした制約なし最小化問題である．しかし，目的関数に含まれる l_ε が微分不可能なため，そのまま解くことは容易ではない．そこで，変数 t_i, $i = 1, \ldots, m$ を導入することによって，次の 2 次計画問題に変換する．

$$\begin{array}{c|l} \text{目的} & \sum_i^m t_i + C\|\boldsymbol{w}\|^2 \quad \to \quad \text{最小化} \\ \text{条件} & \varepsilon + t_i \geq \boldsymbol{w}^\top \boldsymbol{x}^i + b - y^i \geq -t_i - \varepsilon, \ \ i = 1, \ldots, m \end{array} \tag{1.3}$$

この問題の最適解 $(\boldsymbol{w}^*, b^*)$ では，多くの入力データ $\boldsymbol{x}^i$ においては，誤差 $l_\varepsilon((\boldsymbol{w}^*)^\top \boldsymbol{x}^i + b^* - y^i)$ が 0 となる．一方，いくつかのデータ $(\boldsymbol{x}^j, y^j)$ では $|(\boldsymbol{w}^*)^\top \boldsymbol{x}^j + b^* - y^j| = \varepsilon$ が成立する．このことは，多くのデータペアは，2 次計画問題 (1.3) の不等式制約が狭義に成り立つ（等号なしで成り立つ）が，$|(\boldsymbol{w}^*)^\top \boldsymbol{x}^j + b^* - y^j| = \varepsilon$ となるデータペア $(\boldsymbol{x}^j, y^j)$ では，この不等式制約が等式で成り立つことを意味している．つまり，問題 (1.3) において本質的に重要なデータは $|(\boldsymbol{w}^*)^\top \boldsymbol{x}^j + b^* - y^j| = \varepsilon$ となるデータペア $(\boldsymbol{x}^j, y^j)$ である．このようなデータペアをサポートベクターという．また，問題 (1.3) を解くことによって関数 f を求めることを**サポートベクター回帰** (support vector regression) という．

上記の定式化は，関数 f が 1 次式でなくても，ある適当な非線形ベクトル値関数 ϕ を用いて $f(\boldsymbol{x}) = \boldsymbol{w}^\top \phi(\boldsymbol{x}) + b$ と考えれば，非線形関数を推定する問題へ拡張することができる．例えば，$n = 2$ で，$\phi(\boldsymbol{x}) = (x_1, x_2, x_1 x_2, x_1^2, x_2^2)^\top$ とすると，関数 $f(\boldsymbol{x}) = \boldsymbol{w}^\top \phi(\boldsymbol{x}) + b$ は 2 次関数となる．

問題 (1.3) では，入力データ $\boldsymbol{x}^i$ は定数であるから，これを定数 $\phi(\boldsymbol{x}^i)$ に置き換えても，決定変数 $\boldsymbol{w}, b$ の問題としてみた場合，問題の本質は変わらない．実際，このようにして非線形関数 f を求める問題は，

$$\begin{array}{c|l} \text{目的} & \sum_i^m t_i + C\|\boldsymbol{w}\|^2 \quad \to \quad \text{最小化} \\ \text{条件} & \varepsilon + t_i \geq \boldsymbol{w}^\top \phi(\boldsymbol{x}^i) + b - y^i \geq -t_i - \varepsilon, \ \ i = 1, \ldots, m \end{array}$$

と表され，2 次計画問題となる．

1.5.2 最尤推定

確率変数を含む確率モデルを考えるとき，その確率モデルに含まれるパラメータの推定は，統計分野における重要な課題の1つである．例えば，ある集団の身長を確率変数と考えたとき，その集団の一部のサンプルデータから，その確率変数の従う確率分布を推定するということが考えられる．このとき，確率分布が正規分布であれば，正規分布は2つのパラメータ，平均と分散が決まれば一意に定まるので，平均と分散を推定することになる．以下では，このようなパラメータの推定方法の1つである最尤推定 (maximum likelihood estimation) が，非線形計画問題として定式化されることをみよう．

いま，確率変数 $y \in R$ は，パラメータ $\boldsymbol{x}$ を含む確率密度関数 $p(y;\boldsymbol{x})$ に従っているとする．このとき，実現したデータ $y_i,\ i=1,\ldots,m$ から，パラメータ $\boldsymbol{x}$ を推定したい．

各データ y_i が独立に出現したとすると，その確率密度の値は

$$\prod_{i=1}^{m} p(y_i;\boldsymbol{x})$$

で与えられる．これを尤度という．このデータの実現 $y_i,\ i=1,\ldots,m$ が確率的に一番起こりやすかったと考え，パラメータ $\boldsymbol{x}$ はそうなるように選ぶことを考える．つまり，尤度が最大となるパラメータ $\boldsymbol{x}$ が一番尤(もっと)もらしいと考えるのである．このようにしてパラメータ $\boldsymbol{x}$ を推定する手法を最尤推定という．その際に解かれるのが次の制約なしの最大化問題である．

$$\begin{array}{r|l} \text{目的} & \prod_{i=1}^{m} p(y_i;\boldsymbol{x}) \quad \to \quad \text{最大化} \\ \text{条件} & \boldsymbol{x} \in R^n \end{array}$$

事前に，パラメータ $\boldsymbol{x}$ の存在範囲がわかっているときは，それを制約条件に加えればよい．また，計算の都合上，尤度の代わりに，その対数をとった $\sum_{i=1}^{m} \ln p(y_i;\boldsymbol{x})$ の最大化問題を解くこともある．これを対数尤度という．

1.5.3 CVaR を用いた資産配分問題

投資家が様々な資産に投資する際に，それぞれの資産にどれくらいの割合（資産配分，ポートフォリオ）で投資するかを数理的に決定する問題を資産配分問題 (asset allocation problem) という．その際に重要になるのは，儲け（リターン）と損失（リスク）をどのように表すかである．通常，それらはポートフォリオの連続関数として表されるため，資産配分問題の多くは，非線形計画問題として定

式化される．

まず，一般的な資産配分問題の定式化を与えよう．n 種の資産 $S_j, j=1,\ldots,n$ に投資することを考える．ポートフォリオを $\boldsymbol{x}=(x_1,\ldots,x_n)^\top$ とする．以下では空売りを考えない．このとき，ポートフォリオ $\boldsymbol{x}$ は単体制約

$$\sum_{j=1}^{n} x_j = 1, \quad x_j \geq 0, \quad j=1,\ldots,n$$

をみたさなければならない[*3)]．資産 S_j の収益率を R_j とすると，ポートフォリオ $\boldsymbol{x}$ の収益率 $R(\boldsymbol{x})$ は

$$R(\boldsymbol{x}) = \sum_{j=1}^{n} R_j x_j$$

で表される．ここで R_j は確率変数であるため，$R(\boldsymbol{x})$ も確率変数となる．以下では，期待収益をある値以上確保しつつリスクを最小化するモデルを考える．リスクを表す関数を $u(\boldsymbol{x})$ とし，最低限確保する期待収益を γ とすると，このモデルは次のように定式化できる．ただし，$E[\cdot]$ は確率変数の期待値である．

$$\begin{array}{c|l} \text{目的} & u(\boldsymbol{x}) \quad \to \quad \text{最小化} \\ \text{条件} & x_i \geq 0, \quad i=1,\ldots,n \\ & \sum_{i=1}^{n} x_i = 1 \\ & \sum_{i=1}^{n} E[R_i] x_i \geq \gamma \end{array}$$

資産配分問題ではリスクを表す関数 $u(\boldsymbol{x})$ の定義が重要であり，これまでに様々なものが提案されている．以下では，リスクとして CVaR を用いるモデルの詳細を説明する．

ポートフォリオ $\boldsymbol{x}$ が与えられたときの損失を表す関数を $f(\boldsymbol{x},\boldsymbol{R})$ とする．ただし，$\boldsymbol{R}=(R_1,\ldots,R_n)^\top$ である．よく用いられる損失関数として，$f(\boldsymbol{x},\boldsymbol{R}) = -\sum_{i=1}^{n} R_i x_i$ がある．以下では簡単のため，$f(\boldsymbol{x},\boldsymbol{R}) = -\sum_{i=1}^{n} R_i x_i$ の場合のみを考える．

損失 $f(\boldsymbol{x},\boldsymbol{R})$ は，確率変数 $\boldsymbol{R}$ を含むため，確率変数である．損失の分布関数を $\Phi(\cdot|\boldsymbol{x})$ とする．

$$\Phi(v|\boldsymbol{x}) = \mathrm{P}\left(f(\boldsymbol{x},\boldsymbol{R}) \leq v\right)$$

ここで，$\Phi(v|\boldsymbol{x}) \geq \beta$ であれば，損失が v 以上となる確率が $1-\beta$ 以下となることに注意しよう．分布関数値 $\Phi(v|\boldsymbol{x})$ が β 以上となる損失のなかで最小の損失を Value

*3) 以下の議論は，ある凸多面体集合 $X \subseteq R^n$ に対して，$\boldsymbol{x} \in X$ と一般化しても成り立つ．

at Risk（以下 VaR）という．以下では，VaR を $\boldsymbol{x}$ の関数として，$u_{\mathrm{VaR}}(\boldsymbol{x};\beta)$ と表す．

$$u_{\mathrm{VaR}}(\boldsymbol{x};\beta) = \min\{v \mid \Phi(v|\boldsymbol{x}) \geq \beta\}$$

例えば，ポートフォリオ $\boldsymbol{x}$ に対して，$u_{\mathrm{VaR}}(\boldsymbol{x};0.99) = 0.2$ であれば，ポートフォリオ $\boldsymbol{x}$ の価値が 20%以上下がる可能性は 1%以下であることがいえる．

$u_{\mathrm{VaR}}(\boldsymbol{x};\beta)$ の最小化は難しいことが知られている．そこで，VaR と関連し，最適化しやすいリスクとして conditional VaR（以下 CVaR）が提案されている．CVaR は，VaR 以上の損失の期待値として定義される．以下では CVaR を $u_{\mathrm{CVaR}}(\boldsymbol{x};\beta)$ と表す．

$$u_{\mathrm{CVaR}}(\boldsymbol{x};\beta) = u_{\mathrm{VaR}}(\boldsymbol{x};\beta) + \frac{1}{1-\beta}E\left[\max\{0, f(\boldsymbol{x},\boldsymbol{R}) - u_{\mathrm{VaR}}(\boldsymbol{x};\beta)\}\right]$$

なお，CVaR は

$$F(\boldsymbol{x},v;\beta) = v + \frac{1}{1-\beta}E\left[\max\{0, f(\boldsymbol{x},\boldsymbol{R}) - v\}\right]$$

を用いて

$$u_{\mathrm{CVaR}}(\boldsymbol{x};\beta) = \min_{v} F(\boldsymbol{x},v;\beta)$$

と表すことができる．そのため CVaR をリスクとした資産配分問題は

$$\begin{array}{l|l} \text{目的} & v + \frac{1}{1-\beta}E\left[\max\{0, f(\boldsymbol{x},\boldsymbol{R}) - v\}\right] \quad \to \quad \text{最小化} \\ \text{条件} & x_i \geq 0, \quad i = 1,\ldots,n \\ & \sum_{i=1}^{n} x_i = 1 \\ & \sum_{i=1}^{n} E[R_i]x_i \geq \gamma \end{array} \tag{1.4}$$

と書ける．ここで決定変数は $\boldsymbol{x}$ と v である．この定式化では，$u_{\mathrm{VaR}}(\boldsymbol{x};\beta)$ が陽に現れないため VaR を計算する必要がないことに注意しよう．

一般には資産の収益率 R_i の確率分布が未知であるため，過去のデータ（あるいはサンプルデータ）を用いて計算した推定値で代用することが多い．r_i^t を，過去の時刻 $t\ (=1,\ldots,T)$ での確率変数 R_i の実測値とする．このとき，

$$F(\boldsymbol{x},v;\beta) = v + \frac{1}{(1-\beta)T}\sum_{t=1}^{T}\max\{0, f(\boldsymbol{x},\boldsymbol{r^t}) - v\}$$

と近似できる．ただし，$\boldsymbol{r^t} = (r_1^t,\ldots,r_n^t)^\top$ である．過去のデータを用いたこの近似式を用いると，CVaR 最小化モデルは以下のように書ける．

$$\begin{array}{l|l} \text{目的} & v + \frac{1}{(1-\beta)T}\sum_{t=1}^{T}\max\{0, f(\boldsymbol{x}, \boldsymbol{r^t}) - v\} \quad \rightarrow \quad \text{最小化} \\ \text{条件} & x_i \geq 0, \quad i = 1, \ldots, n \\ & \sum_{i=1}^{n} x_i = 1 \\ & \frac{1}{T}\sum_{t=1}^{T}\sum_{i=1}^{n} r_i^t x_i \geq \gamma \end{array}$$

損失関数が $\boldsymbol{x}$ の凸関数であれば，この問題は凸計画問題となる．特に，損失関数が $f(\boldsymbol{y}, R) = -\sum_{i=1}^{n} R_i y_i$ であるときは，次の線形計画問題と等価となる．

$$\begin{array}{l|l} \text{目的} & v + \frac{1}{(1-\beta)T}\sum_{t=1}^{T}\eta_t \quad \rightarrow \quad \text{最小化} \\ \text{条件} & \eta_t \geq -\sum_{i=1}^{n} r_i^t x_i - v, \quad t = 1, \ldots, T \\ & \eta_t \geq 0, \quad t = 1, \ldots, T \\ & x_i \geq 0, \quad i = 1, \ldots, n \\ & \sum_{i=1}^{n} x_i = 1 \\ & \frac{1}{T}\sum_{t=1}^{T}\sum_{i=1}^{n} r_i^t x_i \geq \gamma \end{array}$$

なお，この線形計画問題の決定変数は $v \in R$, $\boldsymbol{\eta} \in R^T$, $\boldsymbol{x} \in R^n$ である．

1.5.4 通信における電力配分問題

携帯電話やインターネットなどにおいて通信を行う伝送経路がいくつかあるときに，どの伝送経路でどれくらいの信号を送るかは信号処理の分野における重要な問題の1つである．例えば，ADSL に代表される DSL では，電話線を周波数が異なる複数の伝送経路に分けて，信号を送っている．

いま，伝送経路の数を N としよう．各伝送経路における雑音を σ_i とし，パワースペクトル（電力に相当）を P_i とすると，その伝送経路で伝えることのできる情報量は理論的には

$$\ln\left(1 + \frac{P_i}{\sigma_i}\right)$$

となることが知られている．使用できるパワースペクトルの上限が $P_{\max}$ で与えられているとき，

$$\sum_{i}^{N} P_i \leq P_{\max}$$

をみたさなければならない．

このとき，各伝送経路の情報量の総和を最大化する問題は

$$\begin{array}{l|l} \text{目的} & \sum_{i=1}^{N}\ln(1 + \frac{P_i}{\sigma_i}) \quad \rightarrow \quad \text{最大化} \\ \text{条件} & \sum_{i}^{N} P_i \leq P_{\max} \\ & P_i \geq 0, \quad i = 1, \ldots, N \end{array}$$

となる．この問題は凸計画問題となる．

1.5.5 行列式最大化問題

様々な分野において，行列式（の対数）を最大化するような行列を求めたいという要望がある．例えば，統計における最尤推定があげられる．多次元正規分布に従う確率変数の実現データから，分散共分散 V を推定する問題は，V の行列式の対数を最大化する問題に帰着することができる．また，第 6 章で紹介する準ニュートン法において用いる近似ヘッセ行列を求める問題も，行列式の対数を最大化する問題となる．この他にも制御や信号処理など多くの分野で行列式最大化問題をみることができる．

行列式を最大化する行列 A を求める問題は，最小化問題

$$\begin{array}{r|l} \text{目的} & -\ln\det A + f(A) \quad \to \quad \text{最小化} \\ \text{条件} & A \in \Omega \end{array}$$

として定式化できる．ただし，f は行列式以外の関数，Ω は実行可能集合を表している．

次章で示すように，$-\ln\det A$ は A の凸関数となるため，f が凸関数であり，Ω が凸集合であれば，この問題は凸計画問題となる．

1.5.6 ロバスト最適化問題

非線形計画問題に含まれるパラメータには不確実性が含まれていることがある．ここでは，制約関数に不確実なパラメータが含まれているとしよう．そのようなパラメータを固定して求めた最適解は，実際のパラメータがずれていれば，制約条件をみたさないということがありうる．現実に応用する立場では，パラメータがとりうる範囲のなかで最悪の場合が起こったときでも，実行可能解であるような解が望まれている．そのような解を求める問題をロバスト最適化 (robust optimization) 問題という．

ロバスト最適化問題は，

$$\begin{array}{r|l} \text{目的} & f(\boldsymbol{x}) \quad \to \quad \text{最小化} \\ \text{条件} & g(\boldsymbol{x}, \boldsymbol{y}) \leq 0,\ \forall \boldsymbol{y} \in D \end{array}$$

と書ける．ここで，$\boldsymbol{y}$ が問題に含まれるパラメータであり，D がパラメータが含まれる範囲である．D の要素が無限にあるとき，ロバスト最適化問題は，制約条件を無限にもつ半無限計画問題となる．

集合 D や制約関数 g が特殊な形をしているとき，これらの問題は錐計画問題に定式化できることが知られている．実際，g が 1 次式

$$g(\boldsymbol{x},\boldsymbol{y}) = (\boldsymbol{a}+\boldsymbol{y})^\top \boldsymbol{x} + b, \;\; D = \{\boldsymbol{y} \mid \|\boldsymbol{y}\| \leq 1\}$$

の場合を考えてみよう．このとき，制約 $g(\boldsymbol{x},\boldsymbol{y}) \leq 0, \; \forall \boldsymbol{y} \in D$ は $\max_{\boldsymbol{y}\in D} g(\boldsymbol{x},\boldsymbol{y}) \leq 0$ と等価であり，

$$\begin{aligned}\max_{\boldsymbol{y}\in D} g(\boldsymbol{x},\boldsymbol{y}) &= \boldsymbol{a}^\top \boldsymbol{x} + b + \max_{\|\boldsymbol{y}\|\leq 1} \boldsymbol{y}^\top \boldsymbol{x} \\ &= \boldsymbol{a}^\top \boldsymbol{x} + b + \|\boldsymbol{x}\|\end{aligned}$$

と表せる．つまり，制約条件は $\boldsymbol{z} = (z_1, \boldsymbol{z}_2) \in R^{1+n}$ を用いて，

$$\begin{pmatrix} z_1 \\ \boldsymbol{z}_2 \end{pmatrix} = \begin{pmatrix} -\boldsymbol{a}^\top \boldsymbol{x} - b \\ \boldsymbol{x} \end{pmatrix}, \;\; \boldsymbol{z} \in K$$

で表すことができる．ただし，K は $K = \{\boldsymbol{z} \mid z_1 \geq \|\boldsymbol{z}_2\|\}$ で定義される錐である．

1.5.7 非線形相補性問題

R^n から R^n へのベクトル値関数 F が与えられたとき，

$$x_i \geq 0, \; F_i(\boldsymbol{x}) \geq 0, \; x_i F_i(\boldsymbol{x}) = 0, \; i = 1, \ldots, n$$

をみたすベクトル $\boldsymbol{x}$ を求める問題を非線形相補性問題とよぶ．

経済の均衡状態，物理的な平衡状態など，多くの均衡状態を求める問題がこの形で定式化できる．また，非線形計画問題の最適性の必要条件（の一部）がこの形で表されるなど，非線形計画問題とも密接な関係がある．

実際，非線形相補性問題は，次のようにして非線形計画問題に定式化できる．まず，次の性質をもつ関数 ϕ を考える．

$$\phi(a,b) = 0 \;\Leftrightarrow\; a \geq 0, \; b \geq 0, \; ab = 0$$

このような性質をもつ関数として，$\phi(a,b) = \sqrt{a^2+b^2} - a - b$ がよく知られている．この ϕ を用いると，非線形相補性問題は次の制約なし最小化問題に定式化できる．

目的	$\sum_{i=1}^n \phi(x_i, F_i(\boldsymbol{x}))^2 \;\; \rightarrow \;\;$ 最小化
条件	$\boldsymbol{x} \in R^n$

実際，任意の $\boldsymbol{x}$ に対して，$\sum_{i=1}^n \phi(x_i, F_i(\boldsymbol{x}))^2 \geq 0$ であることから，大域的最小

解 $\boldsymbol{x}^*$ において $\sum_{i=1}^{n} \phi(x_i^*, F_i(\boldsymbol{x}^*))^2 = 0$ となれば，ϕ の性質より，$\boldsymbol{x}^*$ は非線形相補性問題の解であることがわかる．

1.5.8　シミュレーション最適化

これまでの例では，問題が具体的な数式で表すことができていた．しかし，世の中の多くの問題では，数式で定式化できないことがある．また，定式化できても，そのためにはかなりの専門的な知識を要することがある．一方，そのような場合でも，計算機上のシミュレーションによって，最適化する指標を計算できることがある．しかし，シミュレーションによって計算された指標（目的関数値）には，通常，誤差やノイズが含まれる．また，その勾配を計算することは容易ではない．そのため，近年，シミュレーションによって求まる関数値のみを用いて最適解を求める手法の研究が活発になされている．以下でも，そのような応用例を 2 つ紹介しよう．

オプション価格の推定：　現在の金融工学の課題の 1 つに，オプション価格の推定がある．オプションとは，ある資産を実際に買うのではなく，その資産をある時期にある価格で買う（または売る）権利のことである．現在の金融業務においてオプション取引は不可欠であり，その取引を円滑に行うためにはオプションの妥当な価格が計算できなければならない．また，その逆に，あるオプションの価格の妥当性を判断するためには，その価格の計算に使われるボラティリティなどの指標を，その価格から推定しなければならない．しかし，ヨーロピアンオプションとよばれる特別なオプションなどを除いて，一般のオプション価格は計算機で扱える簡単な数式では表すことができない．そのようなときは，適当な確率過程とボラティリティを仮定し，モンテカルロシミュレーションなどによって，価格を計算する．

逆に，オプション価格からボラティリティを逆算するには以下のように定式化された非線形計画問題を解く．いま，ボラティリティ σ を入力として，オプション価格を出力とする関数を $c : R \to R$ とする．さらに，実際に提示されているオプション価格を c^* とする．このとき，オプション価格からボラティリティを推定する逆問題は，以下の制約つき最小化問題に定式化できる．

$$\begin{array}{c|l} \text{目的} & (c(\sigma) - c^*)^2 \quad \to \quad \text{最小化} \\ \text{条件} & \sigma \geq 0 \end{array}$$

オプション価格 $c(\sigma)$ が，モンテカルロシミュレーションなどで計算されるとき，この目的関数の評価には誤差が含まれる．また，正確な微分の計算もすることができないことに注意しよう．

アルゴリズムのチューニング： アルゴリズムには通常，様々なパラメータが含まれている．理論的には，パラメータがある範囲に入っていれば，解が求まることが保証されているが，実際にはパラメータによって，アルゴリズムのパフォーマンスは大きく異なる．例えば，信頼領域法（第 6 章参照）を考えよう．このとき，テスト問題の集合を P とし，各問題 $p \in P$ をパラメータ (c_1, c_2, c_3, c_4) の信頼領域法で解いたときの計算時間をパラメータの関数として，$t_p(c_1, c_2, c_3, c_4)$ とすることにする．このとき，計算時間が最小となるようなパラメータを求める問題は，

$$\begin{array}{r|lcl} \text{目的} & \sum_{p \in P} t_p(c_1, c_2, c_3, c_4) & \to & \text{最小化} \\ \text{条件} & (c_1, c_2, c_3, c_4) \in \mathcal{F} & & \end{array}$$

と表すことができる．ここで，$\mathcal{F}$ は信頼領域法が大域的収束することが保証されたパラメータの集合である．

参考文献

本書は，非線形最適化の理論から解法まで扱っている．しかしながら，紙面の都合上，取り上げていないものも数多くある．また，説明や証明を省略している箇所もある．より深く，またより広く学びたい読者は，以下の本を読んでもらいたい．[2]（この番号は巻末の参考文献の番号を表す）は，非線形最適化の一般的な事柄を網羅的に取り上げているので，非線形最適化を全般的に学ぶ上では最適な教科書である．[6] では，非線形最適化の理論，特に，凸性，最適性，双対性について，深く学ぶことができる．また，[11] は，非線形最適化の解法に関する良書であり，しっかりとした理論的背景をもつ実装テクニックを扱っている．同様の非線形最適化に関する解法を扱っている和書としては [18] があげられる．本章で取り上げたような，凸計画問題としてモデルできる応用問題例は，[3] に数多く紹介されている．

なお，本書の内容をやや高度に感じられた読者には，数理計画（非線形計画）の入門書として [7][16][17] を読むことをお勧めする．

2 凸性と凸計画問題

凸計画問題は，線形計画問題，凸 2 次計画問題などを含み，幅広い応用をもつ．また，局所的最小解が大域的最小解になるなど，理論的によい性質をもつ．さらに，内点法などを用いることにより，効率よく大域的最小解を得ることができる．本章では，本書を通して必要となる凸性に関する性質をいくつか紹介する．また，なぜ凸計画問題が大事であるかを解説する．

● 2.1 ● 凸集合と凸関数 ●

凸計画問題は，実行可能集合が凸集合であり，目的関数が凸関数となる非線形計画問題である．集合 $S \subseteq R^n$ が凸集合であるとは

$$\boldsymbol{x}, \boldsymbol{y} \in S \;\;\Rightarrow\;\; \alpha\boldsymbol{x} + (1-\alpha)\boldsymbol{y} \in S, \quad \forall\alpha \in [0,1] \tag{2.1}$$

が成り立つことであり，関数 f が凸集合 $Y \subseteq R^n$ 上で凸関数であるとは

$$f(\alpha\boldsymbol{x} + (1-\alpha)\boldsymbol{y}) \leq \alpha f(\boldsymbol{x}) + (1-\alpha)f(\boldsymbol{y}), \quad \forall\boldsymbol{x}, \boldsymbol{y} \in Y,\ \forall\alpha \in [0,1] \tag{2.2}$$

が成り立つことである．さらに，関数 f が $\boldsymbol{x} \neq \boldsymbol{y}$ であるすべての $\boldsymbol{x}, \boldsymbol{y} \in Y$ に対して

$$f(\alpha\boldsymbol{x} + (1-\alpha)\boldsymbol{y}) < \alpha f(\boldsymbol{x}) + (1-\alpha)f(\boldsymbol{y}), \quad \forall\alpha \in (0,1) \tag{2.3}$$

が成り立てば，f は凸集合 Y 上で**狭義凸関数** (strictly convex function) であるという．明らかに狭義凸関数は凸関数であるが，逆は必ずしも成り立たない．

定義より，1 次関数 $f(\boldsymbol{x}) = \boldsymbol{a}^\top\boldsymbol{x} + b$ は凸関数となる．ただし，$\boldsymbol{a} \in R^n$ および $b \in R$ は定数である．実際，任意の $\boldsymbol{x}, \boldsymbol{y} \in R^n$ と $\alpha \in [0,1]$ に対して，

$$f(\alpha\boldsymbol{x} + (1-\alpha)\boldsymbol{y}) = \alpha\boldsymbol{a}^\top\boldsymbol{x} + (1-\alpha)\boldsymbol{a}^\top\boldsymbol{y} + b$$

$$= \alpha(\boldsymbol{a}^\top \boldsymbol{x} + b) + (1-\alpha)(\boldsymbol{a}^\top \boldsymbol{y} + b)$$
$$= \alpha f(\boldsymbol{x}) + (1-\alpha) f(\boldsymbol{y})$$

が成り立つ．一般の関数ではこのように簡単な式変形から凸性を導くことは難しい．そこで，本節では，どのようなときに実行可能集合が凸になるか，また，どのようなときに関数が凸関数になるかを調べる．

2.1.1 凸集合

非線形計画問題の実行可能集合 $\mathcal{F}$ は

$$\begin{aligned}\mathcal{F} &= \{\boldsymbol{x} \in R^n \mid h_i(\boldsymbol{x}) = 0,\ i = 1, \ldots, m,\ g_j(\boldsymbol{x}) \le 0,\ j = 1, \ldots, r\} \\ &= \{\boldsymbol{x} \in R^n \mid h_1(\boldsymbol{x}) = 0\} \cap \cdots \cap \{\boldsymbol{x} \in R^n \mid h_m(\boldsymbol{x}) = 0\} \\ &\quad \cap \{\boldsymbol{x} \in R^n \mid g_1(\boldsymbol{x}) \le 0\} \cap \cdots \cap \{\boldsymbol{x} \in R^n \mid g_r(\boldsymbol{x}) \le 0\}\end{aligned} \tag{2.4}$$

と表すことができる．そこで以下では，不等式制約をみたす集合，等式制約をみたす集合，複数の集合の共通集合の順に，凸集合となる条件を調べよう．

まず，不等式制約をみたす集合が凸集合となるための十分条件を与える．

定理 2.1 $g : R^n \to R$ が凸関数であれば集合 $S = \{\boldsymbol{x} \in R^n \mid g(\boldsymbol{x}) \le 0\}$ は凸集合となる．

証明 凸集合の定義 (2.1) より，任意の $\boldsymbol{x}, \boldsymbol{y} \in S$ と $\alpha \in [0, 1]$ に対して，$\alpha\boldsymbol{x} + (1-\alpha)\boldsymbol{y} \in S$ となることを示す．$\boldsymbol{x}, \boldsymbol{y} \in S$ であることから，$g(\boldsymbol{x}) \le 0$ かつ $g(\boldsymbol{y}) \le 0$ である．さらに，g が凸関数であることから，

$$g(\alpha\boldsymbol{x} + (1-\alpha)\boldsymbol{y}) \le \alpha g(\boldsymbol{x}) + (1-\alpha) g(\boldsymbol{y}) \le 0$$

が成り立つ．よって，$\alpha\boldsymbol{x} + (1-\alpha)\boldsymbol{y} \in S$ である．□

$g(\boldsymbol{x}) = -x_1$ とすると，g は 1 次関数，つまり凸関数である．よって，x_1 に関する非負制約をみたす領域 $\{\boldsymbol{x} \in R^n \mid x_1 \ge 0\}$ は凸集合である．

次に等式制約をみたす集合が凸集合となるための十分条件を与える．

定理 2.2 $h : R^n \to R$ が 1 次関数，つまりある n 次元ベクトル $\boldsymbol{a}$ とスカラー b を用いて $h(\boldsymbol{x}) = \boldsymbol{a}^\top \boldsymbol{x} + b$ であれば，集合 $S = \{\boldsymbol{x} \in R^n \mid h(\boldsymbol{x}) = 0\}$

は凸集合となる.

証明　任意の $\boldsymbol{x}, \boldsymbol{y} \in S$ と $\alpha \in [0,1]$ に対して

$$\begin{aligned} h(\alpha\boldsymbol{x} + (1-\alpha)\boldsymbol{y}) &= \boldsymbol{a}^\top(\alpha\boldsymbol{x} + (1-\alpha)\boldsymbol{y}) + (\alpha + (1-\alpha))b \\ &= \alpha h(\boldsymbol{x}) + (1-\alpha)h(\boldsymbol{y}) = 0 \end{aligned}$$

となる．これは $\alpha\boldsymbol{x} + (1-\alpha)\boldsymbol{y} \in S$，つまり S が凸集合であることを表している．□

最後に，凸集合の共通集合も凸集合となることを示す．

定理 2.3　集合 $S_i,\ i=1,\dots,m$ はそれぞれ凸集合であるとする．このとき $S_i,\ i=1,\dots,m$ の共通集合 $\cap_{i=1}^m S_i$ も凸集合である．

証明　任意の $\boldsymbol{x}, \boldsymbol{y} \in \cap_{i=1}^m S_i$ と $\alpha \in [0,1]$ を考える．任意の i に対して $\boldsymbol{x}, \boldsymbol{y} \in S_i$ であることから，$\alpha\boldsymbol{x} + (1-\alpha)\boldsymbol{y} \in S_i$ である．つまり，$\alpha\boldsymbol{x} + (1-\alpha)\boldsymbol{y} \in \cap_{i=1}^m S_i$ となるので，共通集合 $\cap_{i=1}^m S_i$ は凸集合である（図 2.1）．□

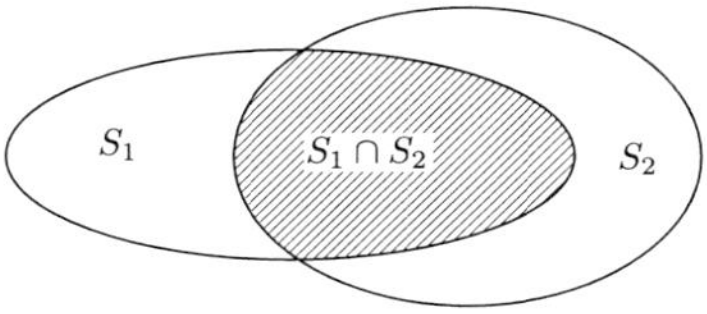

図 2.1　凸集合の共通集合

以上の定理を用いると，実行可能集合 $\mathcal{F}$ が，凸集合となる十分条件は以下のように表される．

系 2.1　$h_i : R^n \to R,\ i=1,\dots,m$ を 1 次関数とし，$g_j : R^n \to R,\ j=1,\dots,r$ を凸関数とする．このとき，実行可能集合

$$\mathcal{F} := \{\boldsymbol{x} \in R^n \mid h(\boldsymbol{x}) = 0,\ g(\boldsymbol{x}) \le 0\} \tag{2.5}$$

は凸集合である．

証明　実行可能集合 $\mathcal{F}$ が (2.4) と表されることに注意すれば，定理 2.1–2.3 を用

いることによって示せる. □

なお，実行可能集合が凸集合であっても，各 g_j が凸関数であるとは限らない．例えば，x^3 は凸関数ではないが，集合 $\{x \in R \mid x^3 \leq 0\}$ は $\{x \in R \mid x \leq 0\}$ と一致するので，凸集合である．また，等式制約においても，$h(x) = \max\{0, x\}$ のとき，$\{x \in R \mid h(x) = 0\} = \{x \in R \mid x \leq 0\}$ は凸集合となるが，h は 1 次関数ではない．そのため，系 2.1 で述べている制約関数の条件は十分条件にすぎない．しかし，最適性の条件や解法を考える上では，集合 $\mathcal{F}$ をそのまま用いて扱うよりも，具体的な制約関数によって問題を類別するほうが都合がよいことが多い．そこで，本書では，特に断らない限り，凸計画問題というときは，不等式制約の制約関数は凸関数，等式制約の制約関数は 1 次関数を考えているものとする．

系 2.1 より，線形計画問題や 2 次計画問題の実行可能集合は凸集合であることがわかる．

次に，凸集合の特別な場合である凸多面体と凸錐を紹介しよう．

有限個の点の集合 $\{\boldsymbol{x}^1, \boldsymbol{x}^2, \ldots, \boldsymbol{x}^k\}$ と $\alpha_i \geq 0,\ i = 1, \ldots, k$ かつ $\sum_{i=1}^k \alpha_i = 1$ である $\alpha_i,\ i = 1, \ldots, k$ で表された点

$$\boldsymbol{x} = \sum_{i=1}^{k} \alpha_i \boldsymbol{x}^i$$

を $\{\boldsymbol{x}^1, \boldsymbol{x}^2, \ldots, \boldsymbol{x}^k\}$ の**凸結合** (convex combination) という．凸結合全体の集合

$$\left\{ \boldsymbol{y} \in R^n \;\middle|\; \boldsymbol{y} = \sum_{i=1}^{k} \alpha_i \boldsymbol{x}^i,\ \alpha_i \geq 0,\ \sum_{i=1}^{k} \alpha_i = 1 \right\}$$

を**凸多面体** (convex polytope) という．

次の性質をみたす集合 C を**錐** (cone) という．

$$\boldsymbol{x} \in C,\ \alpha \geq 0 \Rightarrow \alpha \boldsymbol{x} \in C$$

凸集合である錐を**凸錐** (convex cone) という．C が凸錐であることの必要十分条件は任意の $\boldsymbol{x}, \boldsymbol{y} \in C$ と $\alpha, \beta \geq 0$ に対して $\alpha \boldsymbol{x} + \beta \boldsymbol{y} \in C$ が成り立つことである．

例 **2.1**

$$S_+ = \{X \in R^{n \times n} \mid X \text{ は半正定値対称行列 } \} \text{ は凸錐である．}$$

次に，ある集合 S に付随した錐，**接錐** (tangent cone) と**法線錐** (normal cone)

を考える．これらの錐は，第 3 章で最適性の条件を調べる上で，重要な役割を果たす．

定義 2.1　次の集合 $T_S(\bar{\boldsymbol{x}})$ を集合 S の $\bar{\boldsymbol{x}}$ における接錐という．

$$T_S(\bar{\boldsymbol{x}}) = \{\boldsymbol{y} \in R^n \mid \boldsymbol{y} = \lim_{k\to\infty} \alpha_k(\boldsymbol{x}^k - \bar{\boldsymbol{x}}),\ \lim_{k\to\infty} \boldsymbol{x}^k = \bar{\boldsymbol{x}},\ \boldsymbol{x}^k \in S,\ \alpha_k \geq 0\} \tag{2.6}$$

接錐は必ずしも凸錐とはならない．実際，2 つの集合 $S_1 = \{(t,0)^\top \mid t \geq 0\}$, $S_2 = \{(0,t)^\top \mid t \geq 0\}$ によって，$S = S_1 \cup S_2$ と与えられている場合を考えてみよう．$\bar{\boldsymbol{x}} = \boldsymbol{0}$ とし，$\boldsymbol{x}$ に収束する点列を $\{\boldsymbol{x}^k\}$ とすると，ベクトル $\boldsymbol{x}^k - \bar{\boldsymbol{x}}$ の向きは，$(1,0)^\top$ と $(0,1)^\top$ の 2 方向だけである．よって，$T_S(\bar{\boldsymbol{x}}) = S$ となり，これは錐ではあるが凸集合ではない．

錐 C に対して，

$$C^* = \{\boldsymbol{y} \mid \langle \boldsymbol{y}, \boldsymbol{x} \rangle \leq 0,\ \ \forall \boldsymbol{x} \in C\}$$

を C の**極錐** (polar cone) という．C が凸集合でなくても，C の極錐 C^* は必ず凸錐になる．実際，$\boldsymbol{y}^1, \boldsymbol{y}^2 \in C^*$ と $\alpha \in [0,1]$ とすると，任意の $\boldsymbol{x} \in C$ に対して

$$\langle \alpha\boldsymbol{y}^1 + (1-\alpha)\boldsymbol{y}^2, \boldsymbol{x} \rangle = \alpha\langle \boldsymbol{y}^1, \boldsymbol{x} \rangle + (1-\alpha)\langle \boldsymbol{y}^2, \boldsymbol{x} \rangle \leq 0$$

が成り立つから，C^* は凸集合である．

接錐 $T_S(\bar{\boldsymbol{x}})$ の極錐を法線錐といい，$N_S(\bar{\boldsymbol{x}})$ と書く．

$$N_S(\bar{\boldsymbol{x}}) = T_S(\bar{\boldsymbol{x}})^* \tag{2.7}$$

極錐の性質より，接錐が凸集合でなくても，法線錐は凸集合である．

例 2.2　$S = R^n$ のとき，定義より任意の $\bar{\boldsymbol{x}} \in R^n$ に対して，

$$T_S(\bar{\boldsymbol{x}}) = R^n,\ \ N_S(\bar{\boldsymbol{x}}) = \{\boldsymbol{0}\}$$

である．

また，S が凸集合のとき，次の定理が示すように接錐や法線錐は簡単に表すことができる．証明は付録 B を参照のこと．

定理 2.4　S が凸集合のとき，

$$T_S(\bar{\boldsymbol{x}}) = \mathrm{cl}\{\boldsymbol{y} \mid \boldsymbol{y} = \beta(\boldsymbol{x} - \bar{\boldsymbol{x}}),\ \boldsymbol{x} \in S,\ \beta > 0\}$$
$$N_S(\bar{\boldsymbol{x}}) = \{\boldsymbol{y} \mid \langle \boldsymbol{y}, \boldsymbol{x} - \bar{\boldsymbol{x}} \rangle \leq 0,\ \boldsymbol{x} \in S\}$$

となる．ただし，cl は集合の閉包を表す．

2.1.2 凸関数

まず，微分可能な関数 $f : R^n \to R$ が凸関数となるための必要十分条件を与える．本節の以下では集合 $Y \subseteq R^n$ は凸集合とする．

定理 2.5 微分可能な関数 f が Y 上で凸関数であるための必要十分条件は任意の $\boldsymbol{x}, \boldsymbol{y} \in Y$ に対して次の不等式が成り立つことである．

$$f(\boldsymbol{x}) \geq f(\boldsymbol{y}) + \nabla f(\boldsymbol{y})^\top (\boldsymbol{x} - \boldsymbol{y}) \tag{2.8}$$

さらに，f が Y 上で狭義凸関数であるための必要十分条件は $\boldsymbol{x} \neq \boldsymbol{y}$ である任意の $\boldsymbol{x}, \boldsymbol{y} \in Y$ に対して次の不等式が成り立つことである．

$$f(\boldsymbol{x}) > f(\boldsymbol{y}) + \nabla f(\boldsymbol{y})^\top (\boldsymbol{x} - \boldsymbol{y})$$

証明 f が Y 上で凸関数であることより，任意の $\boldsymbol{x}, \boldsymbol{y} \in Y$ と $\alpha \in (0, 1]$ に対して

$$f(\alpha\boldsymbol{x} + (1-\alpha)\boldsymbol{y}) \leq \alpha f(\boldsymbol{x}) + (1-\alpha) f(\boldsymbol{y})$$

が成り立つ．この式を変形すると

$$\frac{f(\boldsymbol{y} + \alpha(\boldsymbol{x} - \boldsymbol{y})) - f(\boldsymbol{y})}{\alpha} \leq f(\boldsymbol{x}) - f(\boldsymbol{y})$$

を得る．この式において，$\alpha \to 0$ としたときの極限を考える．

$$\lim_{\alpha \to 0} \frac{f(\boldsymbol{y} + \alpha(\boldsymbol{x} - \boldsymbol{y})) - f(\boldsymbol{y})}{\alpha} \leq f(\boldsymbol{x}) - f(\boldsymbol{y}) \tag{2.9}$$

ここで，α のベクトル関数 $p(\alpha) = \boldsymbol{y} + \alpha(\boldsymbol{x} - \boldsymbol{y})$ を考え，関数 $q : R \to R$ を p と f の合成関数 $q(\alpha) = f(p(\alpha))$ とする．(2.9) の左辺は，q を用いて

$$\lim_{\alpha \to 0} \frac{f(\boldsymbol{y} + \alpha(\boldsymbol{x} - \boldsymbol{y})) - f(\boldsymbol{y})}{\alpha} = \lim_{\alpha \to 0} \frac{q(\alpha) - q(0)}{\alpha} = \nabla q(0)$$

と表せる．合成関数の微分の公式 (A.1) より

$$\nabla q(0) = \nabla p(0)^\top \nabla f(p(0)) = (\boldsymbol{x}-\boldsymbol{y})^\top \nabla f(\boldsymbol{y}) = \nabla f(\boldsymbol{y})^\top (\boldsymbol{x}-\boldsymbol{y})$$

であるから，(2.9) より，不等式 (2.8) が得られる．

逆に，(2.8) が成り立つとする．任意の $\bar{\boldsymbol{x}}, \bar{\boldsymbol{y}} \in Y$ と $\alpha \in [0,1]$ を選ぶ．まず，式 (2.8) に $\boldsymbol{x} := \bar{\boldsymbol{x}}$ と $\boldsymbol{y} := (1-\alpha)\bar{\boldsymbol{x}} + \alpha\bar{\boldsymbol{y}}$ を代入すると

$$f(\bar{\boldsymbol{x}}) - f((1-\alpha)\bar{\boldsymbol{x}}+\alpha\bar{\boldsymbol{y}}) \geq \nabla f((1-\alpha)\bar{\boldsymbol{x}}+\alpha\bar{\boldsymbol{y}})^\top (\bar{\boldsymbol{x}} - ((1-\alpha)\bar{\boldsymbol{x}}+\alpha\bar{\boldsymbol{y}})) \quad (2.10)$$

を得る．同様に $\boldsymbol{x} := \bar{\boldsymbol{y}}$ と $\boldsymbol{y} := (1-\alpha)\bar{\boldsymbol{x}} + \alpha\bar{\boldsymbol{y}}$ を代入すると

$$f(\bar{\boldsymbol{y}}) - f((1-\alpha)\bar{\boldsymbol{x}}+\alpha\bar{\boldsymbol{y}}) \geq \nabla f((1-\alpha)\bar{\boldsymbol{x}}+\alpha\bar{\boldsymbol{y}})^\top (\bar{\boldsymbol{y}} - ((1-\alpha)\bar{\boldsymbol{x}}+\alpha\bar{\boldsymbol{y}})) \quad (2.11)$$

を得る．ここで，(2.10) の両辺を $1-\alpha$ 倍した不等式と，(2.11) の両辺を α 倍した不等式を足し合わせると

$$\begin{aligned}&(1-\alpha)f(\bar{\boldsymbol{x}}) + \alpha f(\bar{\boldsymbol{y}}) - f((1-\alpha)\bar{\boldsymbol{x}}+\alpha\bar{\boldsymbol{y}})\\ &\geq \nabla f((1-\alpha)\bar{\boldsymbol{x}}+\alpha\bar{\boldsymbol{y}})^\top ((1-\alpha)\bar{\boldsymbol{x}}+\alpha\bar{\boldsymbol{y}} - ((1-\alpha)\bar{\boldsymbol{x}}+\alpha\bar{\boldsymbol{y}})) = 0\end{aligned}$$

を得る．つまり f は Y 上で凸関数である．定理の後半の狭義凸関数に関しても，同様に示すことができる．□

この定理の不等式 (2.8) は凸関数のグラフ上の任意の点で引いた接線（変数が 2 次元以上であれば接平面）が，その関数よりも下にあることを意味している（図 2.2 参照）．

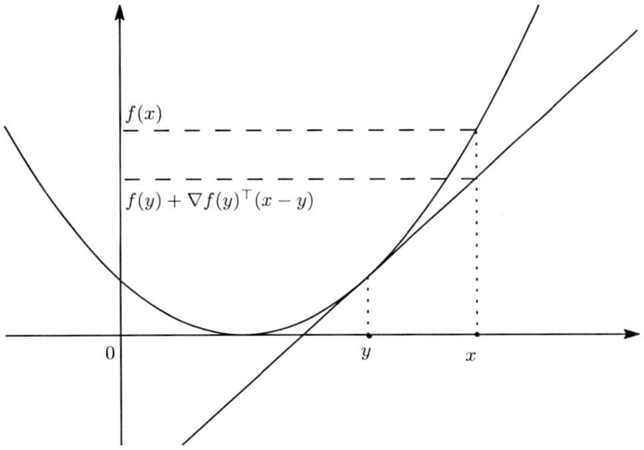

図 **2.2**　凸関数とグラフの接線

次に関数 f が 2 回連続的微分可能であるとき，そのヘッセ行列を用いた必要十分条件を与えよう．

定理 2.6　2 回連続的微分可能な関数 f が Y 上で凸関数であるための必要十分条件は任意の $\boldsymbol{x} \in Y$ においてヘッセ行列 $\nabla^2 f(\boldsymbol{x})$ が半正定値行列であることである．さらに，任意の $x \in Y$ において $\nabla^2 f(\boldsymbol{x})$ が正定値行列であれば，f は狭義凸関数である．

証明　テイラーの定理より，任意の $\boldsymbol{x}, \boldsymbol{y} \in Y$ に対して，

$$f(\boldsymbol{x})-f(\boldsymbol{y}) = \nabla f(\boldsymbol{y})^\top(\boldsymbol{x}-\boldsymbol{y})+\frac{1}{2}(\boldsymbol{x}-\boldsymbol{y})^\top\nabla^2 f(\boldsymbol{y}+t(\boldsymbol{x}-\boldsymbol{y}))(\boldsymbol{x}-\boldsymbol{y}) \quad (2.12)$$

をみたす $t \in [0,1]$ が存在する．ここで，集合 Y は凸集合であるから，$\boldsymbol{y}+t(\boldsymbol{x}-\boldsymbol{y}) = t\boldsymbol{x}+(1-t)\boldsymbol{y} \in Y$ であることに注意する．

まず，任意の $\boldsymbol{x} \in Y$ において $\nabla^2 f(\boldsymbol{x})$ が半正定値行列とする．このとき，$\boldsymbol{y}+t(\boldsymbol{x}-\boldsymbol{y}) \in Y$ であることから，$\nabla^2 f(\boldsymbol{y}+t(\boldsymbol{x}-\boldsymbol{y}))$ は半正定値行列である．よって，(2.12) より，任意の $\boldsymbol{x}, \boldsymbol{y} \in Y$ に対して，

$$f(\boldsymbol{x})-f(\boldsymbol{y}) \geq \nabla f(\boldsymbol{y})^\top(\boldsymbol{x}-\boldsymbol{y}) \quad (2.13)$$

が成り立つから，定理 2.5 より f は凸関数である．

次に逆を背理法で示す．f を凸関数とする．$\nabla f(\boldsymbol{x})$ が半正定値行列とならない $\boldsymbol{x} \in Y$ が存在する，つまり，$\boldsymbol{d}^\top\nabla^2 f(\boldsymbol{x})\boldsymbol{d} < 0$ となる $\boldsymbol{x} \in Y$ と $\boldsymbol{d} \in R^n$ が存在するとする．f のテイラー展開を考えると，

$$f(\boldsymbol{x}+t\boldsymbol{d}) = f(\boldsymbol{x})+t\nabla f(\boldsymbol{x})^\top\boldsymbol{d}+\frac{t^2}{2}\boldsymbol{d}^\top\nabla^2 f(\boldsymbol{x})\boldsymbol{d}+o(t^2)$$

を得る．両辺を t^2 で割り，式を整理すると，

$$\frac{f(\boldsymbol{x}+t\boldsymbol{d})-f(\boldsymbol{x})-t\nabla f(\boldsymbol{x})^\top\boldsymbol{d}}{t^2} = \frac{1}{2}\boldsymbol{d}^\top\nabla^2 f(\boldsymbol{x})\boldsymbol{d}+\frac{o(t^2)}{t^2}$$

を得る．$\boldsymbol{d}^\top\nabla^2 f(\boldsymbol{x})\boldsymbol{d} < 0$ より，t が十分小さいとき，

$$f(\boldsymbol{x}+t\boldsymbol{d})-f(\boldsymbol{x})-t\nabla f(\boldsymbol{x})^\top\boldsymbol{d} < 0$$

となる．$\boldsymbol{y} = \boldsymbol{x}+t\boldsymbol{d}$ とすると，この式は

$$f(\boldsymbol{y}) - f(\boldsymbol{x}) - \nabla f(\boldsymbol{x})^\top(\boldsymbol{y} - \boldsymbol{x}) < 0$$

と表せる．よって，定理 2.5 より，f が凸関数であることに矛盾する．

最後に，任意の $\boldsymbol{x} \in Y$ において $\nabla^2 f(\boldsymbol{x})$ が正定値行列であるときを考える．このとき，$\boldsymbol{y} \neq \boldsymbol{x}$ であれば，(2.13) は

$$f(\boldsymbol{x}) - f(\boldsymbol{y}) > \nabla f(\boldsymbol{y})^\top(\boldsymbol{x} - \boldsymbol{y})$$

と表せる．よって，定理 2.5 より f は狭義凸関数である．□

ヘッセ行列が正定値行列であることは，狭義凸関数であることの十分条件であったが，必要条件とはならないことに注意しよう．

前項の最後で示したように，線形計画問題や 2 次計画問題の実行可能集合は凸集合である．1 次関数は凸関数であるから，線形計画問題は凸計画問題である．また，定理 2.6 より，Q が半正定値対称行列であるとき 2 次関数 $f(\boldsymbol{x}) = \frac{1}{2}\boldsymbol{x}^\top Q\boldsymbol{x} + \boldsymbol{q}^\top\boldsymbol{x}$ は凸関数となるから，Q が半正定値行列であるような 2 次計画問題は凸計画問題となる．

定理 2.6 は，与えられた関数が凸関数かどうかをチェックするためによく用いられる．次の 2 つの例で考えてみよう．

例題 2.1　$x_i > 0,\ i = 1, \ldots, n$ となる領域において，関数 $f(\boldsymbol{x}) = \sum_{i=1}^n x_i \ln x_i$ が凸関数となることを示せ（この関数 f は情報量やエントロピーなどを定義するときに現れる重要な関数である）．

解答　関数 f の勾配は

$$\nabla f(\boldsymbol{x}) = \begin{pmatrix} 1 + \ln x_1 \\ \vdots \\ 1 + \ln x_n \end{pmatrix}$$

となり，ヘッセ行列は

$$\begin{pmatrix} \frac{1}{x_1} & & 0 \\ & \ddots & \\ 0 & & \frac{1}{x_n} \end{pmatrix}$$

となる．よって，ヘッセ行列は，$x_i > 0,\ i = 1, \ldots, n$ となる領域において，正定値行列となるから，定理 2.6 より，f は凸関数である．□

例題 2.2　$\phi : R^{n \times n} \to R$ を

$$\phi(A) = -\ln\det A$$

と定義する．$\phi(A)$ は正定値対称行列の集合上で凸関数となることを示せ．

解答 まず，$\phi(A)$ が正定値対角行列の集合上で凸関数となることを示す．正定値対角行列上では，

$$\phi(A) = -\sum_{i=1}^{n} \ln A_{ii}$$

と表される．つまり，$a = (A_{11}, A_{22}, \ldots, A_{nn})^\top \in R^n$ の関数とみなすことができる．このとき，

$$\nabla_a^2 \phi(A) = \begin{pmatrix} \frac{1}{A_{11}^2} & & 0 \\ & \ddots & \\ 0 & & \frac{1}{A_{nn}^2} \end{pmatrix}$$

が成り立つ．よって，定理 2.6 より，$\phi(A)$ は正定値対角行列の集合上で凸関数となる．

次に一般の正定値行列の空間上で凸関数となることを示す．A, B を正定値対称行列とし，$\alpha \in [0,1]$ とする．補題 B.1 より，

$$X^\top AX = D, \ \ X^\top BX = I$$

となる正則行列 X と正定値対角行列 D が存在する．いま，$C = \alpha A + (1-\alpha)B$ とすると，

$$X^\top CX = \alpha D + (1-\alpha)I$$

が成り立つ．さらに，

$$\begin{aligned} \phi(X^\top AX) &= -\ln\det(X^\top AX) = -\ln(\det X^\top \cdot \det A \cdot \det X) \\ &= \phi(A) - 2\ln\det X \end{aligned}$$

が成り立つ．同様にして，

$$\phi(X^\top BX) = \phi(B) - 2\ln\det X, \quad \phi(X^\top CX) = \phi(C) - 2\ln\det X$$

がいえる．よって，

$$\begin{aligned} &\phi(\alpha A + (1-\alpha)B) \\ &= \phi(C) \\ &= \phi(X^\top CX) + 2\ln\det X \end{aligned}$$

$$
\begin{aligned}
&= \phi(\alpha D + (1-\alpha)I) + 2\ln\det X \\
&\le \alpha\phi(D) + (1-\alpha)\phi(I) + 2\ln\det X \\
&= \alpha\phi(X^\top A X) + (1-\alpha)\phi(X^\top B X) + 2\ln\det X \\
&= \alpha\phi(A) - 2\alpha\ln\det X + (1-\alpha)\phi(B) - 2(1-\alpha)\ln\det X + 2\ln\det X \\
&= \alpha\phi(A) + (1-\alpha)\phi(B)
\end{aligned}
$$

を得る．ここで不等式は，ϕ が正定値対角行列の集合上で凸関数となることを用いた．この式は，ϕ が凸関数となることを示している． □

次に，関数の和や合成が凸関数となるための条件を与える．

定理 2.7 f_1, f_2 は Y 上で凸関数であるとし，a, b は非負の定数とする．このとき，関数 $f(\boldsymbol{x}) = af_1(\boldsymbol{x}) + bf_2(\boldsymbol{x})$ は Y 上で凸関数である

証明 任意の $\boldsymbol{x}, \boldsymbol{y} \in Y$ と $\alpha \in [0,1]$ に対して

$$
\begin{aligned}
\alpha f(\boldsymbol{x}) + (1-\alpha)f(\boldsymbol{y}) &= a\alpha f_1(\boldsymbol{x}) + a(1-\alpha)f_1(\boldsymbol{y}) + b\alpha f_2(\boldsymbol{x}) + b(1-\alpha)f_2(\boldsymbol{y}) \\
&\ge af_1(\alpha\boldsymbol{x} + (1-\alpha)\boldsymbol{y}) + bf_2(\alpha\boldsymbol{x} + (1-\alpha)\boldsymbol{y}) \\
&= f(\alpha\boldsymbol{x} + (1-\alpha)\boldsymbol{y})
\end{aligned}
$$

をみたすので，凸関数である． □

定理 2.8 $T \subseteq R$ を凸集合とする．このとき凸関数 $g : Y \to T$ と非減少な凸関数 $f : T \to R$ の合成関数 $f(g(\boldsymbol{x}))$ は Y 上で凸関数である．

証明 g が凸関数であることから，任意の $\boldsymbol{x}, \boldsymbol{y} \in Y$, $\alpha \in [0,1]$ に対して

$$
g(\alpha\boldsymbol{x} + (1-\alpha)\boldsymbol{y}) \le \alpha g(\boldsymbol{x}) + (1-\alpha)g(\boldsymbol{y})
$$

が成り立つ．ここで，関数 f が非減少であるとは，$a < b$ であるような任意の $a, b \in T$ に対して $f(a) \le f(b)$ が成り立つことである．f が非減少な凸関数であることから，

$$
f(g(\alpha\boldsymbol{x} + (1-\alpha)\boldsymbol{y})) \le f(\alpha g(\boldsymbol{x}) + (1-\alpha)g(\boldsymbol{y})) \le \alpha f(g(\boldsymbol{x})) + (1-\alpha)f(g(\boldsymbol{y}))
$$

を得る． □

これまでに得られた定理を用いて，次の問題を解いてみよう．

例題 2.3　関数 $g_j : R^n \to R,\ j = 1,\ldots,r$ は凸関数であり，集合 $S = \{\boldsymbol{x} \mid g_j(\boldsymbol{x}) < 0,\ j = 1,\ldots,r\}$ は空集合でないとする．このとき，$-\sum_{j=1}^{r} \ln(-g_j(\boldsymbol{x}))$ が S 上で凸関数となることを示せ．

解答　定理 2.7 より，$-\ln(-g_j(\boldsymbol{x})),\ j = 1,\ldots,r$ が S 上で凸関数となることを示せば十分である．ここで $f(t) = -\ln(-t)$ とすると，$-\ln(-g_j(\boldsymbol{x}))$ は f と g_j の合成関数で表せる．つまり $-\ln(-g_j(\boldsymbol{x})) = f(g_j(\boldsymbol{x}))$ となる．$\boldsymbol{x} \in S$ のとき $g_j(\boldsymbol{x}) < 0$ であるから，定理 2.8 より f が $T = (-\infty, 0)$ 上で非減少な凸関数であることを示せばよい．$f''(t) = 1/t^2 \geq 0$ であるから，定理 2.6 より，f は T 上で凸関数である．さらに，$f'(t) = -1/t$ であるから，T 上で $f'(t) > 0$ となる．つまり，f は非減少な凸関数である．□

関数 $-\sum_{j=1}^{r} \ln(-g_j(\boldsymbol{x}))$ は不等式制約 $g_j(\boldsymbol{x}) \leq 0,\ j = 1,\ldots,r$ に対する対数障壁関数とよばれており，内点法で重要な役割を果たす関数である．

最後に，関数がある最大化問題の最適値として表されているときに，その関数が凸関数となるための条件を与えよう．

定理 2.9　関数 $g(\boldsymbol{x}, \boldsymbol{z})$ は，$\boldsymbol{z}$ を固定したとき $\boldsymbol{x}$ に関して凸関数であるとする．関数 f を $\boldsymbol{z}$ に関して集合 Z 上で $g(\boldsymbol{x}, \boldsymbol{z})$ を最大化した値をとる関数，つまり，

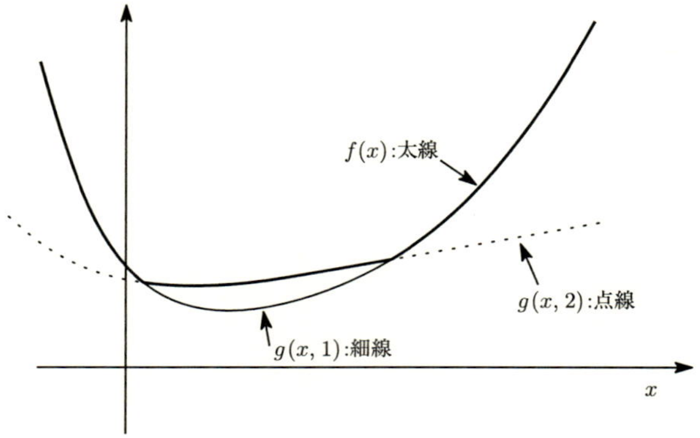

図 2.3　$f(x) = \sup_{z \in \{1,2\}} g(x, z)$ の凸性

$$f(\boldsymbol{x}) := \sup_{\boldsymbol{z} \in Z} g(\boldsymbol{x}, \boldsymbol{z})$$

と定義する．このとき，f は凸関数である（図 2.3）．

証明　任意の $\boldsymbol{x}, \boldsymbol{y} \in R^n$ と $\alpha \in [0, 1]$ を選ぶ．このとき，$g(\cdot, \boldsymbol{z})$ の凸性より，

$$\begin{aligned} f(\alpha\boldsymbol{x} + (1-\alpha)\boldsymbol{y}) &= \sup_{\boldsymbol{z} \in Z} g(\alpha\boldsymbol{x} + (1-\alpha)\boldsymbol{y}, \boldsymbol{z}) \\ &\leq \sup_{\boldsymbol{z} \in Z} \{\alpha g(\boldsymbol{x}, \boldsymbol{z}) + (1-\alpha) g(\boldsymbol{y}, \boldsymbol{z})\} \\ &\leq \alpha \sup_{\boldsymbol{z} \in Z} g(\boldsymbol{x}, \boldsymbol{z}) + (1-\alpha) \sup_{\boldsymbol{z} \in Z} g(\boldsymbol{y}, \boldsymbol{z}) \\ &= \alpha f(\boldsymbol{x}) + (1-\alpha) f(\boldsymbol{y}) \end{aligned}$$

となる．よって f は凸関数である．□

この定理において，Z は有限の集合であってもかまわない．

最後に，非線形計画問題の定式化によく現れる凸関数をいくつか紹介しよう．これらの関数と上記の定理を組み合わせることによって，様々な凸関数を構成したり，与えられた関数が凸関数かどうかを検証することができる．

1. Q が半正定値対称行列であるような 2 次関数 $\frac{1}{2}\boldsymbol{x}^\top Q\boldsymbol{x} + \boldsymbol{q}^\top \boldsymbol{x}$
2. 関数 $-\ln x$（定義域は $x > 0$）
3. 指数関数 e^x
4. 関数 $\ln(1 + e^x)$

2.1.3　凸関数の劣勾配

凸計画問題の応用のなかには，微分不可能な凸関数が現れることがある．例えば，第 4 章で定義するラグランジュの双対問題の目的関数に -1 を掛けたものは，一般には，微分不可能な凸関数となる．そのような問題に対して，勾配の代わりに，**方向微分** (directional derivative) や**劣勾配** (subgradient) を考えると便利である．

まず，方向微分の定義を与える．$\boldsymbol{d} \in R^n$ としたとき，点 $\boldsymbol{x}$ から方向 $\boldsymbol{d}$ に動かしたときの関数 f の変化量を f の $\boldsymbol{d}$ 方向の方向微分といい，

$$f'(\boldsymbol{x}; \boldsymbol{d}) = \lim_{t \downarrow 0} \frac{f(\boldsymbol{x} + t\boldsymbol{d}) - f(\boldsymbol{x})}{t}$$

と定義する．右辺の極限が任意の方向 $\boldsymbol{d}$ で存在するとき，関数 f は $\boldsymbol{x}$ で方向微分可能であるという．$f: R^n \to R$ が凸関数であれば，f は任意の点 $\boldsymbol{x}$ で方向微分可能である．また，f が微分可能であれば，$f'(\boldsymbol{x}; \boldsymbol{d}) = \nabla f(\boldsymbol{x})^\top \boldsymbol{d}$ が成り立つ．

次に，凸関数に対して，微分を一般化した概念である劣勾配を紹介する．微分可能な凸関数では，定理 2.5 より，すべての $\boldsymbol{y} \in R^n$ に対して，

$$f(\boldsymbol{y}) - f(\boldsymbol{x}) \geq \nabla f(\boldsymbol{x})^\top (\boldsymbol{y} - \boldsymbol{x})$$

が成り立つ．そこで，勾配 $\nabla f(\boldsymbol{x})$ の代わりに，

$$f(\boldsymbol{y}) - f(\boldsymbol{x}) \geq \boldsymbol{\eta}^\top (\boldsymbol{y} - \boldsymbol{x})$$

をみたすベクトル $\boldsymbol{\eta}$ を考えよう．このようなベクトルは無数に存在するかもしれないので，以下のように集合として定義する．

$$\partial f(\boldsymbol{x}) = \{\boldsymbol{\eta} \in R^n \mid f(\boldsymbol{y}) - f(\boldsymbol{x}) \geq \boldsymbol{\eta}^\top (\boldsymbol{y} - \boldsymbol{x}),\ \ \forall \boldsymbol{y} \in R^n\}$$

この集合 $\partial f(\boldsymbol{x})$ を f の点 $\boldsymbol{x}$ における**劣微分** (subdifferential) とよぶ．f が凸関数であれば，$\partial f(\boldsymbol{x})$ は空でない凸集合となることが知られている．さらに，f が微分可能であれば，$\partial f(\boldsymbol{x})$ は唯一の要素 $\nabla f(\boldsymbol{x})$ をもつ，つまり，$\partial f(\boldsymbol{x}) = \{\nabla f(\boldsymbol{x})\}$ である．そのため，集合 $\partial f(\boldsymbol{x})$ を凸関数の微分の一般化とみなすことができる．集合 $\partial f(\boldsymbol{x})$ を関数 f の劣勾配とよぶ．

劣微分の要素をすべて列挙することは，一般には難しいが，その要素を 1 つ計算することは簡単にできることがある．例えば，定理 2.9 に出てきた関数を考えてみよう．

$$f(\boldsymbol{x}) = \sup_{\boldsymbol{z} \in Z} g(\boldsymbol{x}, \boldsymbol{z})$$

一般に，f は微分可能ではないが，その劣勾配の 1 つは $\nabla_x g(\boldsymbol{x}, \boldsymbol{z}^*)$ で与えられる．ただし，$\boldsymbol{z}^*$ は $g(\boldsymbol{x}, \cdot)$ の Z 上での最大解である．実際，f の定義より

$$f(\boldsymbol{y}) - f(\boldsymbol{x}) \geq g(\boldsymbol{y}, \boldsymbol{z}^*) - g(\boldsymbol{x}, \boldsymbol{z}^*) \geq \nabla_x g(\boldsymbol{x}, \boldsymbol{z}^*)^\top (\boldsymbol{y} - \boldsymbol{x})$$

が成り立つから，$\nabla_x g(\boldsymbol{x}, \boldsymbol{z}^*) \in \partial f(\boldsymbol{x})$ である．

● 2.2 ● 凸計画問題の重要性 ●

本章の最後の締めくくりとして，凸計画問題の重要性について説明する．凸計画問題に対しては，次のことが知られている．

1. 様々な問題が凸計画問題として定式化できる.
2. 局所的最小解は大域的最小解となる.
3. 最適性の条件をみたす点は大域的最小解となる.
4. 双対問題は，元の凸計画問題と同じ最適値をもつ.
5. 多くの凸計画問題は内点法や逐次 2 次計画法によって効率よく解くことができる.

1. は凸計画問題が幅広い応用をもつことを意味している．実際，第 1 章で紹介した多くの応用問題は，凸計画問題となっている．2. については本節の最後に示す．本書で紹介するような非線形計画問題の一般的なアルゴリズムは，大域的最小解ではなく，最適性の条件をみたす点を求めるよう設計されている．そのため，性質 3. が成り立つことは，実用上，非常に重要である．この性質は，第 3 章において示す．4. も，双対問題は元の問題に比べて扱いやすい場合があるため，理論だけでなく解法の観点からも重要である．双対問題については，第 4 章において詳しく説明する．5. の内点法や逐次 2 次計画法については第 9 章で紹介する．

それでは，上記の項目 2. を示そう．

定理 2.10　凸計画問題の局所的最小解は大域的最小解である．さらに目的関数が狭義凸関数であれば，大域的最小解はたかだか 1 つである．

証明　$\boldsymbol{x}^*$ が局所的最小解であれば，定義よりある $\varepsilon > 0$ が存在して，

$$f(\boldsymbol{x}^*) \leq f(\boldsymbol{x}), \ \ \forall \boldsymbol{x} \in B(\boldsymbol{x}^*, \varepsilon) \cap \mathcal{F} \tag{2.14}$$

が成り立つ．ここで，$\boldsymbol{x}^*$ が大域的最小解でないと仮定して矛盾を導こう．$f(\boldsymbol{y}) < f(\boldsymbol{x}^*)$ となる大域的最小解 $\boldsymbol{y} \in \mathcal{F}$ が存在するとする．$\mathcal{F}$ が凸集合であることから，任意の $\alpha \in [0,1]$ に対して

$$\alpha \boldsymbol{x}^* + (1-\alpha)\boldsymbol{y} \in \mathcal{F}$$

が成り立つ．また，α が十分 1 に近いとき $\alpha \boldsymbol{x}^* + (1-\alpha)\boldsymbol{y} \in B(\boldsymbol{x}^*, \varepsilon)$ となるので，$\alpha \boldsymbol{x}^* + (1-\alpha)\boldsymbol{y} \in B(\boldsymbol{x}^*, \varepsilon) \cap \mathcal{F}$ が成り立つ．一方，目的関数 f が凸関数であることと，$f(\boldsymbol{y}) < f(\boldsymbol{x}^*)$ であることから，

$$f(\alpha \boldsymbol{x}^* + (1-\alpha)\boldsymbol{y}) \leq \alpha f(\boldsymbol{x}^*) + (1-\alpha) f(\boldsymbol{y}) < f(\boldsymbol{x}^*)$$

が成り立つ．これは (2.14) に矛盾する．よって，$\boldsymbol{x}^*$ は大域的最小解である．

次に定理の後半を示そう．2 つの相異なる大域的最小解 $\boldsymbol{x}^*, \boldsymbol{y}^*$ があったとする．このとき，任意の $\alpha \in (0,1)$ に対して，$\alpha \boldsymbol{x}^* + (1-\alpha)\boldsymbol{y}^*$ は実行可能解である．さらに，f が狭義凸関数であり，$f(\boldsymbol{x}^*) = f(\boldsymbol{y}^*)$ であることから，

$$f(\alpha \boldsymbol{x}^* + (1-\alpha)\boldsymbol{y}^*) < \alpha f(\boldsymbol{x}^*) + (1-\alpha) f(\boldsymbol{y}^*) = f(\boldsymbol{x}^*)$$

が成り立つ．これは $\boldsymbol{x}^*$ が大域的最小解であることに矛盾する．よって，大域的最小解の数はたかだか 1 つである． □

参考文献

凸関数，凸集合に関する一般的事項は，凸解析とよばれる数学の 1 分野として，広く研究されている．[14] は，凸解析の古典的な教科書である．また，最適化の理論に関連した凸解析は，[6] にまとめられている．応用としての凸計画モデルや，その解法については，[3] に詳しい．

3 最適性の条件

非線形計画問題に対する解法の多くは，目的関数や制約関数の局所的な情報（関数値や勾配など）に基づいて，最適解を探す．そのとき，それらの情報からある点 $\boldsymbol{x}$ が最小解であるか，あるいは最小解に近いかどうかを判別する必要がある．本章では，そのような情報に基づく最適性の条件を与える．

● 3.1 ● カルーシュ–キューン–タッカー条件 ●

本節では，非線形計画問題

$$
\begin{array}{l|l}
\text{目的} & f(\boldsymbol{x}) \quad \rightarrow \quad \text{最小化} \\
\text{条件} & h_i(\boldsymbol{x}) = 0, \;\; i = 1, \ldots, m \\
 & g_j(\boldsymbol{x}) \leq 0, \;\; j = 1, \ldots, r
\end{array}
\tag{3.1}
$$

に対する最適性の必要条件を解説する．

本章で考える主要な定理は以下のものである．

定理 3.1　$\boldsymbol{x}^*$ を問題 (3.1) の局所的最小解とする．このとき，Abadie の制約想定が成り立てば，次の条件をみたすベクトル $\boldsymbol{\lambda} \in R^m$ と $\boldsymbol{\mu} \in R^r$ が存在する．

$$\nabla f(\boldsymbol{x}^*) + \sum_{i=1}^{m} \lambda_i \nabla h_i(\boldsymbol{x}^*) + \sum_{j=1}^{r} \mu_j \nabla g_j(\boldsymbol{x}^*) = \boldsymbol{0} \tag{3.2}$$

$$\boldsymbol{h}(\boldsymbol{x}^*) = \boldsymbol{0} \tag{3.3}$$

$$g_j(\boldsymbol{x}^*) \leq 0, \;\; \mu_j \geq 0, \;\; \mu_j g_j(\boldsymbol{x}^*) = 0, \; j = 1, \ldots, r \tag{3.4}$$

定理中の Abadie の制約想定 (constraint qualification) は，制約条件に関する条件で，その詳細は 3.3 節で与える．また，この定理の証明はかなり複雑であるため，次節で与える．

この定理において，(3.2)–(3.4) をカルーシュ–キューン–タッカー条件 (Karush–Kuhn–Tucker conditions, KKT conditions) または**最適性の 1 次の必要条件** (first order optimality condition) とよぶ．以下では KKT 条件とよぶ．

制約がない問題においては，KKT 条件は単に

$$\nabla f(\boldsymbol{x}^*) = \mathbf{0}$$

とかける．つまり，次の系が成り立つ．

> **系 3.1** $\boldsymbol{x}^*$ を制約なし最小化問題の局所的最小解とする．このとき，$\nabla f(\boldsymbol{x}^*) = \mathbf{0}$ が成り立つ．

制約がある問題においては，次の**ラグランジュ関数** (Lagrange function) を考えると便利である．

$$L(\boldsymbol{x}, \boldsymbol{\lambda}, \boldsymbol{\mu}) = f(\boldsymbol{x}) + \sum_{i=1}^{m} \lambda_i h_i(\boldsymbol{x}) + \sum_{j=1}^{r} \mu_j g_j(\boldsymbol{x})$$

ここで，$\boldsymbol{\lambda}$ と $\boldsymbol{\mu}$ は**ラグランジュ乗数** (Lagrange multipliers) とよばれるベクトルである．

ラグランジュ関数を用いると，KKT 条件の (3.2) と (3.3) は

$$\nabla_x L(\boldsymbol{x}^*, \boldsymbol{\lambda}, \boldsymbol{\mu}) = \mathbf{0}, \ \ \nabla_\lambda L(\boldsymbol{x}^*, \boldsymbol{\lambda}, \boldsymbol{\mu}) = \mathbf{0} \tag{3.5}$$

と表すことができる．

不等式制約がない問題では，(3.5) が KKT 条件そのものとなる．これは，力学などの分野で用いられるラグランジュの未定乗数法 (method of Lagrange multiplier) そのものである．このため，KKT 条件はラグランジュの未定乗数法の一般化と考えることもできる．

一方，KKT 条件の (3.4) も図 3.1 のような物理現象を考えると理解しやすい．この図では，等高線 $f(\boldsymbol{x}) = c$ で示された地形上をボールが転がることを考えている．また，ボールが入ってはいけないところは，壁 $g_j(\boldsymbol{x}) = 0$, $j = 1, 2, 3$ によって塞がれている．このとき，ボールが静止するのは，壁に押さえられるか，局所的に窪んでおり，ボールにかかる力が均衡しているところである．この均衡を表

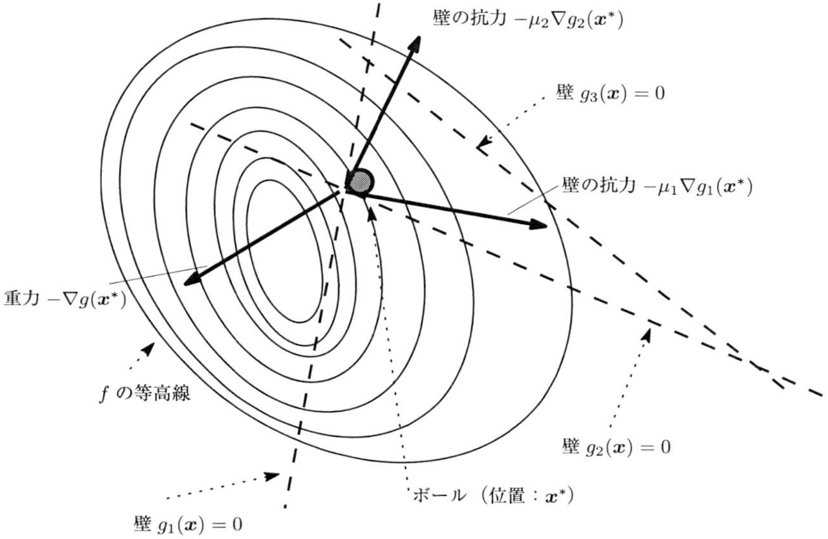

図 **3.1**　KKT 条件の物理的解釈

すのが，(3.2) である．そのとき，$-\nabla f(\boldsymbol{x}^*)$ は重力から受ける力を表しており，$-\mu_j^*\nabla g_j(\boldsymbol{x}^*)$ は壁から受ける抗力を表していると考えればよい．(3.4) で $\mu_j^* = 0$ となるということは，壁に接していないこと（$g_j(\boldsymbol{x}^*) < 0$）を意味している．

上記の物理現象のように，非線形計画問題において意味をもたない，つまり $g_j(\boldsymbol{x}^*) < 0$ となる不等式制約のラグランジュ乗数は $\mu_j = 0$ となる．一方，意味をもつ不等式制約では，$g_j(\boldsymbol{x}^*) = 0$ が成り立つ．つまり，最適解においては，各 j において，$\mu_j = 0$ か $g_j(\boldsymbol{x}^*) = 0$ のどちらかが必ず成り立たなければならない．これが KKT 条件の (3.4) であり，**相補性条件** (complementarity condition) とよぶ．

KKT 条件をみたす点 $(\boldsymbol{x}^*, \boldsymbol{\lambda}, \boldsymbol{\mu})$ を **KKT 点**とよぶ．後でみるように，制約つき最小化問題に対する多くのアルゴリズムでは，KKT 点を求めることが目的となっている．もちろん，この条件は必要条件であり，この条件をみたしているからといって，$\boldsymbol{x}^*$ が局所的最小解となるとは限らない．

一方，凸計画問題においては，以下に示すように，KKT 条件が最適性の十分条件になる．

定理 3.2　f と g_j, $j=1,\ldots,r$ は凸関数であり，h_i, $i=1,\ldots,m$ は 1 次関数であるとする．そのとき，$(\boldsymbol{x}^*,\boldsymbol{\lambda}^*,\boldsymbol{\mu}^*)$ が KKT 点であれば，$\boldsymbol{x}^*$ は問題 (3.1) の大域的最小解である．

証明　$(\boldsymbol{x}^*,\boldsymbol{\lambda}^*,\boldsymbol{\mu}^*)$ を KKT 点とする．まず，(3.3) と (3.4) より $\boldsymbol{x}^*$ は実行可能解であることに注意する．次に，$\boldsymbol{x}$ を任意の実行可能解とする．f は凸関数であるから，凸関数の性質（定理 2.5）より，

$$f(\boldsymbol{x}) \geq f(\boldsymbol{x}^*) + \nabla f(\boldsymbol{x}^*)^\top(\boldsymbol{x}-\boldsymbol{x}^*)$$

が成り立つ．さらに，KKT 条件 (3.2) より，この不等式は

$$\begin{aligned} f(\boldsymbol{x}) &\geq f(\boldsymbol{x}^*) + \left(-\sum_{i=1}^m \lambda_i^*\nabla h_i(\boldsymbol{x}^*) - \sum_{j=1}^r \mu_j^*\nabla g_j(\boldsymbol{x}^*)\right)^\top(\boldsymbol{x}-\boldsymbol{x}^*) \\ &= f(\boldsymbol{x}^*) - \sum_{i=1}^m \lambda_i^*\nabla h_i(\boldsymbol{x}^*)^\top(\boldsymbol{x}-\boldsymbol{x}^*) - \sum_{j=1}^r \mu_j^*\nabla g_j(\boldsymbol{x}^*)^\top(\boldsymbol{x}-\boldsymbol{x}^*) \end{aligned} \tag{3.6}$$

と表せる．以下では，右辺の第 2 項と第 3 項が 0 以上になることを示す．h_i は 1 次関数であるから，あるベクトル $\boldsymbol{a}^i \in R^n$ とスカラー $b_i \in R$ を用いて，$h_i(\boldsymbol{x}) = (\boldsymbol{a}^i)^\top\boldsymbol{x} - b_i$ と表せる．このとき，$\nabla h_i(\boldsymbol{x}^*) = \boldsymbol{a}^i$ であり，$\boldsymbol{x}$ と $\boldsymbol{x}^*$ の実行可能性より $h_i(\boldsymbol{x}) = h_i(\boldsymbol{x}^*) = 0$ である．よって，

$$0 = h_i(\boldsymbol{x}) - h_i(\boldsymbol{x}^*) = (\boldsymbol{a}^i)^\top(\boldsymbol{x}-\boldsymbol{x}^*) = \nabla h_i(\boldsymbol{x}^*)^\top(\boldsymbol{x}-\boldsymbol{x}^*)$$

となるから，

$$-\sum_{i=1}^m \lambda_i^*\nabla h_i(\boldsymbol{x}^*)^\top(\boldsymbol{x}-\boldsymbol{x}^*) = 0 \tag{3.7}$$

である．次に (3.6) の右辺第 3 項を調べる．g_j は凸関数であるから，

$$g_j(\boldsymbol{x}) - g_j(\boldsymbol{x}^*) \geq \nabla g_j(\boldsymbol{x}^*)^\top(\boldsymbol{x}-\boldsymbol{x}^*)$$

が成り立つ．$\boldsymbol{x}$ は実行可能解であるから $g_j(\boldsymbol{x}) \leq 0$ に注意すると，$g_j(\boldsymbol{x}^*) = 0$ であるような j に対して，

$$0 \geq g_j(\boldsymbol{x}) = g_j(\boldsymbol{x}) - g_j(\boldsymbol{x}^*) \geq \nabla g_j(\boldsymbol{x}^*)^\top(\boldsymbol{x}-\boldsymbol{x}^*)$$

が成り立つ．さらに，$\mu_j^* \geq 0$ であるから，$\mu_j^* \nabla g_j(\boldsymbol{x}^*)^\top(\boldsymbol{x}-\boldsymbol{x}^*) \leq 0$ を得る．一方，$g_j(\boldsymbol{x}^*) < 0$ であるような j に対しては，KKT 条件の (3.4) より，$\mu_j^* = 0$ であるから，$\mu_j^* \nabla g_j(\boldsymbol{x}^*)^\top(\boldsymbol{x}-\boldsymbol{x}^*) = 0$ となる．以上のことをまとめると，

$$-\sum_{j=1}^{r} \mu_j^* \nabla g_j(\boldsymbol{x}^*)^\top(\boldsymbol{x}-\boldsymbol{x}^*) \geq 0$$

を得る．この式と (3.6), (3.7) より，任意の実行可能解 $\boldsymbol{x}$ に対して，

$$f(\boldsymbol{x}) \geq f(\boldsymbol{x}^*)$$

が成り立つ．すなわち，$\boldsymbol{x}^*$ は大域的最小解である． □

上の証明においては Abadie の制約想定は不要であることに注意しよう．

この定理より，凸計画問題では，KKT 点を求めることができれば，大域的最小解が得られる．この性質を使って，以下の 2 つの問題を解いてみよう．

例題 3.1（エントロピー（情報量）最大化問題） KKT 条件を用いて，次の凸計画問題の大域的最小解を求めよ．

$$\begin{array}{l|l} \text{目的} & \sum_{i=1}^{n} x_i \ln x_i \quad \to \quad \text{最小化} \\ \text{条件} & \sum_{i=1}^{n} x_i = 1 \\ & x_i \geq 0,\ i=1,\ldots,n \end{array}$$

なお，$\ln 0 = \infty, 0 \ln 0 = 0$ とする．

解答　この問題の KKT 条件は

$$\begin{pmatrix} 1+\ln x_1 \\ \vdots \\ 1+\ln x_n \end{pmatrix} + \lambda_1 \begin{pmatrix} 1 \\ \vdots \\ 1 \end{pmatrix} - \begin{pmatrix} \mu_1 \\ \vdots \\ \mu_n \end{pmatrix} = \mathbf{0}$$

$$\sum_{i=1}^{n} x_i = 1$$

$$x_i \geq 0,\ \mu_i \geq 0,\ x_i\mu_i = 0,\ i=1,\ldots,n$$

とかける．

すべての i に対して，$x_i > 0$ として考えてみる．このとき，KKT 条件より $\mu_i = 0$ となるから，KKT 条件の第 1 式より，

$$x_i = e^{-\lambda_1 - 1},\ i=1,\ldots,n$$

が成り立つ．これはすべての x_i が等しいことを意味している．そのため，$\sum_{i=1}^{n} x_i = 1$ より，$x_i = \frac{1}{n}$ となり，$\lambda_1 = \ln n - 1$ を得る．これらは，KKT 条件をみたすため，$\boldsymbol{x} = (\frac{1}{n}, \ldots, \frac{1}{n})^\top$ は問題の大域的最小解である． □

例題 3.2　KKT 条件を用いて，次の凸計画問題の大域的最小解を求めよ．

$$\begin{array}{c|l} \text{目的} & \psi\frac{1}{2}(HB) \quad \to \quad \text{最小化} \\ \text{条件} & B\boldsymbol{s} = \boldsymbol{y} \\ & B = B^\top \end{array} \tag{3.8}$$

ただし，決定変数は行列 $B \in R^{n\times n}$ であり，$\psi(A) = -\ln\det A + \operatorname{trace} A$ である．また，H は $n \times n$ の正定値対称の定数行列であり，$\boldsymbol{s}, \boldsymbol{y} \in R^n$ は $\boldsymbol{s}^\top \boldsymbol{y} > 0$ をみたす定数ベクトルである．

解答　問題 (3.8) は等式制約のみの凸計画問題である．いま，対称性の制約 $B_{ij} - B_{ji} = 0$ に対応するラグランジュ乗数を Λ_{ij} とすると，

$$\sum_{i=1}^{n}\sum_{j=1}^{n} \Lambda_{ij}(B_{ij} - B_{ji}) = \sum_{i=1}^{n}\sum_{j=1}^{n} \Lambda_{ij}((B^\top)_{ji} - B_{ji}) = \operatorname{trace}\Lambda(B^\top - B)$$

とかける．ただし，Λ は (i, j) 成分が Λ_{ij} となる行列である．これを用いると，問題 (3.8) のラグランジュ関数は

$$L(B, \Lambda, \boldsymbol{\lambda}) = \frac{1}{2}\psi(HB) + \operatorname{trace}(\Lambda(B^\top - B)) + \boldsymbol{\lambda}^\top (B\boldsymbol{s} - \boldsymbol{y})$$

となる．ただし，$\boldsymbol{\lambda}$ は等式制約 $B\boldsymbol{s} = \boldsymbol{y}$ のラグランジュ乗数である．ラグランジュ関数を用いると，KKT 条件は

$$\frac{\partial L(B, \Lambda, \lambda)}{\partial B_{ij}} = 0, \quad i, j = 1, \ldots, n \tag{3.9}$$

$$B = B^\top \tag{3.10}$$

$$B\boldsymbol{s} = \boldsymbol{y} \tag{3.11}$$

とかける．

まず，Λ を取り除く．補題 B.3 より，

$$\begin{aligned} \frac{\partial L(B, \Lambda, \boldsymbol{\lambda})}{\partial B_{ij}} = &\frac{1}{2}\left(\operatorname{trace}(H\boldsymbol{e}_i\boldsymbol{e}_j^\top) - (B^{-1})_{ji}\right) + \operatorname{trace}\left(\Lambda(\boldsymbol{e}_j\boldsymbol{e}_i^\top - \boldsymbol{e}_i\boldsymbol{e}_j^\top)\right) \\ &+ \boldsymbol{\lambda}^\top \boldsymbol{e}_i\boldsymbol{e}_j^\top \boldsymbol{s} \end{aligned}$$

$$= \frac{1}{2}\left(H_{ji} - (B^{-1})_{ji}\right) + \Lambda_{ij} - \Lambda_{ji} + (\boldsymbol{\lambda}\boldsymbol{s}^\top)_{ji}$$

である．(3.9) より，

$$0 = \frac{\partial L(B, \Lambda, \boldsymbol{\lambda})}{\partial B_{ij}} = \frac{1}{2}\left(H_{ji} - (B^{-1})_{ji}\right) + \Lambda_{ij} - \Lambda_{ji} + (\boldsymbol{\lambda}\boldsymbol{s}^\top)_{ji}$$

$$0 = \frac{\partial L(B, \Lambda, \boldsymbol{\lambda})}{\partial B_{ji}} = \frac{1}{2}\left(H_{ij} - (B^{-1})_{ij}\right) + \Lambda_{ji} - \Lambda_{ij} + (\boldsymbol{\lambda}\boldsymbol{s}^\top)_{ij}$$

となり，これらの式を足すと，

$$0 = H_{ij} - (B^{-1})_{ij} + (\boldsymbol{\lambda}\boldsymbol{s}^\top)_{ij} + (\boldsymbol{s}\boldsymbol{\lambda}^\top)_{ij}$$

を得る．ここで，$(B^{-1})_{ij} = (B^{-1})_{ji}$ と $H_{ij} = H_{ji}$ であることを用いた．つまり，

$$B^{-1} = H + \boldsymbol{\lambda}\boldsymbol{s}^\top + \boldsymbol{s}\boldsymbol{\lambda}^\top \tag{3.12}$$

が成り立つ．よって，問題 (3.8) の最小解 B は Λ を用いないで表すことができる．

次に，$\boldsymbol{\lambda}$ を求めよう．(3.11) と (3.12) より，

$$\boldsymbol{s} = B^{-1}\boldsymbol{y} = H\boldsymbol{y} + (\boldsymbol{s}^\top\boldsymbol{y})\boldsymbol{\lambda} + (\boldsymbol{\lambda}^\top\boldsymbol{y})\boldsymbol{s} \tag{3.13}$$

が成り立つ．この式の両辺に $\boldsymbol{y}^\top$ を掛けると，

$$\boldsymbol{y}^\top\boldsymbol{s} = \boldsymbol{y}^\top H\boldsymbol{y} + 2(\boldsymbol{s}^\top\boldsymbol{y})(\boldsymbol{\lambda}^\top\boldsymbol{y})$$

を得るから，

$$\boldsymbol{\lambda}^\top\boldsymbol{y} = \frac{1}{2}\left(1 - \frac{\boldsymbol{y}^\top H\boldsymbol{y}}{\boldsymbol{s}^\top\boldsymbol{y}}\right)$$

となる．これを (3.13) に代入して，整理すると

$$\boldsymbol{\lambda} = \frac{1}{\boldsymbol{s}^\top\boldsymbol{y}}\left(\boldsymbol{s} - H\boldsymbol{y} - \frac{1}{2}\left(1 - \frac{\boldsymbol{y}^\top H\boldsymbol{y}}{\boldsymbol{s}^\top\boldsymbol{y}}\right)\boldsymbol{s}\right)$$

を得る．よって，(3.12) より，

$$B^{-1} = H - \frac{H\boldsymbol{y}\boldsymbol{s}^\top + \boldsymbol{s}(H\boldsymbol{y})^\top}{\boldsymbol{s}^\top\boldsymbol{y}} + \left(1 + \frac{\boldsymbol{y}^\top H\boldsymbol{y}}{\boldsymbol{s}^\top\boldsymbol{y}}\right)\frac{\boldsymbol{s}\boldsymbol{s}^\top}{\boldsymbol{s}^\top\boldsymbol{y}}$$

となる．よって，問題 (3.8) の最小解は

$$B = \left(H - \frac{H\boldsymbol{y}\boldsymbol{s}^\top + \boldsymbol{s}(H\boldsymbol{y})^\top}{\boldsymbol{s}^\top\boldsymbol{y}} + \left(1 + \frac{\boldsymbol{y}^\top H\boldsymbol{y}}{\boldsymbol{s}^\top\boldsymbol{y}}\right)\frac{\boldsymbol{s}\boldsymbol{s}^\top}{\boldsymbol{s}^\top\boldsymbol{y}}\right)^{-1}$$

となる. □

● 3.2 ● カルーシュ–キューン–タッカー条件の証明 ●

本節では定理 3.1 (KKT 条件) の証明を与える. かなり煩雑な証明となるため, 理論的な導出に興味のない読者は, 本節と次節は読み飛ばしてもかまわない.

証明は, 図 3.2 に従って行う. 最適化において重要な性質は, $-\nabla f(\bar{\boldsymbol{x}}) \in N_{\mathcal{F}}(\bar{\boldsymbol{x}})$ と Farkas の補題である.

まず, $-\nabla f(\bar{\boldsymbol{x}}) \in N_{\mathcal{F}}(\bar{\boldsymbol{x}})$ を示そう. ここで, 法線錐 $N_{\mathcal{F}}(\bar{\boldsymbol{x}})$ と接錐 $T_{\mathcal{F}}(\bar{\boldsymbol{x}})$ の定義は (2.7) と (2.6) をみてほしい.

定理 3.3 f を連続微分可能な関数とする. $\bar{\boldsymbol{x}}$ を次の非線形計画問題の局所的最小解とする.

$$\begin{array}{c|l} \text{目的} & f(\boldsymbol{x}) \quad \to \quad \text{最小化} \\ \text{条件} & x \in \mathcal{F} \end{array}$$

そのとき,

$$-\nabla f(\bar{\boldsymbol{x}}) \in N_{\mathcal{F}}(\bar{\boldsymbol{x}})$$

が成り立つ.

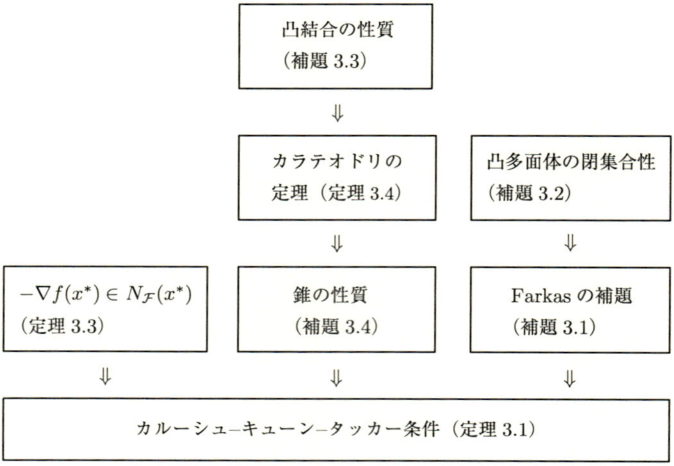

図 **3.2** カルーシュ–キューン–タッカー条件の証明の道筋

証明 $\boldsymbol{y} \in T_{\mathcal{F}}(\bar{\boldsymbol{x}})$ とする．このとき，接錐の定義より，次式をみたす列 $\{\boldsymbol{x}^k\}$ と $\{\alpha_k\}$ が存在する．

$$\boldsymbol{x}^k \in \mathcal{F}, \ \lim_{k\to\infty} \boldsymbol{x}^k = \bar{\boldsymbol{x}}, \ \alpha_k \geq 0, \ \lim_{k\to\infty} \alpha_k(\boldsymbol{x}^k - \bar{\boldsymbol{x}}) = \boldsymbol{y}$$

f は連続微分可能であるから，

$$f(\boldsymbol{x}^k) - f(\bar{\boldsymbol{x}}) = \langle \nabla f(\bar{\boldsymbol{x}}), \boldsymbol{x}^k - \bar{\boldsymbol{x}} \rangle + o(\|\boldsymbol{x}^k - \bar{\boldsymbol{x}}\|)$$

が成り立つ．また，$\bar{\boldsymbol{x}}$ は局所的最小解であるから，十分大きい k に対して，

$$f(\boldsymbol{x}^k) - f(\bar{\boldsymbol{x}}) \geq 0$$

が成立する．これらの式を合わせると，

$$\begin{aligned} 0 &\leq \alpha_k \langle \nabla f(\bar{\boldsymbol{x}}), \boldsymbol{x}^k - \bar{\boldsymbol{x}} \rangle + \alpha_k o(\|\boldsymbol{x}^k - \bar{\boldsymbol{x}}\|) \\ &= \langle \nabla f(\bar{\boldsymbol{x}}), \alpha_k(\boldsymbol{x}^k - \bar{\boldsymbol{x}}) \rangle + \|\alpha_k(\boldsymbol{x}^k - \bar{\boldsymbol{x}})\| \frac{o(\|\boldsymbol{x}^k - \bar{\boldsymbol{x}}\|)}{\|\boldsymbol{x}^k - \bar{\boldsymbol{x}}\|} \end{aligned}$$

を得る．$k \to \infty$ とすると，

$$0 \leq \langle \nabla f(\bar{\boldsymbol{x}}), \boldsymbol{y} \rangle$$

となるから，任意の $\boldsymbol{y} \in T_{\mathcal{F}}(\bar{\boldsymbol{x}})$ に対して

$$0 \geq \langle -\nabla f(\bar{\boldsymbol{x}}), \boldsymbol{y} \rangle$$

が成り立つ．これは $-\nabla f(\bar{\boldsymbol{x}}) \in N_{\mathcal{F}}(\bar{\boldsymbol{x}})$ を意味している． □

制約なし最小化問題の場合，$\mathcal{F} = R^n$ となるから，$N_{\mathcal{F}}(\bar{\boldsymbol{x}}) = \{\boldsymbol{0}\}$ であり，$\nabla f(\bar{\boldsymbol{x}}) = \boldsymbol{0}$ となる．条件

$$-\nabla f(\hat{\boldsymbol{x}}) \in N_{\mathcal{F}}(\hat{\boldsymbol{x}})$$

をみたす $\hat{\boldsymbol{x}}$ を停留点 (stationary point) とよぶ．また，この条件を最適性の 1 次の必要条件とよぶこともある．

この定理を用いて，第 9 章で紹介する射影勾配法の収束性を調べる上で重要となる射影の性質を与えよう．

例題 3.3（射影の性質） 集合 $\mathcal{F} \subseteq R^n$ を閉凸集合とする．$\mathcal{F}$ 上で点 $\boldsymbol{x} \in R^n$ から最も近い点を $\boldsymbol{x}$ の $\mathcal{F}$ への射影とよび，$P_{\mathcal{F}}(\boldsymbol{x})$ と表す．任意の $\boldsymbol{x}, \boldsymbol{z} \in R^n$ と $\boldsymbol{y} \in \mathcal{F}$ に対して次の不等式が成り立つことを示せ．

$$\langle \boldsymbol{x} - P_{\mathcal{F}}(\boldsymbol{x}), \boldsymbol{y} - P_{\mathcal{F}}(\boldsymbol{x}) \rangle \leq 0 \tag{3.14}$$

$$\|P_{\mathcal{F}}(\boldsymbol{x}) - P_{\mathcal{F}}(\boldsymbol{z})\| \le \|\boldsymbol{x} - \boldsymbol{z}\| \tag{3.15}$$

解答 射影 $P_{\mathcal{F}}(\boldsymbol{x})$ は次の問題の最小解である.

$$\begin{array}{r|l} \text{目的} & \frac{1}{2}\|\boldsymbol{x}-\boldsymbol{z}\|^2 \;\rightarrow\; \text{最小化} \\ \text{条件} & \boldsymbol{z} \in \mathcal{F} \end{array}$$

よって，定理 3.3 より，

$$\boldsymbol{x} - P_{\mathcal{F}}(\boldsymbol{x}) \in N_{\mathcal{F}}(P_{\mathcal{F}}(\boldsymbol{x}))$$

が成り立つ．$\mathcal{F}$ は凸集合であるから，定理 2.4 より，

$$\langle \boldsymbol{x} - P_{\mathcal{F}}(\boldsymbol{x}), \boldsymbol{y} - P_{\mathcal{F}}(\boldsymbol{x}) \rangle \le 0, \ \ \forall \boldsymbol{y} \in \mathcal{F}$$

つまり，(3.14) が成り立つ．

次に，(3.15) を示す．$P_{\mathcal{F}}(\boldsymbol{x}), P_{\mathcal{F}}(\boldsymbol{z}) \in \mathcal{F}$ より，(3.14) から

$$\begin{aligned} &0 \ge \langle \boldsymbol{x} - P_{\mathcal{F}}(\boldsymbol{x}), P_{\mathcal{F}}(\boldsymbol{z}) - P_{\mathcal{F}}(\boldsymbol{x}) \rangle \\ &0 \ge \langle \boldsymbol{z} - P_{\mathcal{F}}(\boldsymbol{z}), P_{\mathcal{F}}(\boldsymbol{x}) - P_{\mathcal{F}}(\boldsymbol{z}) \rangle = \langle P_{\mathcal{F}}(\boldsymbol{z}) - \boldsymbol{z}, P_{\mathcal{F}}(\boldsymbol{z}) - P_{\mathcal{F}}(\boldsymbol{x}) \rangle \end{aligned}$$

を得る．これらの不等式の両辺を足すと，

$$0 \ge \langle \boldsymbol{x} - \boldsymbol{z} + P_{\mathcal{F}}(\boldsymbol{z}) - P_{\mathcal{F}}(\boldsymbol{x}), P_{\mathcal{F}}(\boldsymbol{z}) - P_{\mathcal{F}}(\boldsymbol{x}) \rangle$$

となるから，

$$-\langle \boldsymbol{x} - \boldsymbol{z}, P_{\mathcal{F}}(\boldsymbol{z}) - P_{\mathcal{F}}(\boldsymbol{x}) \rangle \ge \|P_{\mathcal{F}}(\boldsymbol{x}) - P_{\mathcal{F}}(\boldsymbol{z})\|^2$$

が成り立つ．よって，コーシー–シュバルツの不等式より

$$\|\boldsymbol{x} - \boldsymbol{z}\|\|P_{\mathcal{F}}(\boldsymbol{z}) - P_{\mathcal{F}}(\boldsymbol{x})\| \ge \|P_{\mathcal{F}}(\boldsymbol{x}) - P_{\mathcal{F}}(\boldsymbol{z})\|^2$$

が成り立つから，(3.15) を得る． □

一般に，$\mathcal{F}$ が特別な場合を除いて，$N_{\mathcal{F}}(\bar{\boldsymbol{x}})$ を具体的に表すことは難しい．そのため，条件 $-\nabla f(\hat{\boldsymbol{x}}) \in N_{\mathcal{F}}(\hat{\boldsymbol{x}})$ が成り立つかどうかを調べることは容易ではない．そこで，制約関数とラグランジュ乗数を用いて，この条件を調べやすく表したものが KKT 条件である．

次に，Farkas の補題を考えよう．いま，k 個のベクトル $\boldsymbol{a}^1, \ldots, \boldsymbol{a}^k \in R^n$ を用いて，集合 C と K を以下のように定義する．

$$C = \{\boldsymbol{y} \in R^n \mid \langle \boldsymbol{y}, \boldsymbol{a}^i \rangle \le 0, \ i = 1, \ldots, k\}$$

$$K = \left\{ \boldsymbol{x} \;\middle|\; \boldsymbol{x} = \sum_{i=1}^{k} \lambda_i \boldsymbol{a}^i,\ \lambda_i \geq 0,\ i = 1, \ldots, k \right\}$$

C はベクトル $\boldsymbol{a}^1, \ldots, \boldsymbol{a}^k \in R^n$ とのなす角が 90 度以上[*1)]となるベクトルの集合であり，簡単にわかるように凸錐となる．一方，K は，原点からベクトル $\boldsymbol{a}^1, \ldots, \boldsymbol{a}^k \in R^n$ の凸結合への半直線を集めた凸錐となる．

さらに C の極錐を

$$C^* = \{\boldsymbol{x} \mid \langle \boldsymbol{x}, \boldsymbol{y} \rangle \leq 0,\ \forall \boldsymbol{y} \in C\}$$

とする．

Farkas の補題は次のように表される．

補題 3.1（Farkas の補題）

$$K = C^*$$

Farkas の補題を示すために，次の補題を示す．なお，この補題は，K が閉集合であることと本質的に等価である．

補題 3.2 すべての $\boldsymbol{x} \in R^n$ に対して $\boldsymbol{x}$ に最も近い点 $\boldsymbol{y} \in K$ が存在する．

証明 帰納法で証明する．$k = 1$ のとき明らかである．

$k = l - 1$ のとき成り立つとする．いま，

$$K = \left\{ \boldsymbol{x} \in R^n \;\middle|\; \boldsymbol{x} = \sum_{i=1}^{l} \lambda_i \boldsymbol{a}^i,\ \lambda_i \geq 0,\ i = 1, \ldots, l \right\}$$

$$\begin{aligned} K_j = \bigl\{ \boldsymbol{x} \in R^n \bigm| \boldsymbol{x} &= \lambda_1 \boldsymbol{a}_1 + \cdots + \lambda_{j-1} \boldsymbol{a}^{j-1} + \lambda_{j+1} \boldsymbol{a}^{j+1} + \cdots + \lambda_l \boldsymbol{a}_l, \\ &\lambda_i \geq 0,\ i = 1, \ldots, l,\ i \neq j \bigr\},\ j = 1, \ldots, l \end{aligned}$$

とする．K_j は $\boldsymbol{a}_j$ のみを取り除いた $l - 1$ 個のベクトルによって構成された凸錐である．

---

*1) n 次元空間ではベクトル $\boldsymbol{x}$ と $\boldsymbol{y}$ のなす角 θ を

$$\cos \theta = \frac{\langle \boldsymbol{x}, \boldsymbol{y} \rangle}{\|\boldsymbol{x}\| \|\boldsymbol{y}\|}$$

として定義する．θ が 90 度以上になるのは $\langle \boldsymbol{x}, \boldsymbol{y} \rangle \leq 0$ のときである．

帰納法の仮定より各 K_j 上で $\boldsymbol{x}$ に最も近い点 $\boldsymbol{y}^j$ が存在する．ここで，各 $\boldsymbol{y}^j$ は $\boldsymbol{y}^j \in K$ となることに注意する．

以下では $\boldsymbol{a}^1, \ldots, \boldsymbol{a}^l$ によって張られる R^n の部分空間を

$$L = \left\{ \boldsymbol{z} \in R^n \;\middle|\; \boldsymbol{z} = \sum_{i=1}^{l} \alpha_i \boldsymbol{a}^i,\ \alpha_i \in R,\ \ i = 1, \ldots, l \right\}$$

とする．

i) $\boldsymbol{x} \in K$ のとき： このとき $\boldsymbol{y} = \boldsymbol{x}$ とすれば，最も近い点が存在することがわかる．

ii) $\boldsymbol{x} \notin K$ かつ $\boldsymbol{x} \in L$ のとき： $\boldsymbol{y}^1, \ldots, \boldsymbol{y}^l$ のなかで $\boldsymbol{x}$ に一番近い点を $\boldsymbol{y}$ とする．このとき，$\boldsymbol{y} \in K$ である．以下では，任意の $\boldsymbol{z} \in K$ に対して，

$$\|\boldsymbol{x} - \boldsymbol{y}\| \leq \|\boldsymbol{x} - \boldsymbol{z}\|$$

となること，つまり，この $\boldsymbol{y}$ が K 上で $\boldsymbol{x}$ に最も近い点であることを示す．

$\boldsymbol{x} \in L$，$\boldsymbol{z} \in K$ より，

$$\boldsymbol{x} = \alpha_1 \boldsymbol{a}^1 + \cdots + \alpha_l \boldsymbol{a}^l,\ \ \boldsymbol{z} = \beta_1 \boldsymbol{a}^1 + \cdots + \beta_l \boldsymbol{a}^l$$

となる $\alpha_i \in R,\ i = 1, \ldots, l$ と $\beta_i \geq 0,\ i = 1, \ldots, l$ が存在する．いま，$\alpha_j < 0$ となる添字 j の集合を $I(\boldsymbol{x}) = \{j \mid \alpha_j < 0\}$ とする．$\boldsymbol{x} \notin K$ であるから，$I(\boldsymbol{x})$ は空集合ではない．そのため，

$$t := \min_{j \in I(\boldsymbol{x})} \left\{ \frac{\beta_j}{\beta_j - \alpha_j} \right\}$$

が定義できる．$j \in I(\boldsymbol{x})$ では，$\beta_j \geq 0$ かつ $\beta_j - \alpha_j > \beta_j$ であるから，$0 \leq t < 1$ である．ここで，添字 $i \in I(\boldsymbol{x})$ において $t = \frac{\beta_i}{\beta_i - \alpha_i}$ となるとする．このとき，

$$t\alpha_j + (1-t)\beta_j \geq 0,\ \ \forall j \in I(\boldsymbol{x})$$

であり，

$$t\alpha_i + (1-t)\beta_i = 0$$

である．$j \notin I(\boldsymbol{x})$ に対しては，$\alpha_j \geq 0$ であるから

$$t\alpha_j + (1-t)\beta_j \geq 0$$

が成り立つ．よって， $t\boldsymbol{x} + (1-t)\boldsymbol{z} \in K_i$ を得る．$\boldsymbol{y}$ と $\boldsymbol{y}^i$ の定義より，

$$\|\boldsymbol{x}-\boldsymbol{y}\| \le \|\boldsymbol{x}-\boldsymbol{y}^i\| \le \|\boldsymbol{x}-(t\boldsymbol{x}+(1-t)\boldsymbol{z})\| = (1-t)\|\boldsymbol{x}-\boldsymbol{z}\| \le \|\boldsymbol{x}-\boldsymbol{z}\|$$

を得る．

iii) $\boldsymbol{x} \notin L$ のとき： L の正規直交基底を $\boldsymbol{e}^1, \ldots, \boldsymbol{e}^p$ とし，

$$\boldsymbol{x}' = \langle \boldsymbol{x}, \boldsymbol{e}^1 \rangle \boldsymbol{e}^1 + \cdots + \langle \boldsymbol{x}, \boldsymbol{e}^p \rangle \boldsymbol{e}^p$$

と定義する．明らかに $\boldsymbol{x}' \in L$ である．このとき，上記の場合 i) と ii) より，K 上の点で $\boldsymbol{x}'$ から一番近い点 $\boldsymbol{y}$ が存在する．以下では，この $\boldsymbol{y}$ が $\boldsymbol{x}$ から K 上で最も近い点であることを示す．

まず，$\{\boldsymbol{e}^i\}$ は直交基底であるから，任意の $s = 1, \ldots, p$ に対して，

$$\langle \boldsymbol{x}-\boldsymbol{x}', \boldsymbol{e}^s \rangle = \langle \boldsymbol{x}, \boldsymbol{e}^s \rangle - \langle \boldsymbol{x}', \boldsymbol{e}^s \rangle = \langle \boldsymbol{x}, \boldsymbol{e}^s \rangle - \langle \boldsymbol{x}, \boldsymbol{e}^s \rangle = 0$$

が成り立つ． よって，任意の $\boldsymbol{w} \in L$ に対して，

$$\langle \boldsymbol{x}-\boldsymbol{x}', \boldsymbol{w} \rangle = 0$$

が成り立つ．$\boldsymbol{x}' \in L$ であるから，$\langle \boldsymbol{x}-\boldsymbol{x}', \boldsymbol{x}' \rangle = 0$ であり，さらに

$$\begin{aligned}
\|\boldsymbol{x}-\boldsymbol{x}'\|^2 + \|\boldsymbol{x}'-\boldsymbol{w}\|^2 &= \|\boldsymbol{x}\|^2 - 2\langle \boldsymbol{x}', \boldsymbol{x} \rangle + 2\|\boldsymbol{x}'\|^2 - 2\langle \boldsymbol{x}', \boldsymbol{w} \rangle + \|\boldsymbol{w}\|^2 \\
&= \|\boldsymbol{x}\|^2 + 2\langle \boldsymbol{x}'-\boldsymbol{x}, \boldsymbol{x}' \rangle - 2\langle \boldsymbol{x}, \boldsymbol{w} \rangle - 2\langle \boldsymbol{x}'-\boldsymbol{x}, \boldsymbol{w} \rangle + \|\boldsymbol{w}\|^2 \\
&= \|\boldsymbol{x}-\boldsymbol{w}\|^2
\end{aligned}$$

を得る．ここで，$\boldsymbol{y} \in L$ であるから，上式に $\boldsymbol{w} = \boldsymbol{y}$ を代入すると

$$\|\boldsymbol{x}-\boldsymbol{y}\|^2 = \|\boldsymbol{x}-\boldsymbol{x}'\|^2 + \|\boldsymbol{x}'-\boldsymbol{y}\|^2$$

が成り立つ．また，任意の $\boldsymbol{z} \in K \subseteq L$ に対しても，

$$\|\boldsymbol{x}-\boldsymbol{z}\|^2 = \|\boldsymbol{x}-\boldsymbol{x}'\|^2 + \|\boldsymbol{x}'-\boldsymbol{z}\|^2$$

が成り立つ．よって，$\|\boldsymbol{x}'-\boldsymbol{y}\| \le \|\boldsymbol{x}'-\boldsymbol{z}\|$ であることから，

$$\|\boldsymbol{x}-\boldsymbol{y}\|^2 = \|\boldsymbol{x}-\boldsymbol{x}'\|^2 + \|\boldsymbol{x}'-\boldsymbol{y}\|^2 \le \|\boldsymbol{x}-\boldsymbol{x}'\|^2 + \|\boldsymbol{x}'-\boldsymbol{z}\|^2 = \|\boldsymbol{x}-\boldsymbol{z}\|^2$$

が成り立つ．つまり，$\boldsymbol{y}$ は $\boldsymbol{x}$ から K 上で最も近い点である． □

この補題を用いれば，Farkas の補題は次のように証明できる．

Farkas の補題の証明 $\boldsymbol{x} \in C^*$ とする．このとき，補題 3.2 より，$\boldsymbol{x}$ に一番近い K 上の点 $\boldsymbol{y}$ が存在する．さらに，

$$\langle \boldsymbol{a}^j, \boldsymbol{x}-\boldsymbol{y}\rangle \leq 0,\ j=1,\ldots,k \tag{3.16}$$

かつ

$$\langle -\boldsymbol{y}, \boldsymbol{x}-\boldsymbol{y}\rangle \leq 0 \tag{3.17}$$

が成り立つ．実際，そうでなければ，十分小さい $t \in (0,1)$ に対して，

$$\begin{aligned}\|\boldsymbol{x}-(\boldsymbol{y}+t\boldsymbol{a}^j)\|^2 &= \|(\boldsymbol{x}-\boldsymbol{y})-t\boldsymbol{a}^j\|^2\\ &= \|\boldsymbol{x}-\boldsymbol{y}\|^2 - 2t\langle \boldsymbol{a}^j, \boldsymbol{x}-\boldsymbol{y}\rangle + t^2\|\boldsymbol{a}^j\|^2\\ &< \|\boldsymbol{x}-\boldsymbol{y}\|^2\\ \|\boldsymbol{x}-(\boldsymbol{y}-t\boldsymbol{y})\|^2 &= \|(\boldsymbol{x}-\boldsymbol{y})+t\boldsymbol{y}\|^2 = \|\boldsymbol{x}-\boldsymbol{y}\|^2 - 2t\langle -\boldsymbol{y}, \boldsymbol{x}-\boldsymbol{y}\rangle + t^2\|\boldsymbol{y}\|^2\\ &< \|\boldsymbol{x}-\boldsymbol{y}\|^2\end{aligned}$$

が成り立つ．ここで，$\boldsymbol{y}+t\boldsymbol{a}^j \in K$ であり，さらに，t が十分小さいとき，$\boldsymbol{y}-t\boldsymbol{y} = (1-t)\boldsymbol{y} \in K$ である．このことは，$\boldsymbol{y}$ が $\boldsymbol{x}$ に一番近い K 上の点であることに矛盾する．

不等式 (3.16) より $\boldsymbol{x}-\boldsymbol{y} \in C$ であり，$\boldsymbol{x} \in C^*$ であるから，

$$\langle \boldsymbol{x}, \boldsymbol{x}-\boldsymbol{y}\rangle \leq 0$$

が成り立つ．この不等式と (3.17) を足すと，

$$0 \geq \langle \boldsymbol{x}, \boldsymbol{x}-\boldsymbol{y}\rangle + \langle -\boldsymbol{y}, \boldsymbol{x}-\boldsymbol{y}\rangle = \|\boldsymbol{x}-\boldsymbol{y}\|^2$$

を得る．これは $\boldsymbol{x}=\boldsymbol{y}$ であることを意味している．よって，$\boldsymbol{x}=\boldsymbol{y} \in K$ であるから，$C^* \subseteq K$ が成り立つ．

逆に $\boldsymbol{x} \in K$ であるとき，任意の $\boldsymbol{z} \in C$ に対して

$$\langle \boldsymbol{x}, \boldsymbol{z}\rangle = \sum_{i=1}^{k} \lambda_i \langle \boldsymbol{a}^i, \boldsymbol{z}\rangle \leq 0$$

となるから，$\boldsymbol{x} \in C^*$ である．よって，$C^* \supseteq K$ である．以上より，$C^* = K$ である． □

次に，図 3.2 中央のカラテオドリの定理とよばれる定理を考える．集合 $S \subseteq R^n$ が与えられたとき，集合 S^k を集合 S から選んだ k 個の点の凸結合を集めた集合とする．

$$S^k = \left\{ \boldsymbol{x} \;\middle|\; \boldsymbol{x} = \sum_{i=1}^{k} \alpha_i \boldsymbol{x}^i,\ \boldsymbol{x}^i \in S,\ \ \alpha_i \geq 0,\ \ \sum_{i=1}^{k} \alpha_i = 1 \right\}$$

直感的には S の凸包[*2] $\mathrm{co}\,S$ は $\mathrm{co}\,S = \cup_{k=1}^{\infty} S^k$ であることが予想される．カラテオドリの定理は有限個の点の凸包の和集合（つまりある S^k）が $\mathrm{co}\,S$ と一致することを主張する．カラテオドリの定理を示す前に，$n+1$ 個以上の点で定義された凸結合上の点はたかだか $n+1$ 個の点で表すことができることを示そう．

補題 3.3 $m \geq n+2$ とする．点 $\boldsymbol{x} \in R^n$ が m 個の点の凸結合で表されているとき，m 個の点から $n+1$ 個の点を選んで，それらの点の凸結合として表すことができる．

証明 $\boldsymbol{x}$ は m 個の点 $\boldsymbol{x}^i$ の凸結合で表されているとする．

$$\boldsymbol{x} = \sum_{i=1}^{m} \alpha_i \boldsymbol{x}^i,\ \ \alpha_i > 0,\ \ \sum_{i=1}^{m} \alpha_i = 1$$

いま，$m-1$ 個のベクトル $\{\boldsymbol{y}^i\}$ を $\boldsymbol{y}^i = \boldsymbol{x}^i - \boldsymbol{x}^m$, $i = 1, \ldots, m-1$ と定義する．$m-1 \geq n+1$ であるから，$\boldsymbol{y}^1, \ldots, \boldsymbol{y}^{m-1}$ は 1 次独立ではない．よって，少なくとも 1 つは正である β_i, $i = 1, \ldots, m-1$ が存在して

$$\boldsymbol{0} = \sum_{i=1}^{m-1} \beta_i \boldsymbol{y}^i = \sum_{i=1}^{m-1} \beta_i \boldsymbol{x}^i - \left(\sum_{i=1}^{m-1} \beta_i \right) \boldsymbol{x}^m$$

とできる．ここで，$\beta_m = -\sum_{i=1}^{m-1} \beta_i$ とおくと，

$$\sum_{i=1}^{m} \beta_i = 0,\ \ \sum_{i=1}^{m} \beta_i \boldsymbol{x}^i = \sum_{i=1}^{m-1} \beta_i \boldsymbol{x}^i - \left(\sum_{i=1}^{m-1} \beta_i \right) \boldsymbol{x}^m = \boldsymbol{0}$$

が成り立つ．よって，任意の τ に対して，

$$\boldsymbol{x} = \sum_{i=1}^{m} \alpha_i \boldsymbol{x}^i - \tau \sum_{i=1}^{m} \beta_i \boldsymbol{x}^i = \sum_{i=1}^{m} (\alpha_i - \tau \beta_i) \boldsymbol{x}^i$$

であり，

$$1 = \sum_{i=1}^{m} \alpha_i - \tau \sum_{i=1}^{m} \beta_i = \sum_{i=1}^{m} (\alpha_i - \tau \beta_i)$$

---

*2) 集合 S を含む凸集合のなかで，他のそのような集合に真に含まれることのない集合を S の凸包といい，$\mathrm{co}\,S$ と表す．

である．いま，

$$\bar{\tau} = \min\left\{ \frac{\alpha_i}{\beta_i} \middle| \beta_i > 0 \right\}$$

とすると，ある j に対して，$\beta_j > 0$ かつ $\alpha_j - \bar{\tau}\beta_j = 0$ が成り立つ．さらに，$i \neq j$ に対しては

$$\alpha_i - \bar{\tau}\beta_i \geq 0$$

が成り立つ．つまり，$\boldsymbol{x}$ は $\boldsymbol{x}^1, \boldsymbol{x}^2, \ldots, \boldsymbol{x}^m$ のうち，$\boldsymbol{x}^j$ を除いた点列の凸結合として表される．この操作を $m = n+1$ となるまで繰り返すことができるから，この補題が成り立つ． □

定理 3.4（カラテオドリの定理 (Carathéodory's theorem)）

$$\mathrm{co}\, S = S^{n+1}$$

証明　まず，$S^{n+1} \subseteq \mathrm{co}\, S$ であることを帰納法で示す．$S^1 = S$ より，$S^1 \subseteq \mathrm{co}\, S$ である．

次に $k \geq 1$ において $S^k \subseteq \mathrm{co}\, S$ が成り立つとする．$\boldsymbol{x} \in S^{k+1}$ とする．このとき，S^{k+1} の定義より

$$\boldsymbol{x} = \sum_{i=1}^{k} \alpha_i \boldsymbol{x}^i + \alpha_{k+1}\boldsymbol{x}^{k+1},\ \ \alpha_i \geq 0,\ \ \sum_{i=1}^{k+1} \alpha_i = 1$$

となる $\boldsymbol{x}^i \in S$ と α_i, $i = 1, \ldots, k+1$ が存在する．

$\alpha_{k+1} = 1$ のとき，$\boldsymbol{x} \in S$ であるから，$\boldsymbol{x} \in \mathrm{co}\, S$ である．$\alpha_{k+1} < 1$ のとき，

$$\boldsymbol{x} = (1 - \alpha_{k+1}) \left(\sum_{i=1}^{k} \frac{\alpha_i}{1 - \alpha_{k+1}} \boldsymbol{x}^i \right) + \alpha_{k+1}\boldsymbol{x}^{k+1}$$

とかける．ここで，$\frac{\alpha_i}{1-\alpha_{k+1}} \geq 0$ かつ

$$\sum_{i=1}^{k} \frac{\alpha_i}{1 - \alpha_{k+1}} = \frac{1 - \alpha_{k+1}}{1 - \alpha_{k+1}} = 1$$

であることに注意すると，

$$\sum_{i=1}^{k} \frac{\alpha_i}{1 - \alpha_{k+1}} \boldsymbol{x}^i \in S^k \subseteq \mathrm{co}\, S$$

であることがわかる．$\boldsymbol{x}^{k+1} \in \operatorname{co} S$ であり，$\operatorname{co} S$ は凸集合であるから，$\boldsymbol{x} \in \operatorname{co} S$ である．よって，$S^{k+1} \subseteq \operatorname{co} S$ が成り立つ．以上より，$S^{n+1} \subseteq \operatorname{co} S$ が示された．

次に，$S \subseteq S^{n+1}$ であり，S^{n+1} が凸集合であることを示す．$\alpha_2 = \alpha_3 = \cdots = \alpha_{n+1} = 0$ と限定した S^{n+1} の要素の集合は S に一致する．よって，$S \subseteq S^{n+1}$ である．いま，$\boldsymbol{x}, \boldsymbol{y} \in S^{n+1}$ とすると，

$$\boldsymbol{x} = \sum_{i=1}^{n+1} \alpha_i \boldsymbol{x}^i,\ \alpha_i \geq 0,\ \sum_{i=1}^{n+1} \alpha_i = 1$$

$$\boldsymbol{y} = \sum_{i=1}^{n+1} \beta_i \boldsymbol{y}^i,\ \beta_i \geq 0,\ \sum_{i=1}^{n+1} \beta_i = 1$$

となる $\boldsymbol{x}^i, \boldsymbol{y}^i \in S$ と α_i, β_i が存在する．$\gamma \in [0, 1]$ とすると，

$$\gamma \boldsymbol{x} + (1-\gamma)\boldsymbol{y} = \sum_{i=1}^{n+1} \gamma \alpha_i \boldsymbol{x}^i + \sum_{i=1}^{n+1} (1-\gamma)\beta_i \boldsymbol{y}^i$$

となる．$\gamma \alpha_i \geq 0$，$(1-\gamma)\beta_i \geq 0$ であり，

$$\sum_{i=1}^{n+1} \gamma \alpha_i + \sum_{i=1}^{n+1} (1-\gamma)\beta_i = 1$$

である．よって，補題 3.3 より，$\gamma \boldsymbol{x} + (1-\gamma)\boldsymbol{y}$ は $\{\boldsymbol{x}^i\}$ と $\{\boldsymbol{y}^i\}$ のうち，$n+1$ 個選んだ点の凸結合で表せる．つまり，$\gamma \boldsymbol{x} + (1-\gamma)\boldsymbol{y} \in S^{n+1}$ となるから，S^{n+1} は凸集合である．

以上より S^{n+1} は $S \subseteq S^{n+1} \subseteq \operatorname{co} S$ である凸集合となることがわかる．$\operatorname{co} S$ は S を含む最小の凸集合であることから，$\operatorname{co} S = S^{n+1}$ である．　□

カラテオドリの定理を用いると，次の凸錐の性質を示すことができる．

補題 3.4　C と D を錐とする．このとき，次の命題が成り立つ．
(a)　$C \subseteq D \Rightarrow C^* \supseteq D^*$
(b)　$C^* = (\operatorname{co} C)^*$

証明　(a) $\boldsymbol{y} \in D^*$ であれば，極錐の定義より任意の $\boldsymbol{x} \in D$ に対して $\langle \boldsymbol{y}, \boldsymbol{x} \rangle \leq 0$ が成り立つ．仮定より $C \subseteq D$ であるから，任意の $\boldsymbol{x} \in C$ に対しても $\langle \boldsymbol{y}, \boldsymbol{x} \rangle \leq 0$

が成り立つ．これは $\boldsymbol{y} \in C^*$ である，つまり，$C^* \supseteq D^*$ となることを意味している．

(b) $C \subseteq \mathrm{co}\, C$ であるから，(a) より $C^* \supseteq (\mathrm{co}\, C)^*$ である．よって，この命題を示すには $C^* \subseteq (\mathrm{co}\, C)^*$ を示せば十分である．$\boldsymbol{y} \in C^*$ とする．$\boldsymbol{x}$ を任意の $\mathrm{co}\, C$ の要素とする．カラテオドリの定理より，

$$\boldsymbol{x} = \sum_{i=1}^{k} \alpha_i \boldsymbol{x}^i$$

となる $\alpha_i \geq 0$ と $\boldsymbol{x}^i \in C$ が存在する．よって，

$$\langle \boldsymbol{y}, \boldsymbol{x} \rangle = \sum_{i=1}^{k} \alpha_i \langle \boldsymbol{y}, \boldsymbol{x}^i \rangle \leq 0$$

が成り立つ．これは，$\boldsymbol{y} \in (\mathrm{co}\, C)^*$，つまり $C^* \subseteq (\mathrm{co}\, C)^*$ を意味している． □

最後に，これまでの結果をまとめて，KKT 条件を証明しよう．

以下では，簡単のため，不等式制約のみの KKT 条件を証明する．一般の等式制約を含む非線形計画問題の KKT 条件も，同様にして証明することができる．

まず，集合 $T_{\mathcal{F}}(\bar{\boldsymbol{x}})$ を制約関数の勾配を用いて表すことを考える．

定義 3.1 $A(\bar{\boldsymbol{x}}) = \{i \mid g_i(\bar{\boldsymbol{x}}) = 0\}$ を有効集合 (active set) という．次に定義される錐を線形化錐 (linearized cone) という．

$$C_{\mathcal{F}}(\bar{\boldsymbol{x}}) = \{\boldsymbol{y} \in R^n \mid \langle \nabla g_j(\bar{\boldsymbol{x}}), \boldsymbol{y} \rangle \leq 0,\ j \in A(\bar{\boldsymbol{x}})\}$$

$C_{\mathcal{F}}(\bar{\boldsymbol{x}})$ は凸集合であるが，$T_{\mathcal{F}}(\bar{\boldsymbol{x}})$ は一般には凸集合でないことに注意しよう．そのため，一般には $C_{\mathcal{F}}(\bar{\boldsymbol{x}}) = T_{\mathcal{F}}(\bar{\boldsymbol{x}})$ は成り立たない．一方，$T_{\mathcal{F}}(\bar{\boldsymbol{x}})$ の凸包に対しては，$C_{\mathcal{F}}(\bar{\boldsymbol{x}}) = \mathrm{co}\, T_{\mathcal{F}}(\bar{\boldsymbol{x}})$ となることが期待できる．このような等式が成り立つことを制約想定という．

定理 3.5 $\bar{\boldsymbol{x}}$ を局所的最小解とする．$C_{\mathcal{F}}(\bar{\boldsymbol{x}}) \subseteq \mathrm{co}\, T_{\mathcal{F}}(\bar{\boldsymbol{x}})$ であれば，

$$\nabla f(\bar{\boldsymbol{x}}) + \sum_{j=1}^{m} \mu_j \nabla g_j(\bar{\boldsymbol{x}}) = \boldsymbol{0}$$

$$\mu_j \geq 0,\ g_j(\bar{\boldsymbol{x}}) \leq 0,\ \mu_j g_j(\bar{\boldsymbol{x}}) = 0,\ j = 1, \ldots, r$$

をみたす $\boldsymbol{\mu} \in R^r$ が存在する．

証明　$\bar{\boldsymbol{x}}$ が局所的最小解であることから，定理 3.3 より，

$$-\nabla f(\bar{\boldsymbol{x}}) \in N_{\mathcal{F}}(\bar{\boldsymbol{x}})$$

が成り立つ．一方，仮定 $C_{\mathcal{F}}(\bar{\boldsymbol{x}}) \subseteq \mathrm{co}\, T_{\mathcal{F}}(\bar{\boldsymbol{x}})$ と補題 3.4 より，

$$C_{\mathcal{F}}(\bar{\boldsymbol{x}})^* \supseteq (\mathrm{co}\, T_{\mathcal{F}}(\bar{\boldsymbol{x}}))^* = T_{\mathcal{F}}(\bar{\boldsymbol{x}})^* = N_{\mathcal{F}}(\bar{\boldsymbol{x}})$$

を得る．よって，

$$-\nabla f(\bar{\boldsymbol{x}}) \in C_{\mathcal{F}}(\bar{\boldsymbol{x}})^*$$

である．ここで，補題 3.1 より，

$$\begin{aligned} C_{\mathcal{F}}(\bar{\boldsymbol{x}})^* &= \{\boldsymbol{y} \mid \langle \nabla g_i(\bar{\boldsymbol{x}}), \boldsymbol{y} \rangle \leq 0,\ i \in A(\bar{\boldsymbol{x}})\}^* \\ &= \left\{ \boldsymbol{y} \;\middle|\; \boldsymbol{y} = \sum_{i \in A(\bar{\boldsymbol{x}})} \mu_i \nabla g_i(\bar{\boldsymbol{x}}),\ \mu_i \geq 0 \right\} \end{aligned}$$

であるから，

$$\nabla f(\bar{\boldsymbol{x}}) + \sum_{j \in A(\bar{\boldsymbol{x}})} \mu_j \nabla g_j(\bar{\boldsymbol{x}}) = \boldsymbol{0}$$

をみたす $\mu_i \geq 0,\ i \in A(\bar{\boldsymbol{x}})$ が存在する．$j \notin A(\bar{\boldsymbol{x}})$ に対しては $\mu_j = 0$ とおけば，

$$\nabla f(\bar{\boldsymbol{x}}) + \sum_{j=1}^{r} \mu_j \nabla g_j(\bar{\boldsymbol{x}}) = \boldsymbol{0}$$

が成立する．さらに $\boldsymbol{\mu}$ の定義より，μ_j は相補性条件

$$\mu_j \geq 0,\ g_j(\bar{\boldsymbol{x}}) \leq 0,\ \mu_j g_j(\bar{\boldsymbol{x}}) = 0$$

をみたす． □

このKKT条件が成り立つ前提として，制約想定 $C_{\mathcal{F}}(\bar{\boldsymbol{x}}) \subseteq \mathrm{co}\, T_{\mathcal{F}}(\bar{\boldsymbol{x}})$ が必要であった．この条件が成り立つかどうかのチェックは一般には難しい．そこで，次節では，この条件が成り立つ十分条件を与える．

最後に等式制約もある一般の問題 (3.1) について拡張できることを示す．

まず，等式制約 $h_i(\bar{\boldsymbol{x}}) = 0$ は，2つの不等式制約 $h_i(\bar{\boldsymbol{x}}) \leq 0$ と $-h_i(\bar{\boldsymbol{x}}) \leq 0$ で表すことができることに注意しよう．よって，問題 (3.1) は不等式制約のみをもつ問題と考えることができる．その際に，局所的最小解 $\bar{\boldsymbol{x}}$ においては，不等式制約 $h_i(\bar{\boldsymbol{x}}) \leq 0$，$-h_i(\bar{\boldsymbol{x}}) \leq 0$ はどちらとも有効になる．

一方，問題 (3.1) の線形化錐は

$$C_{\mathcal{F}}(\bar{\boldsymbol{x}}) = \{\boldsymbol{y} \in R^n \mid \langle \nabla h_i(\bar{\boldsymbol{x}}), \boldsymbol{y} \rangle = 0,\ \ i = 1, \ldots, m,\\ \langle \nabla g_j(\bar{\boldsymbol{x}}), \boldsymbol{y} \rangle \le 0,\ j \in A(\bar{\boldsymbol{x}})\}$$

と定義される．また，接錐は集合 $\mathcal{F}$ によって定義されているため，等式制約のあるなしには依存しない．線形化錐において，$\langle \nabla h_i(\bar{\boldsymbol{x}}), \boldsymbol{y} \rangle = 0$ は $\langle \nabla h_i(\bar{\boldsymbol{x}}), \boldsymbol{y} \rangle \le 0$ と $\langle -\nabla h_i(\bar{\boldsymbol{x}}), \boldsymbol{y} \rangle \le 0$ で表されることに注意すれば，

$$C_{\mathcal{F}}(\bar{\boldsymbol{x}}) = \{\boldsymbol{y} \mid \langle \nabla h_i(\bar{\boldsymbol{x}}), \boldsymbol{y} \rangle \le 0,\ \ i = 1, \ldots, m,\\ \langle -\nabla h_i(\bar{\boldsymbol{x}}), \boldsymbol{y} \rangle \le 0,\ \ i = 1, \ldots, m,\ \ \langle \nabla g_j(\bar{\boldsymbol{x}}), \boldsymbol{y} \rangle \le 0,\ \ j \in A(\bar{\boldsymbol{x}})\}$$

と表せることがわかる．このとき，線形化錐は，すべて不等式で表されているため，本節で行った議論（Farkas の補題など）はそのまま拡張することができる．

よって，不等式制約のみで置き換えた問題 (3.1) を考え，定理 3.5 を用いると，定理 3.1 を示すことができる．なお，$h_i(\bar{\boldsymbol{x}}) = 0$ に対するラグランジュ乗数 λ_i は，置き換えた不等式制約 $h_i(\bar{\boldsymbol{x}}) \le 0$ と $-h_i(\bar{\boldsymbol{x}}) \le 0$ に対する 2 つのラグランジュ乗数の和になっていることに注意しよう．

● 3.3 ● 制約想定 ●

KKT 条件が成り立つ仮定 $C_{\mathcal{F}}(\bar{\boldsymbol{x}}) \subseteq \mathrm{co}\, T_{\mathcal{F}}(\bar{\boldsymbol{x}})$ を Guignard の制約想定といい，その十分条件である $C_{\mathcal{F}}(\bar{\boldsymbol{x}}) \subseteq T_{\mathcal{F}}(\bar{\boldsymbol{x}})$ を Abadie の制約想定という．本節では，Abadie の制約想定をみたす十分条件を調べる．簡単のため，ここでは不等式制約のみをもつ問題を考える．一般の等式制約も含む問題へも同様に拡張することができる．

まず，制約関数がすべて 1 次式のとき，Abadie の制約想定が成り立つことをみよう．

定理 3.6 $\boldsymbol{x}$ を実行可能解とする．g_j, $j = 1, \ldots, r$ は 1 次式，つまり，g_j は $\boldsymbol{a}^j \in R^n$ と b_j を用いて $g_j(\boldsymbol{x}) = (\boldsymbol{a}^j)^\top \boldsymbol{x} + b_j$ と表されているとする．このとき，Abadie の制約想定が成り立つ．

証明 $\boldsymbol{y} \in C_{\mathcal{F}}(\bar{\boldsymbol{x}})$ とする．線形化錐の定義より $\langle \boldsymbol{y}, \boldsymbol{a}^j \rangle \le 0$, $j \in A(\bar{\boldsymbol{x}})$ が成り立つ．いま，$t_k > 0, t_k \to 0$ となる $\{t_k\}$ を用いて $\boldsymbol{x}^k = \bar{\boldsymbol{x}} + t_k \boldsymbol{y}$ とすると，十分大きい k に対して，

$$(\boldsymbol{a}^j)^\top \boldsymbol{x}^k + b_j = (\boldsymbol{a}^j)^\top \bar{\boldsymbol{x}} + b_j + t_k \langle \boldsymbol{y}, \boldsymbol{a}^j \rangle \leq 0$$

となるから，$\boldsymbol{x}^k \in \mathcal{F}$ である．さらに，$\alpha_k = \frac{1}{t_k}$ とすると，$\alpha_k \geq 0$ であり，

$$\lim_{k \to \infty} \alpha_k (\boldsymbol{x}^k - \bar{\boldsymbol{x}}) = \boldsymbol{y}$$

となる．つまり，$\boldsymbol{y} \in T_{\mathcal{F}}(\bar{\boldsymbol{x}})$ である．よって，Abadie の制約想定をみたす． □

制約関数が一般の非線形関数であるときは，直接 Abadie の制約想定を調べることは難しい．Abadie の制約想定の十分条件として，次の制約想定が知られている．

定義 3.2
1 次独立の制約想定 (LICQ)： $\nabla g_j(\bar{\boldsymbol{x}}), j \in A(\bar{\boldsymbol{x}})$ は 1 次独立．
Slater の制約想定： $g_j,\ j = 1, \ldots, r$ は凸関数であり，$g_j(\hat{\boldsymbol{x}}) < 0,\ j = 1, \ldots, r$ となる $\hat{\boldsymbol{x}} \in R^n$ が存在する．
Cottle の制約想定： 次式をみたす $\boldsymbol{y} \in R^n$ が存在する．

$$\langle \nabla g_j(\bar{\boldsymbol{x}}), \boldsymbol{y} \rangle < 0,\ j \in A(\bar{\boldsymbol{x}})$$

これらの制約想定の関係をみていこう．

定理 3.7 1 次独立の制約想定をみたせば，Cottle の制約想定をみたす．

証明 $|A(\bar{\boldsymbol{x}})|$ 個のベクトル $\nabla g_j(\boldsymbol{x}),\ j \in A(\bar{\boldsymbol{x}})$ を横に並べた $n \times |A(\bar{\boldsymbol{x}})|$ 行列を G とする．このとき，1 次独立の制約想定が成り立つため，G の階数は $|A(\bar{\boldsymbol{x}})|$ である．よって，$|A(\bar{\boldsymbol{x}})| \times |A(\bar{\boldsymbol{x}})|$ 行列 $G^\top G$ は正則である．そのため，

$$G^\top G \boldsymbol{z} = \begin{pmatrix} -1 \\ \vdots \\ -1 \end{pmatrix}$$

をみたすベクトル $\boldsymbol{z}$ が存在する．ここで，$\boldsymbol{y} = G\boldsymbol{z}$ とすると，

$$\langle \nabla g_j(\bar{\boldsymbol{x}}), \boldsymbol{y} \rangle = -1 < 0,\ \ j \in A(\bar{\boldsymbol{x}})$$

となるから，Cottle の制約想定をみたす． □

定理 3.8 Slater の制約想定をみたせば，Cottle の制約想定をみたす．

証明 g_j は凸関数だから，定理 2.5 より，$j \in A(\bar{\boldsymbol{x}})$ に対して

$$0 > g_j(\hat{\boldsymbol{x}}) \geq g_j(\bar{\boldsymbol{x}}) + \langle \nabla g_j(\bar{\boldsymbol{x}}), \hat{\boldsymbol{x}} - \bar{\boldsymbol{x}} \rangle = \langle \nabla g_j(\bar{\boldsymbol{x}}), \hat{\boldsymbol{x}} - \bar{\boldsymbol{x}} \rangle$$

が成り立つ．$\boldsymbol{y} = \hat{\boldsymbol{x}} - \bar{\boldsymbol{x}}$ とすれば，Cottle の制約想定をみたす． □

これらの定理は，1 次独立の制約想定と Slater の制約想定が，それぞれ Cottle の制約想定の十分条件になっていることを意味している．最後に，Cottle の制約想定が Abadie の制約想定の十分条件となることをみよう．

定理 3.9 Cottle の制約想定をみたせば，Abadie の制約想定をみたす．

証明

$$C^0_{\mathcal{F}}(\bar{\boldsymbol{x}}) = \{\boldsymbol{y} \in R^n \mid \langle \nabla g_j(\bar{\boldsymbol{x}}), \boldsymbol{y} \rangle < 0,\ j \in A(\bar{\boldsymbol{x}})\}$$

とする．

Cottle の制約想定が成り立てば，$C^0_{\mathcal{F}}(\bar{\boldsymbol{x}}) \neq \emptyset$ である．まず，

$$\mathrm{cl}\, C^0_{\mathcal{F}} \supseteq C_{\mathcal{F}}(\bar{\boldsymbol{x}}) \tag{3.18}$$

となることを示す．$\boldsymbol{y} \in C_{\mathcal{F}}(\bar{\boldsymbol{x}})$, $\boldsymbol{y}^0 \in C^0_{\mathcal{F}}(\bar{\boldsymbol{x}})$ とする．さらに，$\alpha_k \in (0,1)$ かつ $\alpha_k \to 0$ となる数列 $\{\alpha_k\}$ を用いて，

$$\boldsymbol{y}^k = \alpha_k \boldsymbol{y}^0 + (1 - \alpha_k)\boldsymbol{y}$$

と定義する．このとき，

$$\langle \nabla g_j(\bar{\boldsymbol{x}}), \boldsymbol{y}^k \rangle = \alpha_k \langle \nabla g_j(\bar{\boldsymbol{x}}), \boldsymbol{y}^0 \rangle + (1 - \alpha_k)\langle \nabla g_j(\bar{\boldsymbol{x}}), \boldsymbol{y} \rangle < 0$$

となるから，$\boldsymbol{y}^k \in C^0_{\mathcal{F}}(\bar{\boldsymbol{x}})$ である．また，$\boldsymbol{y}^k \to \boldsymbol{y}$ であるから，$\boldsymbol{y} \in \mathrm{cl}\, C^0_{\mathcal{F}}(\bar{\boldsymbol{x}})$ である．つまり，(3.18) が成り立つ．

次に，$C^0_{\mathcal{F}}(\bar{\boldsymbol{x}}) \subseteq T_{\mathcal{F}}(\bar{\boldsymbol{x}})$ となることを示す．$\boldsymbol{y} \in C^0_{\mathcal{F}}(\bar{\boldsymbol{x}})$ とする．$\beta_k > 0$ かつ $\beta_k \to 0$ となる数列 $\{\beta_k\}$ を用いて，$\boldsymbol{x}^k = \bar{\boldsymbol{x}} + \beta_k \boldsymbol{y}$ とする．任意の $j \in A(\bar{\boldsymbol{x}})$ に対して，k が十分大きいとき

$$g_j(\boldsymbol{x}^k) = g_j(\bar{\boldsymbol{x}}) + \beta_k \langle \nabla g_j(\bar{\boldsymbol{x}}), \boldsymbol{y} \rangle + o(\beta_k) < 0$$

が成り立つ．一方，$j \notin A(\bar{\boldsymbol{x}})$ に対しても，k が十分大きいとき

$$g_j(\boldsymbol{x}^k) < 0$$

が成り立つ．そこで，十分大きい k を考えれば，一般性を失わずに $\boldsymbol{x}^k \in \mathcal{F}, \boldsymbol{x}^k \to \bar{\boldsymbol{x}}$ が成り立つものとしてよい．いま，$\alpha_k = 1/\beta_k$ とすれば，

$$\alpha_k(\boldsymbol{x}^k - \bar{\boldsymbol{x}}) = \boldsymbol{y}$$

となるから，$\boldsymbol{y} \in T_{\mathcal{F}}(\bar{\boldsymbol{x}})$ であることがわかる．つまり，$C^0_{\mathcal{F}}(\bar{\boldsymbol{x}}) \subseteq T_{\mathcal{F}}(\bar{\boldsymbol{x}})$ である．

付録 B の定理 B.1 より $T_{\mathcal{F}}(\bar{\boldsymbol{x}})$ は閉集合だから，$\mathrm{cl}\, C^0_{\mathcal{F}}(\bar{\boldsymbol{x}}) \subseteq T_{\mathcal{F}}(\bar{\boldsymbol{x}})$ が成り立つ．これと (3.18) を合わせると，Abadie の制約想定が成り立つことがわかる．

□

等式制約をもつ場合に対しては Abadie の制約想定の十分条件として，以下のものが知られている．

1 次独立の制約想定： $\nabla h_i(\bar{\boldsymbol{x}}),\ i = 1, \ldots, m,\ \nabla g_j(\bar{\boldsymbol{x}}),\ j \in A(\bar{\boldsymbol{x}})$ が 1 次独立である．

Slater の制約想定： $g_j,\ j = 1, \ldots, r$ は凸関数であり，$h_i,\ i = 1, \ldots, m$ は 1 次関数である．$h_i(\hat{\boldsymbol{x}}) = 0,\ i = 1, \ldots, m$ かつ $g_j(\hat{\boldsymbol{x}}) < 0,\ j = 1, \ldots, r$ をみたす $\hat{x} \in R^n$ が存在する．

Mangasarian–Fromovitz (MF) の制約想定： $\nabla h_i(\bar{\boldsymbol{x}}),\ i = 1, \ldots, m$ が 1 次独立であり，

$$\nabla h_i(\bar{\boldsymbol{x}})^\top \boldsymbol{y} = 0,\ i = 1, \ldots, m,\ \ \nabla g_j(\bar{\boldsymbol{x}})^\top \boldsymbol{y} < 0,\ j \in A(\bar{\boldsymbol{x}})$$

をみたす $\boldsymbol{y} \in R^n$ が存在する．

MF の制約想定は，Cottle の制約想定の一般化である．

3.4　最適性の 2 次の条件

本章のこれまでに説明した最適性の必要条件（KKT 条件）は目的関数および制約関数の 1 次の微分を用いて表されていた．この節では，2 次の微分，つまり目的関数や制約関数のヘッセ行列を用いた条件を与える．以下では，図 3.3 にある順番に従って，最適性の 2 次の条件について考察する．

まず，制約なし最小化問題の最適性の 2 次の必要条件と十分条件を与えよう．

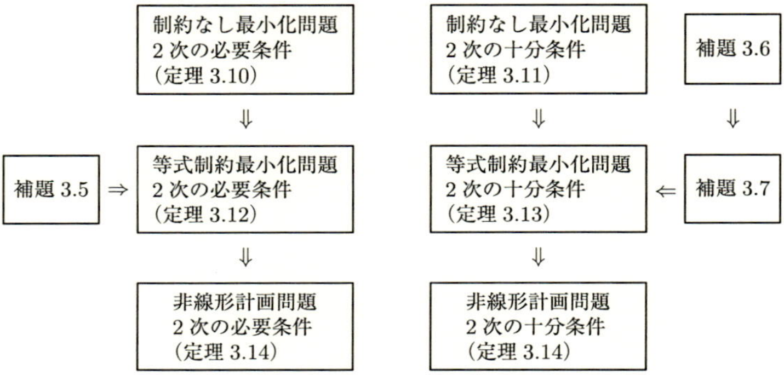

図 **3.3**　最適性の 2 次の条件の証明の道筋

定理 3.10（最適性の **2** 次の必要条件 (second order necessary optimality conditions)）　$\boldsymbol{x}^*$ は f の制約なし最小化問題の局所的最小解とする．さらに，f は 2 回微分可能とする．このとき，$\nabla^2 f(\boldsymbol{x}^*)$ は半正定値行列である．

証明　f に対して $\boldsymbol{x}^*$ の周りでの 2 次のテイラー展開を考えると，任意の $\boldsymbol{d}$ に対して

$$f(\boldsymbol{x}^* + \alpha \boldsymbol{d}) - f(\boldsymbol{x}^*) = \alpha \nabla f(\boldsymbol{x}^*)^\top \boldsymbol{d} + \frac{\alpha^2}{2} \boldsymbol{d}^\top \nabla^2 f(\boldsymbol{x}^*) \boldsymbol{d} + o(\alpha^2)$$

が成り立つ．1 次の必要条件より $\nabla f(\boldsymbol{x}^*) = \boldsymbol{0}$ であり，さらに $\boldsymbol{x}^*$ が局所的最小解であることから，十分小さい正の α に対して

$$0 \leq \frac{f(\boldsymbol{x}^* + \alpha \boldsymbol{d}) - f(\boldsymbol{x}^*)}{\alpha^2} = \frac{1}{2} \boldsymbol{d}^\top \nabla^2 f(\boldsymbol{x}^*) \boldsymbol{d} + \frac{o(\alpha^2)}{\alpha^2}$$

を得る．ここで，$\alpha \to 0$ とすると，$\boldsymbol{d}^\top \nabla^2 f(\boldsymbol{x}^*) \boldsymbol{d} \geq 0$ となる．$\boldsymbol{d}$ は任意のベクトルであったから，$\nabla^2 f(\boldsymbol{x}^*)$ は半正定値行列である．　□

定理 3.11（最適性の **2** 次の十分条件 (second order sufficient optimality conditions)）　f を 2 回微分可能関数とする．このとき，$\boldsymbol{x}^*$ において $\nabla f(\boldsymbol{x}^*) = \boldsymbol{0}$ であり，$\nabla^2 f(\boldsymbol{x}^*)$ が正定値行列とする．このとき，$\boldsymbol{x}^*$ は f の制約なし最小化問題の狭義の局所的最小解となる．

証明　$\nabla^2 f(\boldsymbol{x}^*)$ は正定値行列であるので，任意の $\boldsymbol{d} \in R^n$ に対して次の不等式をみたす正の定数 λ が存在する．

$$\boldsymbol{d}^\top \nabla^2 f(\boldsymbol{x}^*) \boldsymbol{d} \geq \lambda \|\boldsymbol{d}\|^2$$

よって，f の $\boldsymbol{x}^*$ の周りでの 2 次のテイラー展開を考えると，

$$\begin{aligned} f(\boldsymbol{x}^* + \boldsymbol{d}) - f(\boldsymbol{x}^*) &= \nabla f(\boldsymbol{x}^*)^\top \boldsymbol{d} + \frac{1}{2} \boldsymbol{d}^\top \nabla^2 f(\boldsymbol{x}^*) \boldsymbol{d} + o(\|\boldsymbol{d}\|^2) \\ &\geq \frac{\lambda}{2} \|\boldsymbol{d}\|^2 + o(\|\boldsymbol{d}\|^2) \end{aligned}$$

を得る．ランダウ記号 o の定義より，十分小さい $\boldsymbol{d}$ を考えると，

$$\frac{\lambda}{2} \|\boldsymbol{d}\|^2 + o(\|\boldsymbol{d}\|^2) \geq \frac{\lambda}{4} \|\boldsymbol{d}\|^2$$

となるので，$\|\boldsymbol{d}\|$ が十分小さい $\boldsymbol{d}$ に対して

$$f(\boldsymbol{x}^* + \boldsymbol{d}) - f(\boldsymbol{x}^*) \geq \frac{\lambda}{4} \|\boldsymbol{d}\|^2$$

を得る．よって，$\boldsymbol{x}^*$ は狭義の局所的最小解である．□

次に一般の非線形計画問題の最適性の 2 次の条件を与えよう．KKT 条件のときと同様に，次のラグランジュ関数が重要な役割を果たす．

$$L(\boldsymbol{x}, \boldsymbol{\lambda}, \boldsymbol{\mu}) = f(\boldsymbol{x}) + \boldsymbol{\lambda}^\top \boldsymbol{h}(\boldsymbol{x}) + \boldsymbol{\mu}^\top \boldsymbol{g}(\boldsymbol{x}) \tag{3.19}$$

ここでは，$\boldsymbol{\lambda}$，$\boldsymbol{\mu}$ は，それぞれ，制約 $\boldsymbol{h}(\boldsymbol{x}) = \boldsymbol{0}$，$\boldsymbol{g}(\boldsymbol{x}) \leq \boldsymbol{0}$ に対するラグランジュ乗数である．

まず，等式制約問題

$$\begin{array}{c|lcl} \text{目的} & f(\boldsymbol{x}) & \to & \text{最小化} \\ \text{条件} & \boldsymbol{h}(\boldsymbol{x}) = \boldsymbol{0} & & \end{array} \tag{3.20}$$

の最適性の 2 次の必要条件と十分条件を与える．不等式制約もある一般の非線形計画問題に対する条件は，その結果を用いて与える．

定理 3.12（最適性の **2** 次の必要条件）　$\boldsymbol{x}^*$ を等式制約最小化問題 (3.20) の局所的最小解とし，$\boldsymbol{x}^*$ において 1 次独立の制約想定が成り立つとする．$\boldsymbol{\lambda}^*$ を KKT 条件をみたすラグランジュ乗数とする．

このとき，

$$\boldsymbol{y}^\top \nabla^2_{xx} L(\boldsymbol{x}^*, \boldsymbol{\lambda}^*)\boldsymbol{y} = \boldsymbol{y}^\top \left(\nabla^2 f(\boldsymbol{x}^*) + \sum_{i=1}^m \lambda_i^* \nabla^2 h_i(\boldsymbol{x}^*) \right) \boldsymbol{y} \geq 0,$$
$$\forall \boldsymbol{y} \in C_{\mathcal{F}}(\boldsymbol{x}^*)$$

が成り立つ．ここで，$C_{\mathcal{F}}(\boldsymbol{x}^*)$ は

$$C_{\mathcal{F}}(\boldsymbol{x}^*) = \{\boldsymbol{y} \mid \langle \nabla \boldsymbol{h}_i(\boldsymbol{x}^*), \boldsymbol{y} \rangle = 0,\ \ i = 1, \ldots, m\}$$

で定義される線形化錐である．

定理の証明は，次の k をパラメータにもつ関数 $\hat{f}^k : R^n \to R$ を用いて行う．

$$\hat{f}^k(\boldsymbol{x}) = f(\boldsymbol{x}) + \frac{k}{2}\|\boldsymbol{h}(\boldsymbol{x})\|^2 + \frac{\alpha}{2}\|\boldsymbol{x} - \boldsymbol{x}^*\|^2$$

ここで α は正の定数である．

いま，$\boldsymbol{x}^*$ が局所的最小解であることから，$\boldsymbol{x} \in B(\boldsymbol{x}^*, \varepsilon) \cap \mathcal{F}$ であれば，$f(\boldsymbol{x}^*) \leq f(\boldsymbol{x})$ となるような ε が存在する*3)．

次の問題を考えよう．

$$\begin{array}{r|lcl} \text{目的} & \hat{f}^k(\boldsymbol{x}) & \to & \text{最小化} \\ \text{条件} & \boldsymbol{x} \in B(\boldsymbol{x}^*, \varepsilon) & & \end{array} \tag{3.21}$$

この問題の実行可能集合は有界閉集合であることから，必ず大域的最小解が存在する．いま，その大域的最小解の 1 つを $\boldsymbol{x}^k$ としよう．この点列 $\{\boldsymbol{x}^k\}$ の性質を調べる．k が大きくなると，目的関数 $\hat{f}^k$ において項 $\|\boldsymbol{h}(\boldsymbol{x})\|^2$ の影響が大きくなる．そのため，$\boldsymbol{x}^k$ は実行可能解に収束することが期待できる．実際には，以下に示すように局所的最小解に収束することがわかる．

補題 3.5　$\lim_{k\to\infty} \boldsymbol{x}^k \to \boldsymbol{x}^*$ である．

---

*3)　$B(\boldsymbol{x}^*, \varepsilon) = \{\boldsymbol{x} \in R^n \mid \|\boldsymbol{x} - \boldsymbol{x}^*\| \leq \varepsilon\}$

証明　f^k の定義と，$\boldsymbol{x}^k$ の大域的最適性より，

$$f(\boldsymbol{x}^k) + \frac{k}{2}\|\boldsymbol{h}(\boldsymbol{x}^k)\|^2 + \frac{\alpha}{2}\|\boldsymbol{x}^k - \boldsymbol{x}^*\|^2 = f^k(\boldsymbol{x}^k) \le f^k(\boldsymbol{x}^*) = f(\boldsymbol{x}^*)$$

が成り立つ．よって，目的関数値の列 $\{f^k(\boldsymbol{x}^k)\}$ は上に有界である．さらに，$\boldsymbol{x}^k \in B(\boldsymbol{x}^*, \varepsilon)$ より，$\{f(\boldsymbol{x}^k)\}$ と $\|\boldsymbol{x}^k - \boldsymbol{x}^*\|^2$ も有界であるから，f^k の定義と $k \to \infty$ より $\|\boldsymbol{h}(\boldsymbol{x}^k)\| \to 0$ とならなければならない．

$\{\boldsymbol{x}^k\}$ は有界な点列であるから，集積点をもつ．それを $\bar{\boldsymbol{x}}$ としよう．一般性を失わずに，$\boldsymbol{x}^k \to \bar{\boldsymbol{x}}$ とする．このとき，$\boldsymbol{h}(\bar{\boldsymbol{x}}) = \boldsymbol{0}$，つまり $\bar{\boldsymbol{x}}$ は実行可能解である．さらに，

$$f(\boldsymbol{x}^*) \ge \lim_{k\to\infty} f^k(\boldsymbol{x}^k) \ge \lim_{k\to\infty}\{f(\boldsymbol{x}^k) + \frac{\alpha}{2}\|\boldsymbol{x}^k - \boldsymbol{x}^*\|^2\} = f(\bar{\boldsymbol{x}}) + \frac{\alpha}{2}\|\bar{\boldsymbol{x}} - \boldsymbol{x}^*\|^2$$

が成り立つ．$\bar{\boldsymbol{x}}$ は実行可能解であることから，$f(\boldsymbol{x}^*) \le f(\bar{\boldsymbol{x}})$ となるため，$\|\bar{\boldsymbol{x}} - \boldsymbol{x}^*\| = 0$ つまり $\bar{\boldsymbol{x}} = \boldsymbol{x}^*$ が成り立つ．□

この補題を用いて，定理 3.12 を証明する．

定理 3.12 の証明　補題 3.5 より，十分大きい k に対して，$\boldsymbol{x}^k$ は $B(\boldsymbol{x}^*, \varepsilon)$ の内部にあるため，$\boldsymbol{x}^k$ は $\hat{f}^k$ の制約なし最小化問題の解と考えることができる．そのため，最適性の 1 次の必要条件より，

$$\boldsymbol{0} = \nabla \hat{f}^k(\boldsymbol{x}^k) = \nabla f(\boldsymbol{x}^k) + k\nabla \boldsymbol{h}(\boldsymbol{x}^k)\boldsymbol{h}(\boldsymbol{x}^k) + \alpha(\boldsymbol{x}^k - \boldsymbol{x}^*) \qquad (3.22)$$

が成り立つ．ここで，LICQ の仮定（定義 3.2）より，十分大きい k に対して $\{\nabla h_i(\boldsymbol{x}^k) | i = 1, \ldots, m\}$ も 1 次独立となり，$\nabla \boldsymbol{h}(\boldsymbol{x}^k)^\top \nabla \boldsymbol{h}(\boldsymbol{x}^k)$ は正則となる．よって，(3.22) の左から $\nabla \boldsymbol{h}(\boldsymbol{x}^k)^\top$ を掛けて整理すると，

$$k\boldsymbol{h}(\boldsymbol{x}^k) = -(\nabla \boldsymbol{h}(\boldsymbol{x}^k)^\top \nabla \boldsymbol{h}(\boldsymbol{x}^k))^{-1} \nabla \boldsymbol{h}(\boldsymbol{x}^k)^\top (\nabla f(\boldsymbol{x}^k) + \alpha(\boldsymbol{x}^k - \boldsymbol{x}^*))$$

を得る．さらに，KKT 条件より，

$$\boldsymbol{\lambda}^* = -(\nabla \boldsymbol{h}(\boldsymbol{x}^*)^\top \nabla \boldsymbol{h}(\boldsymbol{x}^*))^{-1} \nabla \boldsymbol{h}(\boldsymbol{x}^*)^\top \nabla f(\boldsymbol{x}^*)$$

が成り立つ．よって，補題 3.5 より $\boldsymbol{x}^k \to \boldsymbol{x}^*$ であるから，$\{k\boldsymbol{h}(\boldsymbol{x}^k)\}$ はラグランジュ乗数 $\boldsymbol{\lambda}^*$ に収束する．

$$\lim_{k\to\infty} k\boldsymbol{h}(\boldsymbol{x}^k) = -(\nabla \boldsymbol{h}(\boldsymbol{x}^*)^\top \nabla \boldsymbol{h}(\boldsymbol{x}^*))^{-1} \nabla \boldsymbol{h}(\boldsymbol{x}^*)^\top \nabla f(\boldsymbol{x}^*) = \boldsymbol{\lambda}^* \qquad (3.23)$$

一方，十分大きい k では問題 (3.21) は制約なしの最小化問題と考えられること

から，その 2 次の必要条件より，$\hat{f}^k$ のヘッセ行列

$$\nabla^2 \hat{f}^k(\boldsymbol{x}^k) = \nabla^2 f(\boldsymbol{x}^k) + k\nabla \boldsymbol{h}(\boldsymbol{x}^k)\nabla \boldsymbol{h}(\boldsymbol{x}^k)^\top + k\sum_{i=1}^m h_i(\boldsymbol{x}^k)\nabla^2 h_i(\boldsymbol{x}^k) + \alpha I \tag{3.24}$$

は半正定値行列となる．ここで $\boldsymbol{y} \in C_{\mathcal{F}}(\boldsymbol{x}^*)$ とし，

$$\boldsymbol{y}^k = (I - \nabla \boldsymbol{h}(\boldsymbol{x}^k)(\nabla \boldsymbol{h}(\boldsymbol{x}^k)^\top \nabla \boldsymbol{h}(\boldsymbol{x}^k))^{-1}\nabla \boldsymbol{h}(\boldsymbol{x}^k)^\top)\boldsymbol{y} \tag{3.25}$$

とする．このとき，簡単な計算より，$\nabla \boldsymbol{h}(\boldsymbol{x}^k)^\top \boldsymbol{y}^k = 0$ となることがわかる．よって，$\nabla^2 \hat{f}^k(\boldsymbol{x}^k)$ が半正定値であったことから，(3.24) より

$$\begin{aligned} 0 &\le (\boldsymbol{y}^k)^\top \nabla^2 \hat{f}^k(\boldsymbol{x}^k)\boldsymbol{y}^k \\ &= (\boldsymbol{y}^k)^\top \left(\nabla^2 f(\boldsymbol{x}^k) + k\sum_{i=1}^m h_i(\boldsymbol{x}^k)\nabla^2 h_i(\boldsymbol{x}^k)\right)\boldsymbol{y}^k + \alpha\|\boldsymbol{y}^k\|^2 \end{aligned} \tag{3.26}$$

を得る．また，$\boldsymbol{y}$ の定義より $\lim_{k\to\infty} \nabla \boldsymbol{h}(\boldsymbol{x}^k)^\top \boldsymbol{y} = \nabla \boldsymbol{h}(\boldsymbol{x}^*)^\top \boldsymbol{y} = 0$ であることから，(3.25) より $\lim_{k\to\infty} \boldsymbol{y}^k = \boldsymbol{y}$ となる．さらに，(3.23) より $\lim_{k\to\infty} kh_i(\boldsymbol{x}^k) = \lambda_i^*$ であったので，(3.26) において $k \to \infty$ とすると，

$$0 \le \boldsymbol{y}^\top \left(\nabla^2 f(\boldsymbol{x}^*) + \sum_{i=1}^m \lambda_i^* \nabla^2 h_i(\boldsymbol{x}^*)\right)\boldsymbol{y} + \alpha\|\boldsymbol{y}\|^2$$

を得る．α は任意の正の定数であったので，

$$0 \le \boldsymbol{y}^\top \left(\nabla^2 f(\boldsymbol{x}^*) + \sum_{i=1}^m \lambda_i^* \nabla^2 h_i(\boldsymbol{x}^*)\right)\boldsymbol{y}, \quad \forall \boldsymbol{y} \in C_{\mathcal{F}}(\boldsymbol{x}^*)$$

が成り立つ． □

次に等式制約問題 (3.20) に対する最適性の 2 次の十分条件を与えよう．

定理 3.13（最適性の 2 次の十分条件）　$\boldsymbol{x}^*$ と λ^* は KKT 点，つまり

$$\nabla_x L(\boldsymbol{x}^*, \boldsymbol{\lambda}^*) = \boldsymbol{0}, \ \ \nabla_\lambda L(\boldsymbol{x}^*, \boldsymbol{\lambda}^*) = \boldsymbol{0}$$

が成り立つとする．さらに

$$\boldsymbol{y}^\top \nabla_{xx}^2 L(\boldsymbol{x}^*, \boldsymbol{\lambda}^*)\boldsymbol{y} > 0, \ \ \forall \boldsymbol{y} \in C_{\mathcal{F}}(\boldsymbol{x}^*), \ \ \boldsymbol{y} \neq \boldsymbol{0} \tag{3.27}$$

が成り立つとする．このとき，$\boldsymbol{x}^*$ は等式制約問題 (3.20) の局所的最小解である．

ここでは，等式制約最小化問題に対する拡張ラグランジュ関数を使った証明を与える．以下の関数 $L_c : R^{n+m} \to R$ を拡張ラグランジュ関数 (augmented Lagrangian function) とよぶ．

$$L_c(\boldsymbol{x}, \boldsymbol{\lambda}) = f(\boldsymbol{x}) + \boldsymbol{\lambda}^\top \boldsymbol{h}(\boldsymbol{x}) + \frac{c}{2}\|\boldsymbol{h}(\boldsymbol{x})\|^2$$

最後に付加されている項が「拡張」とよばれる所以である．また，容易にわかるように，L_c は最小化問題

$$\begin{array}{r|l} \text{目的} & f(\boldsymbol{x}) + \frac{c}{2}\|\boldsymbol{h}(\boldsymbol{x})\|^2 \quad \to \quad \text{最小化} \\ \text{条件} & \boldsymbol{h}(\boldsymbol{x}) = \boldsymbol{0} \end{array}$$

のラグランジュ関数でもある．この問題は制約 $\boldsymbol{h}(\boldsymbol{x}) = \boldsymbol{0}$ を考えれば，元の問題 (3.20) と局所的最小解が一致することがわかる．なお，拡張ラグランジュ関数は，制約つき最小化問題の解法の 1 つである拡張ラグランジュ法（第 9 章参照）でも重要な役割を果たす．

まず，次の補題が重要な役割を果たす．

補題 3.6　P と Q は $n \times n$ の対称行列とする．Q は半正定値行列であり，$Q\boldsymbol{x} = \boldsymbol{0}$ かつ $\boldsymbol{x} \neq \boldsymbol{0}$ である任意のベクトル $\boldsymbol{x} \in R^n$ に対して

$$\boldsymbol{x}^\top P \boldsymbol{x} > 0$$

が成り立つとする．このとき，十分大きい c に対して，$P + cQ$ は正定値行列となる．

証明　いま，そのような c が存在しないとする．このとき，任意の自然数 k に対して，

$$0 \geq (\boldsymbol{v}^k)^\top (P + kQ)\boldsymbol{v}^k$$

かつ $\|\boldsymbol{v}^k\| = 1$ となるベクトル $\boldsymbol{v}^k \in R^n$ が存在する．点列 $\{\boldsymbol{v}^k\}$ は有界であるから，ある集積点 $\bar{\boldsymbol{v}}$ をもつ．一般性を失わずに点列 $\{\boldsymbol{v}^k\}$ は $\bar{\boldsymbol{v}}$ に収束するとする．このとき，

$$0 \geq \lim_{k\to\infty} (\boldsymbol{v}^k)^\top (P + kQ)\boldsymbol{v}^k = \bar{\boldsymbol{v}}^\top P \bar{\boldsymbol{v}} + \lim_{k\to\infty} k(\boldsymbol{v}^k)^\top Q \boldsymbol{v}^k \tag{3.28}$$

が成り立つ．ここで，$\bar{\boldsymbol{v}}^\top Q\bar{\boldsymbol{v}} > 0$ であれば，$\lim_{k\to\infty} k(\boldsymbol{v}^k)^\top Q\boldsymbol{v}^k = \infty$ となるから (3.28) に矛盾する．よって，Q は半正定値行列であるから，$\lim_{k\to\infty}(\boldsymbol{v}^k)^\top Q\boldsymbol{v}^k = \bar{\boldsymbol{v}}^\top Q\bar{\boldsymbol{v}} = 0$ とならなければならない．このとき，仮定より $\bar{\boldsymbol{v}}^\top P\bar{\boldsymbol{v}} > 0$ となるが，これは (3.28) に矛盾する． □

この補題を用いれば，拡張ラグランジュ関数が解 $\boldsymbol{x}^*$ の周りで狭義凸関数になることが示せる．

補題 3.7 定理 3.13 の仮定がみたされているとする．このとき，十分大きい c に対して，$\nabla^2_{xx} L_c(\boldsymbol{x}^*, \boldsymbol{\lambda}^*)$ は正定値行列となる．

証明 拡張ラグランジュ関数の勾配とヘッセ行列はそれぞれ，

$$\nabla_x L_c(\boldsymbol{x}, \boldsymbol{\lambda}) = \nabla f(\boldsymbol{x}) + \nabla \boldsymbol{h}(\boldsymbol{x})(\boldsymbol{\lambda} + c\boldsymbol{h}(\boldsymbol{x})) \tag{3.29}$$

$$\nabla^2_{xx} L_c(\boldsymbol{x}, \boldsymbol{\lambda}) = \nabla^2 f(\boldsymbol{x}) + \sum_{i=1}^{m} (\lambda_i + c h_i(\boldsymbol{x}))\nabla^2 h_i(\boldsymbol{x}) + c\nabla \boldsymbol{h}(\boldsymbol{x})\nabla \boldsymbol{h}(\boldsymbol{x})^\top$$

とかける．また，仮定より $(\boldsymbol{x}^*, \boldsymbol{\lambda}^*)$ は KKT 点であるから，$\boldsymbol{h}(\boldsymbol{x}^*) = \boldsymbol{0}$ である．よって，

$$\nabla^2_{xx} L_c(\boldsymbol{x}^*, \boldsymbol{\lambda}^*) = \nabla^2_{xx} L(\boldsymbol{x}^*, \boldsymbol{\lambda}^*) + c\nabla \boldsymbol{h}(\boldsymbol{x}^*)\nabla \boldsymbol{h}(\boldsymbol{x}^*)^\top$$

を得る．ここで，補題 3.6 において，$P = \nabla^2_{xx} L(\boldsymbol{x}^*, \boldsymbol{\lambda}^*)$, $Q = \nabla \boldsymbol{h}(\boldsymbol{x}^*)\nabla \boldsymbol{h}(\boldsymbol{x}^*)^\top$ と考えて，$\nabla^2_{xx} L_c(\boldsymbol{x}^*, \boldsymbol{\lambda}^*)$ が正定値となることを示す．

まず，行列 $\nabla \boldsymbol{h}(\boldsymbol{x}^*)\nabla \boldsymbol{h}(\boldsymbol{x}^*)^\top$ は半正定値行列である．また，仮定 (3.27) より，$\nabla \boldsymbol{h}(\boldsymbol{x}^*)^\top \boldsymbol{y} = \boldsymbol{0}$ である $\boldsymbol{y} \neq \boldsymbol{0}$ に対して，

$$\boldsymbol{y}^\top \nabla^2_{xx} L(\boldsymbol{x}^*, \boldsymbol{\lambda}^*)\boldsymbol{y} > 0$$

が成り立つ．$\nabla \boldsymbol{h}(\boldsymbol{x}^*)\nabla \boldsymbol{h}(\boldsymbol{x}^*)^\top \boldsymbol{y} = \boldsymbol{0}$ であれば $\nabla \boldsymbol{h}(\boldsymbol{x}^*)^\top \boldsymbol{y} = \boldsymbol{0}$ であることに注意すると，補題 3.6 より，十分大きい c に対して，$\nabla^2_{xx} L_c(\boldsymbol{x}^*, \boldsymbol{\lambda}^*)$ は正定値行列となる． □

この補題を用いることによって，定理 3.13 を証明することができる．

定理 3.13 の証明 補題 3.7 と (3.29) を合わせれば，$\boldsymbol{x}^*$ は $L_c(\cdot, \boldsymbol{\lambda}^*)$ の制約なし

最小化問題の狭義の局所的最小解となることがわかる．そのため，次の不等式をみたす $\boldsymbol{x}^*$ の近傍 $B(\boldsymbol{x}^*, \varepsilon)$ が存在する．

$$L_c(\boldsymbol{x}, \lambda^*) > L_c(\boldsymbol{x}^*, \lambda^*), \quad \forall \boldsymbol{x} \in B(\boldsymbol{x}^*, \varepsilon) \text{ かつ } \boldsymbol{x} \neq \boldsymbol{x}^*$$

ここで，実行可能解，つまり $\boldsymbol{h}(\boldsymbol{x}) = \boldsymbol{0}$ となる $\boldsymbol{x}$ に対しては，$L_c(\boldsymbol{x}, \boldsymbol{\lambda}^*) = f(\boldsymbol{x})$ であるので，

$$f(\boldsymbol{x}) > f(\boldsymbol{x}^*), \quad \forall \boldsymbol{x} \in B(\boldsymbol{x}^*, \varepsilon) \cap \mathcal{F} \text{ かつ } \boldsymbol{x} \neq \boldsymbol{x}^*$$

が成り立つ．よって，$\boldsymbol{x}^*$ は問題 (3.20) の局所的最小解である． □

次に不等式制約もある一般の非線形最小化問題に対する最適性の条件を与える．以下の定理は，等式制約問題に対する最適性の条件を使うことによって，簡単に示すことができる．

定理 3.14（最適性の 2 次の必要条件） $\boldsymbol{x}^*$ を非線形計画問題 (3.1) の局所的最小解とし，$\boldsymbol{x}^*$ で LICQ が成り立つとする．さらに f と $\boldsymbol{h}, \boldsymbol{g}$ が 2 回微分可能であるならば，

$$\boldsymbol{y}^\top \nabla^2_{xx} L(\boldsymbol{x}^*, \boldsymbol{\lambda}^*, \boldsymbol{\mu}^*) \boldsymbol{y} \geq 0, \quad \forall \boldsymbol{y} \in C(\boldsymbol{x}^*)$$

ここで $C(\boldsymbol{x}^*)$ は

$$\begin{aligned} C(\boldsymbol{x}^*) = \{\boldsymbol{y} \mid & \langle \nabla h_i(\boldsymbol{x}^*), \boldsymbol{y} \rangle = 0,\ i = 1, \ldots, m, \\ & \langle \nabla g_j(\boldsymbol{x}^*), \boldsymbol{y} \rangle = 0,\ \forall j \in A(\boldsymbol{x}^*)\} \end{aligned}$$

である．

証明 $\boldsymbol{x}^*$ は，等式制約問題

$$\begin{array}{c|l} \text{目的} & f(\boldsymbol{x}) \quad \to \quad \text{最小化} \\ \text{条件} & \boldsymbol{h}(\boldsymbol{x}) = \boldsymbol{0} \\ & g_j(\boldsymbol{x}) = 0, \quad j \in A(\boldsymbol{x}^*) \end{array}$$

の局所的最小解である．よって，この問題に対する最適性の 2 次の必要条件を考えれば，求めたい不等式が得られる． □

次に最適性の 2 次の十分条件を与える．

定理 3.15（最適性の **2** 次の十分条件） f と $\boldsymbol{h}$ と $\boldsymbol{g}$ が 2 回微分可能であるとする．$(\boldsymbol{x}^*, \boldsymbol{\lambda}^*, \boldsymbol{\mu}^*)$ を KKT 点とする．さらに，次の不等式が成り立つとする．

$$\boldsymbol{y}^\top \nabla^2_{xx} L(\boldsymbol{x}^*, \boldsymbol{\lambda}^*, \boldsymbol{y}^*)\boldsymbol{y} > 0, \ \ \forall \boldsymbol{y} \in C(\boldsymbol{x}^*) \text{ かつ } \boldsymbol{y} \neq \boldsymbol{0}$$

ここで，$C(\boldsymbol{x}^*)$ は

$$\begin{aligned} C(\boldsymbol{x}^*) = \{\boldsymbol{y} \mid & \langle \nabla h_i(\boldsymbol{x}^*), \boldsymbol{y} \rangle = 0, \ i = 1, \ldots, m, \\ & \langle \nabla g_j(\boldsymbol{x}^*), \boldsymbol{y} \rangle = 0, \ \ \forall j \in A(\boldsymbol{x}^*)\} \end{aligned}$$

である．さらに，

$$\mu_j^* - g_j(\boldsymbol{x}^*) > 0, \quad \forall j \tag{3.30}$$

が成り立つとする．このとき，$\boldsymbol{x}^*$ は問題の狭義局所的最小解である．

この定理中の (3.30) を，**狭義の相補性** (strict complementarity) とよぶ．この定理で示された最適性の十分条件のもとで，制約つき最小化問題に対する多くのアルゴリズムが超 1 次収束することが示されている．

参 考 文 献

本章の KKT 条件に関連した証明は，[6] から必要最小限の事項を抜き出してまとめたものになっている．また，最適性の 2 次の条件の証明に関しては [2] を参考にしている．最適性の条件に関連したより広範な内容については，これらの書物をみてほしい．

4 双対問題

非線形計画問題において，次の性質をもつ問題：

$$\begin{array}{l|l} \text{目的} & \omega(\boldsymbol{z}) \ \rightarrow \ \text{最大化} \\ \text{条件} & \boldsymbol{z} \in Z \end{array} \tag{4.1}$$

を考えることができれば，便利である．

1. すべての実行可能解 $\boldsymbol{x} \in \mathcal{F}$, $\boldsymbol{z} \in Z$ に対して，$\omega(\boldsymbol{z}) \leq f(\boldsymbol{x})$ が成り立つ．
2. $\boldsymbol{x}^*$ が非線形計画問題の最適解であり，$\boldsymbol{z}^*$ が最大化問題 (4.1) の解であるとき，$\omega(\boldsymbol{z}^*) = f(\boldsymbol{x}^*)$ が成り立つ．

なぜならば，もし問題 (4.1) が非線形計画問題よりも簡単であれば，2. より，その簡単な問題 (4.1) を解くことによって非線形計画問題の最適値を得ることができるからである．また，問題 (4.1) の実行可能な近似解 $\bar{\boldsymbol{z}}$ が与えられていれば，$f(\boldsymbol{x}) - \omega(\bar{\boldsymbol{z}})$ を計算することによって，点 $\boldsymbol{x} \in \mathcal{F}$ がどれくらいよい近似解かを判別することができる．この節では，このような性質をもつような問題である**双対問題** (dual problem) を考える．

非線形計画問題に対する双対問題は数多く提案されている．この節では，そのなかでも特に重要な**ラグランジュ双対問題** (Lagrangian dual problem) の紹介を行う．なお，特に断らない限り，ラグランジュ双対問題を双対問題とよぶことにする．

ラグランジュ双対問題は，おおまかにいって，元の非線形計画問題に対して，

[元の問題]		[双対問題]
決定変数 ($\boldsymbol{x}$)	$\Leftrightarrow$	制約条件（ラグランジュ乗数 $\boldsymbol{\lambda}, \boldsymbol{\mu}$）
最小化	$\Leftrightarrow$	最大化

という変換を行った問題である．そのため，元の問題において決定変数に比べて制約の数が少ないときには，双対問題の決定変数の数は元の問題に比べて少なくなる．また，双対問題の目的関数は，後ほど示すように凹関数となる．このことにより，元の問題より，扱いやすい問題となることがある．

4.1 ラグランジュ緩和問題とラグランジュ双対問題

次の非線形計画問題を考える．

$$\begin{array}{c|l} \text{目的} & f(\boldsymbol{x}) \quad \rightarrow \quad \text{最小化} \\ \text{条件} & h_i(\boldsymbol{x}) = 0,\ i = 1, \ldots, m \\ & g_j(\boldsymbol{x}) \leq 0,\ j = 1, \ldots, r \end{array} \tag{4.2}$$

この問題に対するラグランジュ関数は

$$L(\boldsymbol{x}, \boldsymbol{\lambda}, \boldsymbol{\mu}) = f(\boldsymbol{x}) + \sum_{i=1}^{m} \lambda_i h_i(\boldsymbol{x}) + \sum_{j=1}^{r} \mu_j g_j(\boldsymbol{x})$$

とかける．

ラグランジュ乗数 $\boldsymbol{\lambda}$ と $\boldsymbol{\mu}$ を固定して，$\boldsymbol{x}$ に関してラグランジュ関数を制約なしで最小化する問題を考えよう．

$$\begin{array}{c|l} \text{目的} & L(\boldsymbol{x}, \boldsymbol{\lambda}, \boldsymbol{\mu}) \quad \rightarrow \quad \text{最小化} \\ \text{条件} & \boldsymbol{x} \in R^n \end{array} \tag{4.3}$$

これは，元の問題 (4.2) の制約条件を，ラグランジュ乗数を用いて目的関数に組み込んだ問題とみなすことができる．問題 (4.3) は，制約条件が緩和されている（なくなっている）ため，ラグランジュ緩和問題 (Lagrangian relaxation problem) とよばれている．

いま，$\boldsymbol{\mu} \in R^r$ の各要素は非負とし，非線形計画問題 (4.2) の大域的最小解を $\boldsymbol{x}^*$ としよう．さらに，ラグランジュ緩和問題 (4.3) の最小解 $\hat{\boldsymbol{x}}$ とする．このとき，

$$\begin{aligned} L(\hat{\boldsymbol{x}}, \boldsymbol{\lambda}, \boldsymbol{\mu}) &\leq L(\boldsymbol{x}^*, \boldsymbol{\lambda}, \boldsymbol{\mu}) \\ &= f(\boldsymbol{x}^*) + \sum_{i=1}^{m} \lambda_i h_i(\boldsymbol{x}^*) + \sum_{j=1}^{r} \mu_j g_j(\boldsymbol{x}^*) \\ &\leq f(\boldsymbol{x}^*) \end{aligned}$$

が成り立つ．ここで，最後の不等式は $\boldsymbol{x}^*$ が問題 (4.2) の実行可能解であること

と，$\boldsymbol{\mu} \geq \boldsymbol{0}$ であることによる．この不等式は，ラグランジュ緩和問題の最小値は，元の問題 (4.2) の最小値と同じか小さいことを表している．一般には，この不等式が等式で成り立つことはほとんどない．

そこで，これらの最小値が一致できるように $\boldsymbol{\lambda}$ と $\boldsymbol{\mu}$ を選ぶことを考えよう．$\boldsymbol{\lambda}, \boldsymbol{\mu}$ が与えられたとき，ラグランジュ緩和問題の最小値を返す関数を $\omega(\boldsymbol{\lambda}, \boldsymbol{\mu})$ とする[*1)]．

$$\omega(\boldsymbol{\lambda}, \boldsymbol{\mu}) = \inf_{\boldsymbol{x} \in R^n} L(\boldsymbol{x}, \boldsymbol{\lambda}, \boldsymbol{\mu})$$

このとき，先ほどの議論より，$\boldsymbol{\mu} \geq \boldsymbol{0}$ であれば $\omega(\boldsymbol{\lambda}, \boldsymbol{\mu}) \leq f(\boldsymbol{x}^*)$ が成り立つことがわかる．また，$\omega(\boldsymbol{\lambda}, \boldsymbol{\mu})$ を最大化する $(\boldsymbol{\lambda}, \boldsymbol{\mu})$ を用いたラグランジュ緩和問題の最小値は，元の非線形計画問題 (4.2) の最小値と一致することが期待できる．つまり，最大化問題

$$\text{(D)} \quad \begin{array}{r|l} \text{目的} & \omega(\boldsymbol{\lambda}, \boldsymbol{\mu}) \quad \to \quad \text{最大化} \\ \text{条件} & \boldsymbol{\mu} \geq \boldsymbol{0},\ \boldsymbol{\lambda} \in R^m \end{array} \tag{4.4}$$

を解くことによって，問題 (4.2) の最小値を求めようというのである．この最大化問題が，ラグランジュ双対問題である．残念ながら，一般の非線形計画問題 (4.2) とそのラグランジュ双対問題の最適値は一致しないことが多い．しかし，次節でみるように凸計画問題においては，これらの最適値が一致する．

ところで，ラグランジュ双対問題は，ラグランジュ関数を $\boldsymbol{x}$ に関してまず最小化し，続いて $(\boldsymbol{\lambda}, \boldsymbol{\mu})$ に関して最大化を行う問題と考えることができる．それでは，この最小化と最大化の順番を入れ替えたらどうなるであろうか？　実は，その入れ替えた問題は，実質的には元の非線形計画問題 (4.2) となるのである．そこで，$\boldsymbol{x}$ が与えられたとき，ラグランジュ関数に関して最大化をした値を返す関数 θ を考えよう．

$$\theta(\boldsymbol{x}) = \sup_{\boldsymbol{\lambda} \in R^m, \boldsymbol{\mu} \geq \boldsymbol{0}} L(\boldsymbol{x}, \boldsymbol{\lambda}, \boldsymbol{\mu})$$

ラグランジュ関数を $(\boldsymbol{\lambda}, \boldsymbol{\mu})$ に関して最大化し，続いて $\boldsymbol{x}$ に関してまず最小化を行う問題は，θ を用いて，

$$\text{(P)} \quad \begin{array}{r|l} \text{目的} & \theta(\boldsymbol{x}) \quad \to \quad \text{最小化} \\ \text{条件} & \boldsymbol{x} \in R^n \end{array}$$

と表せる．

[*1)] ラグランジュ緩和問題が最適解をもたない場合があるため，ここでは min の代わりに inf を用いている．

いま，関数 θ は

$$\theta(\boldsymbol{x}) = f(\boldsymbol{x}) + \sup_{\boldsymbol{\lambda}\in R^m} \sum_{i=1}^{m} \lambda_i h_i(\boldsymbol{x}) + \sup_{\boldsymbol{\mu}\geq \boldsymbol{0}} \sum_{j=1}^{r} \mu_j g_j(\boldsymbol{x})$$

となり，この第 2 項と第 3 項は

$$\sup_{\boldsymbol{\lambda}\in R^m} \sum_{i=1} \lambda_i h_i(\boldsymbol{x}) = \begin{cases} 0, & h_i(\boldsymbol{x}) = 0,\ i = 1, \ldots, m \\ \infty, & \text{それ以外} \end{cases}$$

と

$$\sup_{\boldsymbol{\mu}\geq \boldsymbol{0}} \sum_{j=1} \mu_j g_j(\boldsymbol{x}) = \begin{cases} 0, & g_j(\boldsymbol{x}) \leq 0,\ j = 1, \ldots, r \\ \infty, & \text{それ以外} \end{cases}$$

となることに注意すると，

$$\theta(\boldsymbol{x}) = \begin{cases} f(\boldsymbol{x}), & \boldsymbol{x} \in \mathcal{F} \\ \infty, & \boldsymbol{x} \notin \mathcal{F} \end{cases}$$

と表せる．つまり，問題 (P) は問題 (4.2) と実質的に同じことがわかる．以下では，問題 (4.2) と同時に，問題 (P) も考えることにする．双対問題に関連して，問題 (4.2) あるいは問題 (P) を**主問題** (primal problem) とよぶ．これからは，主問題と双対問題の間に成り立つ関係，特に性質 1., 2. が成り立つ条件を調べることとする．

まず，表記を簡単にするため次の記号を導入する．

$$\inf(P) = \inf_{\boldsymbol{x}\in R^n} \theta(\boldsymbol{x})$$
$$\sup(D) = \sup_{\boldsymbol{z}\in Z} \omega(\boldsymbol{z})$$

ただし，

$$Z = \left\{ \boldsymbol{z} = \begin{pmatrix} \boldsymbol{\lambda} \\ \boldsymbol{\mu} \end{pmatrix} \in R^{m+r} \;\middle|\; \boldsymbol{\mu} \geq \boldsymbol{0} \right\}$$

である．ここで，min や max を使わずに inf や sup を用いるのは，問題 (P) や (D) が最適解をもたないことがあるからである．例えば，1 次元の問題

$$\begin{array}{l|l} \text{目的} & x \;\rightarrow\; \text{最小化} \\ \text{条件} & x^2 \leq 0 \end{array}$$

を考えてみよう．この問題の双対問題は，

$$\begin{array}{c|l} \text{目的} & -\frac{1}{4\lambda} \quad \to \quad \text{最大化} \\ \text{条件} & \lambda \geq 0 \end{array}$$

となる．このとき $\sup(D) = 0$ となるが，$-\frac{1}{4\lambda} = 0$ となるような λ は存在しない．もちろん，多くの場合は，inf や sup を達成する最適解が存在する．そのような場合には，次のような記号を用いることとする．$\theta(\bar{\boldsymbol{x}}) = \inf(P)$ かつ $-\infty < \theta(\bar{\boldsymbol{x}}) < +\infty$ であるような $\bar{\boldsymbol{x}} \in R^n$ が存在するときは，$\inf(P)$ の代わりに $\min(P)$ を用い，同様に $\omega(\bar{\boldsymbol{z}}) = \sup(D)$ かつ $-\infty < \omega(\bar{\boldsymbol{z}}) < +\infty$ であるような $\bar{\boldsymbol{z}} \in Z$ が存在するときは，$\sup(D)$ の代わりに $\max(D)$ を用いる．

4.2 弱双対定理と強双対定理

まず，どのような目的関数および制約関数に対しても，性質 1. が成り立つことが示せる．

定理 4.1（弱双対定理） 任意の $\boldsymbol{x} \in R^n$ と $\boldsymbol{z} \in Z$ に対して，

$$\omega(\boldsymbol{z}) \leq \theta(\boldsymbol{x})$$

が成り立つ．さらに，$\boldsymbol{x}$ が非線形計画問題 (4.2) の実行可能解のときは，

$$\omega(\boldsymbol{z}) \leq f(\boldsymbol{x})$$

が成り立つ．

証明 関数 θ と ω の定義より，任意の $\boldsymbol{x}$ と $\boldsymbol{z} \in Z$ に対して，

$$\omega(\boldsymbol{z}) \leq L(\boldsymbol{x}, \boldsymbol{z}) \leq \theta(\boldsymbol{x})$$

であるから，$\omega(\boldsymbol{z}) \leq \inf \theta(\boldsymbol{x})$ が成り立つ．さらに，$\boldsymbol{x}$ が非線形計画問題 (4.2) の実行可能解のときは，$\theta(\boldsymbol{x}) = f(\boldsymbol{x})$ であるから，$\omega(\boldsymbol{z}) \leq f(\boldsymbol{x})$ が成り立つ． □

この定理（あるいは p. 71 の性質 1.）は**弱双対定理** (weak duality theorem) とよばれており，それぞれの問題の実行可能解においては，主問題の目的関数値は双対問題の目的関数値よりも大きいこと意味している．そのため

$$\eta := \inf_{\boldsymbol{x} \in R^n} \theta(\boldsymbol{x}) - \sup_{\boldsymbol{z} \in Z} \omega(\boldsymbol{z})$$

は非負の値をとる．この値が0となれば，主問題の代わりに双対問題を解いても，主問題の最適値が得られることがわかる（最適値がわかっても最適解が得られているわけではないことに注意）．このηを双対ギャップ (duality gap) とよぶ．一般に非凸の非線形計画問題では双対ギャップが正となることが多い．

それでは，どのようなときに双対ギャップηが0になるのであろうか？　以下では，そのような条件を考察していくことにする．

まず，双対ギャップが0となるためのラグランジュ関数の性質を与える．点$(\bar{\boldsymbol{x}}, \bar{\boldsymbol{z}}) \in R^n \times Z$が任意の$\boldsymbol{x} \in R^n$と$\boldsymbol{z} \in Z$に対して，

$$L(\bar{\boldsymbol{x}}, \boldsymbol{z}) \leq L(\bar{\boldsymbol{x}}, \bar{\boldsymbol{z}}) \leq L(\boldsymbol{x}, \bar{\boldsymbol{z}}) \tag{4.5}$$

をみたすとき，$(\bar{\boldsymbol{x}}, \bar{\boldsymbol{z}})$をラグランジュ関数$L$の鞍点 (saddle point) という．次の定理は，ラグランジュ関数Lに鞍点が存在することと，双対ギャップが0となることが等価であることを示している．

定理 4.2　$(\bar{\boldsymbol{x}}, \bar{\boldsymbol{z}}) \in R^n \times Z$が$L$の鞍点であるための必要十分条件は，$(\bar{\boldsymbol{x}}, \bar{\boldsymbol{z}}) \in R^n \times Z$において双対ギャップが0になること，つまり，

$$\theta(\bar{\boldsymbol{x}}) = \inf \theta(\boldsymbol{x}) = \sup_{\boldsymbol{z} \in Z} \omega(\boldsymbol{z}) = \omega(\bar{\boldsymbol{z}}) \tag{4.6}$$

をみたすことである．さらに$(\bar{\boldsymbol{x}}, \bar{\boldsymbol{z}})$が$L$の鞍点であり，$-\infty < L(\bar{\boldsymbol{x}}, \bar{\boldsymbol{z}}) < +\infty$であることの必要十分条件は，$\theta(\bar{\boldsymbol{x}}) = \min(P) = \max(D) = \omega(\bar{\boldsymbol{z}})$となることである．

証明　まず，$(\bar{\boldsymbol{x}}, \bar{\boldsymbol{z}})$を$L$の鞍点としよう．そのとき，(4.5) より，

$$L(\bar{\boldsymbol{x}}, \bar{\boldsymbol{z}}) = \sup_{\boldsymbol{z} \in Z} L(\bar{\boldsymbol{x}}, \boldsymbol{z}) = \theta(\bar{\boldsymbol{x}})$$
$$L(\bar{\boldsymbol{x}}, \bar{\boldsymbol{z}}) = \inf_{\boldsymbol{x} \in R^n} L(\boldsymbol{x}, \bar{\boldsymbol{z}}) = \omega(\bar{\boldsymbol{z}})$$

であるから，

$$\inf \theta(\boldsymbol{x}) \leq \theta(\bar{\boldsymbol{x}}) = \omega(\bar{\boldsymbol{z}}) \leq \sup_{\boldsymbol{z} \in Z} \omega(\boldsymbol{z})$$

となるが定理 4.1 より

$$\inf \theta(\boldsymbol{x}) \geq \sup_{\boldsymbol{z} \in Z} \omega(\boldsymbol{z})$$

であるので，(4.6) が成り立つことがわかる．次に逆を証明する．

$$\sup_{\boldsymbol{z}\in Z} L(\bar{\boldsymbol{x}}, \boldsymbol{z}) \geq L(\bar{\boldsymbol{x}}, \bar{\boldsymbol{z}}) \geq \inf_{\boldsymbol{x}\in R^n} L(\boldsymbol{x}, \bar{\boldsymbol{z}})$$

が常に成り立っているので，(4.6) と合わせると，

$$\sup_{\boldsymbol{z}\in Z} L(\bar{\boldsymbol{x}}, \boldsymbol{z}) = L(\bar{\boldsymbol{x}}, \bar{\boldsymbol{z}}) = \inf_{\boldsymbol{x}\in R^n} L(\boldsymbol{x}, \bar{\boldsymbol{z}})$$

を得る．これは，$(\bar{\boldsymbol{x}}, \bar{\boldsymbol{z}})$ が鞍点であることを示している．

定理の後半は，この結果と $\min(P)$ および $\max(D)$ の定義より明らかである．

□

定理 4.2 より関数 L が鞍点をもてば，主問題 (P) と双対問題 (D) がともに最適解をもち，双対ギャップが 0 になることが保証される．そのため，ラグランジュ関数が鞍点をもつ条件を調べることが重要となる．このような鞍点の存在条件は元の非線形計画問題の KKT 条件と密接な関係がある．実際，$\bar{\boldsymbol{x}} \in R^n$ および $\bar{\boldsymbol{z}} \in Z$ がラグランジュ関数の鞍点であれば，$\bar{\boldsymbol{x}}$ は最小化問題 $\min_{\boldsymbol{x}} L(\boldsymbol{x}, \bar{\boldsymbol{\lambda}}, \bar{\boldsymbol{\mu}})$ の最適解であることから，制約なし最小化問題の最適性条件より，

$$\nabla_x L(\bar{\boldsymbol{x}}, \bar{\boldsymbol{z}}) = \nabla f(\bar{\boldsymbol{x}}) + \nabla \boldsymbol{h}(\bar{\boldsymbol{x}})\bar{\boldsymbol{\lambda}} + \nabla \boldsymbol{g}(\bar{\boldsymbol{x}})\bar{\boldsymbol{\mu}} = \boldsymbol{0} \tag{4.7}$$

が成り立つ．さらに，$\bar{\boldsymbol{z}}$ が最大化問題 $\max_{\boldsymbol{z}\in Z} L(\bar{\boldsymbol{x}}, \boldsymbol{z})$ の最適解であることから，この問題の KKT 条件を考えることによって，

$$\boldsymbol{h}(\bar{\boldsymbol{x}}) = \boldsymbol{0},\ \ \bar{\boldsymbol{\mu}} \geq \boldsymbol{0},\ \ \boldsymbol{g}(\bar{\boldsymbol{x}}) \leq \boldsymbol{0},\ \ \bar{\boldsymbol{\mu}}^\top \boldsymbol{g}(\bar{\boldsymbol{x}}) = 0 \tag{4.8}$$

を得る．式 (4.7), (4.8) は，元の問題 (4.2) の KKT 条件に他ならない．

凸計画問題であれば，この逆も同じように示すことができる．いま，元の問題が最適解 $\bar{\boldsymbol{x}}$ をもつ凸計画問題であり，適当な制約想定が成り立つとしよう．このとき，KKT 点 $(\bar{\boldsymbol{x}}, \bar{\boldsymbol{\lambda}}, \bar{\boldsymbol{\mu}})$ が存在する．さらに KKT 条件から，(4.8) と (4.7) が成り立つ．いま，ラグランジュ関数 L は $\boldsymbol{x}$ に関しては凸，$(\boldsymbol{\lambda}, \boldsymbol{\mu})$ に関しては凹関数になるため，(4.8), (4.7) より，$\bar{\boldsymbol{x}}$ は $\min_{\boldsymbol{x}} L(\boldsymbol{x}, \bar{\boldsymbol{\lambda}}, \bar{\boldsymbol{\mu}})$ の最小解であり，$(\bar{\boldsymbol{\lambda}}, \bar{\boldsymbol{\mu}})$ は最大化問題 $\max_{\boldsymbol{z}\in Z} L(\bar{\boldsymbol{x}}, \boldsymbol{z})$ の最適解であることがわかる．つまり，KKT 点 $(\bar{\boldsymbol{x}}, \bar{\boldsymbol{\lambda}}, \bar{\boldsymbol{\mu}})$ はラグランジュ関数の鞍点となる．

これらのことをまとめると，次の系を得る．

系 4.1（強双対定理） 主問題 (P) において，目的関数 $f : R^n \to R$ および制約関数 $g_i : R^n \to R, i = 1, \ldots, r$ は微分可能な凸関数とする．さらに

$h_j, j = 1, \ldots, m$ は1次関数とする．そのとき，$\bar{\boldsymbol{x}} \in R^n$ および $\bar{\boldsymbol{z}} \in Z$ がラグランジュ関数の鞍点であるための必要十分条件は，$\bar{\boldsymbol{x}}$ と $\bar{\boldsymbol{z}}$ が KKT 条件をみたすことである．

この系を強双対定理 (strongly duality theorem) という．

ここで注意しておかなければいけないことは，たとえ双対問題 (D) の最適解 $\bar{\boldsymbol{z}}$ がわかり，$\min(P) = \max(D)$ が成立していたとしても，

$$L(\bar{\boldsymbol{x}}, \bar{\boldsymbol{z}}) \leq L(\boldsymbol{x}, \bar{\boldsymbol{z}}), \quad \forall \boldsymbol{x} \in R^n$$

を満足するような $\bar{\boldsymbol{x}}$ が，主問題の最適解であるとすることができないことである．これは，そのような $\bar{\boldsymbol{x}}$ が必ずしも主問題 (P) の実行可能解とは限らないからである．そこで $\bar{\boldsymbol{x}}$ が主問題 (P) の実行可能解となる十分条件を，次の定理で与える．

定理 4.3 $\bar{\boldsymbol{z}} \in Z$ を双対問題 (D) の最適解とし，$-\infty < \min(P) = \max(D) = \omega(\bar{z})$ が成立しているものとする．そのとき，

$$L(\bar{\boldsymbol{x}}, \bar{\boldsymbol{z}}) \leq L(\boldsymbol{x}, \bar{\boldsymbol{z}}), \quad \forall \boldsymbol{x} \in R^n$$

をみたす $\bar{\boldsymbol{x}}$ がさらに

$$h_i(\bar{\boldsymbol{x}}) = 0,\ i = 1, \ldots, m,\ g_j(\bar{\boldsymbol{x}}) \leq 0,\ \bar{\mu}_j g_j(\bar{\boldsymbol{x}}) = 0,\ j = 1, \ldots, r$$

を満足するならば，その $\bar{\boldsymbol{x}}$ は主問題の最適解である．

証明 まず $\bar{\boldsymbol{z}} \in Z$ より $\bar{\boldsymbol{\mu}} \geq \boldsymbol{0}$ に注意する．仮定より $\bar{\boldsymbol{x}}$ は主問題の実行可能解であり，さらに，

$$f(\bar{\boldsymbol{x}}) = L(\bar{\boldsymbol{x}}, \bar{\boldsymbol{z}}) \leq L(\boldsymbol{x}, \bar{\boldsymbol{z}}) = f(\boldsymbol{x}) + \sum_{i=1}^{m} \bar{\lambda}_i h_i(\boldsymbol{x}) + \sum_{j=1}^{r} \bar{\mu}_j g_j(\boldsymbol{x}),\ \forall \boldsymbol{x} \in R^n$$

が成り立つ．よって，実行可能な任意の $\boldsymbol{x}$ に対して，$\bar{\mu}_j g_j(\boldsymbol{x}) \leq 0,\ j = 1, \cdots, r$ であるから $f(\bar{\boldsymbol{x}}) \leq f(\boldsymbol{x})$ となることが示される． □

最後に主問題を定義する関数に関係なく，双対問題 (D) の目的関数 ω が凹関数であることを示す．

定理 4.4　双対問題 (D) の目的関数 $\omega : R^{m+r} \to [-\infty, +\infty]$ は凹関数である.

証明　$\boldsymbol{x} \in R^n$ を任意に固定したとき, $L(\boldsymbol{x}, \cdot) : R^{m+r} \to [-\infty, +\infty)$ は 1 次関数（凹関数）である. よって, 定理 2.9 より ω は凹関数である. □

この定理より, 双対問題は凹関数の最大化問題, つまり凸関数の最小化問題となるため, 主問題よりも扱いやすいと考えられる. しかしながら, 実際には ω の関数値を求めることは容易ではなく, また ω は微分不可能な関数になる場合が多いので, 一般に主問題の代わりに双対問題を解くというアプローチは有効とはいえない. しかしながら, 次に紹介する例のように, 双対問題を解くほうがよい場合がある.

4.3　双対理論の応用例

ここで, 双対問題を考えるとよい例についていくつか紹介しよう.

4.3.1　サポートベクター回帰とカーネルトリック

第 1 章で紹介したサポートベクター回帰では次の凸 2 次計画問題を解くことによって回帰式を求める.

$$\begin{array}{l|l} \text{目的} & \sum_{i=1}^m t_i + C\|\boldsymbol{w}\|^2 \quad \to \quad \text{最小化} \\ \text{条件} & \varepsilon + t_i \geq \boldsymbol{w}^\top \phi(\boldsymbol{x}^i) + b - y_i \geq -t_i - \varepsilon, \quad i = 1, \ldots, m \end{array}$$

ここで, ラグランジュ関数は,

$$\begin{aligned} L(\boldsymbol{w}, b, \boldsymbol{t}, \boldsymbol{\mu}^1, \boldsymbol{\mu}^2) &= \sum_{i=1}^m t_i + C\|\boldsymbol{w}\|^2 + \sum_{i=1}^m \mu_i^1 (\boldsymbol{w}^\top \phi(\boldsymbol{x}^i) + b - y_i - \varepsilon - t_i) \\ &\quad + \sum_{i=1}^m \mu_i^2 (-\boldsymbol{w}^\top \phi(\boldsymbol{x}^i) - b + y_i - \varepsilon - t_i) \\ &= C\|\boldsymbol{w}\|^2 + \sum_{i=1}^m (\mu_i^1 - \mu_i^2) \boldsymbol{w}^\top \phi(\boldsymbol{x}^i) + \sum_{i=1}^m (\mu_i^1 - \mu_i^2) b \\ &\quad + \sum_{i=1}^m (1 - \mu_i^1 - \mu_i^2) t_i - \sum_{i=1}^m (\mu_i^1 - \mu_i^2) y_i - \sum_{i=1}^m (\mu_i^1 + \mu_i^2) \varepsilon \end{aligned}$$

と表せる．

双対問題の目的関数を計算するために，ラグランジュ関数を主問題の決定変数 $(\boldsymbol{w}, b, \boldsymbol{t})$ に関して最小化してみよう．$\boldsymbol{w}$ に関しては凸関数であるので，最適性の 1 次の必要条件

$$\mathbf{0} = \nabla_{\boldsymbol{w}} L(\boldsymbol{w}^*, b^*, \boldsymbol{t}^*, \boldsymbol{\mu}^1, \boldsymbol{\mu}^2) = 2C\boldsymbol{w}^* + \sum_{i=1}^{m} (\mu_i^1 - \mu_i^2)\phi(\boldsymbol{x}^i)$$

から，

$$\boldsymbol{w}^* = -\frac{1}{2C} \sum_{i=1}^{m} (\mu_i^1 - \mu_i^2)\phi(\boldsymbol{x}^i)$$

を得る．

一方，b に関して最小化を考えると，$\sum_{i=1}^{m}(\mu_i^1 - \mu_i^2) \neq 0$ のときは，ラグランジュ関数をいくらでも小さくすることができる．双対問題は最大化問題であるから，そのような目的関数値は意味をなさない．そこで，条件 $\sum_{i=1}^{m}(\mu_i^1 - \mu_i^2) = 0$ をみたす $\boldsymbol{\mu}^1$ と $\boldsymbol{\mu}^2$ のみを考える．同様に，$\boldsymbol{t}$ に関して考えると，条件 $1 - \mu_i^1 - \mu_i^2 = 0,\ i = 1, \ldots, m$ をみたす $\boldsymbol{\mu}^1$ と $\boldsymbol{\mu}^2$ のみ考えればよいことになる．

そこで，そのような条件をみたす $\boldsymbol{\mu}^1$ および $\boldsymbol{\mu}^2$ に対して，先ほどの $\boldsymbol{w}^*$ をラグランジュ関数に代入すると，

$$\begin{aligned} L(\boldsymbol{w}^*, b^*, \boldsymbol{t}^*, \boldsymbol{\mu}^1, \boldsymbol{\mu}^2) &= \frac{1}{4C} \left\| \sum_{i=1}^{m} (\mu_i^1 - \mu_i^2)\phi(\boldsymbol{x}^i) \right\|^2 - \frac{1}{2C} \left\| \sum_{i=1}^{m} (\mu_i^1 - \mu_i^2)\phi(\boldsymbol{x}^i) \right\|^2 \\ &\quad - \sum_{i=1}^{m} (\mu_i^1 - \mu_i^2) y_i - \sum_{i=1}^{m} (\mu_i^1 + \mu_i^2)\varepsilon \\ &= -\frac{1}{4C} \left\| \sum_{i=1}^{m} (\mu_i^1 - \mu_i^2)\phi(\boldsymbol{x}^i) \right\|^2 - \sum_{i=1}^{m} (\mu_i^1 - \mu_i^2) y_i \\ &\quad - \sum_{i=1}^{m} (\mu_i^1 + \mu_i^2)\varepsilon \end{aligned}$$

を得る．これが双対問題の目的関数である．

$\boldsymbol{\mu}^1$ と $\boldsymbol{\mu}^2$ の条件を考慮すると，双対問題は

$$\begin{array}{l|l} \text{目的} & -\frac{1}{4C}\|\sum_{i=1}^m(\mu_i^1-\mu_i^2)\phi(\boldsymbol{x}^i)\|^2 \\ & \quad -\sum_{i=1}^m(\mu_i^1-\mu_i^2)y_i-\sum_{i=1}^m(\mu_i^1+\mu_i^2)\varepsilon \quad \to \quad \text{最大化} \\ \text{条件} & \boldsymbol{\mu}^1 \geq \mathbf{0},\ \boldsymbol{\mu}^2 \geq \mathbf{0} \\ & \sum_{i=1}^m(\mu_i^1-\mu_i^2)=0 \\ & 1-\mu_i^1-\mu_i^2=0,\ i=1,\ldots,m \end{array}$$

と書ける．

この問題の解 $(\hat{\boldsymbol{\mu}}^1, \hat{\boldsymbol{\mu}}^2)$ が求まったとき，主問題の解は

$$\boldsymbol{w}^* = -\frac{1}{2C}\sum_{i=1}^m(\hat{\mu}_i^1-\hat{\mu}_i^2)\phi(\boldsymbol{x}^i)$$

で与えられる．よって，回帰関数は，

$$f(\boldsymbol{x}) = -\frac{1}{2C}\sum_{i=1}^m(\hat{\mu}_i^1-\hat{\mu}_i^2)\phi(\boldsymbol{x}^i)^\top\phi(\boldsymbol{x})+b^* \tag{4.9}$$

となる．なお，b^* は，サポートベクター $(\boldsymbol{x}^i, y^i)$ となる i に対して，

$$|f(\boldsymbol{x}^i)-y^i| = \varepsilon$$

となるように決めてやればよい．

ここで，$K(\boldsymbol{x}^1, \boldsymbol{x}^2) = \phi(\boldsymbol{x}^1)^\top\phi(\boldsymbol{x}^2)$ とすると，

$$\left\|\sum_{i=1}^m(\mu_i^1-\mu_i^2)\phi(\boldsymbol{x}^i)\right\|^2 = \sum_{i=1}^m\sum_{j=1}^m(\mu_i^1-\mu_i^2)(\mu_j^1-\mu_j^2)K(\boldsymbol{x}^i, \boldsymbol{x}^j)$$

と表すことができるから，目的関数は ϕ の代わりに関数 K を用いて表すことができる．同様に，回帰関数 (4.9) も

$$f(\boldsymbol{x}) = -\frac{1}{2C}\sum_{i=1}^m(\hat{\mu}_i^1-\hat{\mu}_i^2)K(\boldsymbol{x}^i, \boldsymbol{x})+b^*$$

というように，K のみで表すことができる．

そのため，ϕ を直接定める代わりに，K を決めて回帰関数 f を求めるというアプローチが考えられている．この場合，どのような K でもよいわけではなく，双対問題が凸計画問題となる必要がある．そのような性質をみたす関数としてカーネル関数とよばれるものが使われる．カーネル関数とは，K が（具体的には与える必要がないが）何かしらの関数 ϕ によって，$K(\boldsymbol{x}^1, \boldsymbol{x}^2) = \phi(\boldsymbol{x}^1)^\top\phi(\boldsymbol{x}^2)$ とな

る関数である．カーネル関数として，多項式カーネル $((\boldsymbol{x}^1)^\top \boldsymbol{x}^2 + c)^p$ やガウスカーネル $\exp(-\|\boldsymbol{x}^1 - \boldsymbol{x}^2\|^2/\sigma)$ がよく用いられている．このようにカーネル関数を用いて，双対問題を解くアプローチをカーネルトリック (kernel trick) とよぶ．

4.3.2 緩和問題

凸でない問題やある種の組合せ最適化問題などでは，厳密解を求めることは容易ではない．そのような問題に対して厳密解を求める最もよく使われる手法は分枝限定法である．分枝限定法において重要となるのは，その実行中に構成される子問題の最適値に対する下界値を計算することである．

下界値の計算には様々な方法があるが，最も容易な方法の 1 つはその最小化問題の制約条件を扱いやすい形に緩和し，その緩和した問題の最適値を用いることである．

例えば，

$$\begin{array}{r|l} \text{目的} & f(\boldsymbol{x}) \quad \to \quad \text{最小化} \\ \text{条件} & x_i \in \{0,1\},\ i = 1,\ldots,n \end{array}$$

という問題において，0-1 変数であるという制約を

$$0 \le x_i \le 1,\ i = 1,\ldots,n$$

という線形不等式に緩和した問題

$$\begin{array}{r|l} \text{目的} & f(\boldsymbol{x}) \quad \to \quad \text{最小化} \\ \text{条件} & 0 \le x_i \le 1,\ i = 1,\ldots,n \end{array}$$

を考える．この問題の実行可能集合は元の最小化問題の実行可能集合を含んでいるため，その最小値は元の最小化問題の下界を与える．

このように緩和した問題に対して最適解を求めれば，元の問題の下界値を求めることができる．しかしながら，そのような緩和問題 (relaxation problem) から下界値を得るためには，その緩和問題を正確に解かなければならない．そこで，その緩和問題の双対問題を考える．弱双対定理より，双対問題の実行可能解さえ与えれば，下界値が簡単に求まることがある．そのようなアイデアの 1 つが，ラグランジュ緩和問題である．

4.3.3 ロバスト最適化

次の問題を考えよう．

$$\begin{array}{c|l} \text{目的} & f(\boldsymbol{x}) \quad \to \quad \text{最小化} \\ \text{条件} & g(\boldsymbol{x}, \boldsymbol{y}) \leq 0 \end{array}$$

ここで，$\boldsymbol{y}$ は問題に含まれるパラメータである．以下では問題中に含まれるパラメータ $\boldsymbol{y}$ が不確実な場合を考える．

いま，パラメータ $\boldsymbol{y}$ はある集合 $\mathcal{F}_{\boldsymbol{y}}$ に入っていることしかわからないとする*2)．このとき，どのような事象 $\boldsymbol{y} \in \mathcal{F}_{\boldsymbol{y}}$ が起きたとしても，制約条件をみたす決定変数のなかから最適なものを選ぶ問題は以下のように定式化できる．

$$\begin{array}{c|l} \text{目的} & f(\boldsymbol{x}) \quad \to \quad \text{最小化} \\ \text{条件} & g(\boldsymbol{x}, \boldsymbol{y}) \leq 0, \ \ \forall \boldsymbol{y} \in \mathcal{F}_{\boldsymbol{y}} \end{array}$$

$\mathcal{F}_{\boldsymbol{y}}$ が有限個の集合でないとき，この問題は半無限計画問題とよばれる難しい問題となる．

しかし，集合 $\mathcal{F}_{\boldsymbol{y}}$ や制約関数 g が特別な形をしているときは，双対定理を利用することによって，制約条件が有限個の扱いやすい問題に変換することができる．このことを簡単に説明しよう．いま制約条件は

$$\max_{\boldsymbol{y} \in \mathcal{F}_{\boldsymbol{y}}} g(\boldsymbol{x}, \boldsymbol{y}) \leq 0 \tag{4.10}$$

と等価であることに注意しよう．つまり，$\boldsymbol{x}$ は，最大化問題

$$\begin{array}{c|l} \text{目的} & g(\boldsymbol{x}, \boldsymbol{y}) \quad \to \quad \text{最大化} \\ \text{条件} & \boldsymbol{y} \in \mathcal{F}_{\boldsymbol{y}} \end{array}$$

の最大値が 0 以下となるものでなければならない．この最大化問題の双対問題が

$$\begin{array}{c|l} \text{目的} & \hat{g}(\boldsymbol{x}, \boldsymbol{\lambda}, \boldsymbol{\mu}) \quad \to \quad \text{最小化} \\ \text{条件} & \boldsymbol{\mu} \geq \boldsymbol{0} \end{array}$$

と書けるとする．ただし，この問題において，$\boldsymbol{x}$ は決定変数ではなく，与えられたパラメータである．このとき双対ギャップが 0 であれば，

$$\hat{g}(\boldsymbol{x}, \boldsymbol{\lambda}, \boldsymbol{\mu}) \leq 0, \ \ \boldsymbol{\mu} \geq \boldsymbol{0} \tag{4.11}$$

は (4.10) と等価な条件となる．双対ギャップが 0 でないときは，弱双対定理より条件 (4.11) は (4.10) を厳しくした条件になっている．そのため $\boldsymbol{x}$ が (4.11) をみたせば (4.10) をみたす．条件 (4.11) は，有限個の不等式と等式で表されている

*2) ここで，$\mathcal{F}_{\boldsymbol{y}}$ は最適化問題の実行可能集合 $\mathcal{F}$ とは異なる集合である．

ため，元の条件 (4.10) よりも扱いやすい．

実際, 簡単な例でみてみよう．いま, $g(\boldsymbol{x},\boldsymbol{y}) = \boldsymbol{x}^\top(\boldsymbol{a}+\boldsymbol{y})$, $\mathcal{F}_{\boldsymbol{y}} = \{\boldsymbol{y} \mid A^\top \boldsymbol{y} \le \boldsymbol{c}\}$ を考えてみよう．これは，g が $\boldsymbol{x}$ に関して線形であり，$\mathcal{F}_{\boldsymbol{y}}$ が凸多面体で表されていることを意味してる．このとき，(4.10) の最大化問題は線形計画問題となり，その双対問題を考えれば，(4.10) は

$$\boldsymbol{a}^\top \boldsymbol{x} + \boldsymbol{c}^\top \boldsymbol{\mu} \le 0,\ \ A\boldsymbol{\mu} = \boldsymbol{x},\ \ \boldsymbol{\mu} \ge \boldsymbol{0}$$

と表すことができる．

参考文献

双対問題の理論に関しては，[6] や [2] が詳しい．特に，[6] では，本書で扱わなかった安定性の理論や Fenchel の双対性について詳しく紹介されている．

5 凸2次計画問題に対する解法

本章では，凸 2 次計画問題に対する解法を紹介する．まず，制約なしの凸 2 次計画問題の解法である共役勾配法を解説し，続いて，制約つきの凸 2 次計画問題の解法である双対法を紹介する．

5.1 共役勾配法

共役勾配法 (conjugate gradient method) は線形方程式：

$$Ax = b$$

に対する代表的な解法の 1 つである．ただし，A は $n \times n$ の正定値対称行列であり，$\boldsymbol{b}$ は n 次元ベクトルである．共役勾配法は，次の制約なし凸 2 次計画問題の解法とみなすことができる．

$$\text{目的} \quad \Big| \quad f(\boldsymbol{x}) := \frac{1}{2}\boldsymbol{x}^\top Q\boldsymbol{x} + \boldsymbol{q}^\top \boldsymbol{x} \quad \to \quad \text{最小化} \tag{5.1}$$

ただし，$\boldsymbol{q}$ は n 次元ベクトル，Q は $n \times n$ 正定値対称行列である．実際，この問題 (5.1) の最適性の 1 次の必要条件は線形方程式

$$Q\boldsymbol{x} = -\boldsymbol{q}$$

で表される．(5.1) は凸計画問題であるから，この線形方程式の解は (5.1) の大域的最小解となる．そこで，以下では制約なしの凸 2 次計画問題 (5.1) に対する解法としての観点から，共役勾配法の説明を行う．

共役勾配法の “勾配” とは，この手法が目的関数の勾配を利用するところに由来する．一方，“共役” とは以下に定義する 2 つのベクトルの関係に関する概念である．2 つの n 次元ベクトル $\boldsymbol{x}$, $\boldsymbol{y}$ に対して，$\boldsymbol{x}^\top Q\boldsymbol{y} = 0$ が成り立つとき，$\boldsymbol{x}$ と $\boldsymbol{y}$

は行列 Q に関して共役または Q 共役 (Q-orthogonal, conjugate with respect to Q) であるという．特に Q が単位行列なら Q 共役なベクトル $\boldsymbol{x}$, $\boldsymbol{y}$ は互いに直交するので，Q 共役性はベクトルの直交性を一般化した概念とみなすことができる．

いま，$\boldsymbol{d}^0, \boldsymbol{d}^1, \ldots, \boldsymbol{d}^{k-1}$ を互いに Q 共役であるような $k(\leq n)$ 個の $\boldsymbol{0}$ でないベクトルとする．このとき $\boldsymbol{d}^0, \boldsymbol{d}^1, \ldots, \boldsymbol{d}^{k-1}$ は 1 次独立である．もし 1 次従属であるとすれば，一般性を失うことなく，

$$\boldsymbol{d}^{k-1} = \alpha_0 \boldsymbol{d}^0 + \cdots + \alpha_{k-2} \boldsymbol{d}^{k-2}$$

となる $\alpha_0, \ldots, \alpha_{k-2}$ が存在する．この両辺に左から $(\boldsymbol{d}^{k-1})^\top Q$ を掛ければ，

$$(\boldsymbol{d}^{k-1})^\top Q \boldsymbol{d}^{k-1} = \sum_{i=0}^{k-2} \alpha_i (\boldsymbol{d}^{k-1})^\top Q \boldsymbol{d}^i = 0$$

となる．これは行列 Q の正定値性より $\boldsymbol{d}^{k-1} = \boldsymbol{0}$ を意味するため，$\boldsymbol{d}^{k-1} \neq \boldsymbol{0}$ であることに矛盾する．

これらのベクトル $\boldsymbol{d}^0, \boldsymbol{d}^1, \ldots, \boldsymbol{d}^{k-1}$ によって張られる部分空間を

$$L^k = \left\{ \boldsymbol{x} \in R^n \;\middle|\; \boldsymbol{x} = \sum_{i=0}^{k-1} \alpha_i \boldsymbol{d}^i,\ \alpha_i \in R\ (i = 0, 1, \ldots, k-1) \right\} \tag{5.2}$$

とする．部分空間 L^k の次元は k である．さらに，$k = n$ のときは，部分空間 L^n は全空間 R^n に一致する．

以下に記述する**共役方向法** (conjugate direction method) は，Q 共役なベクトルを探索方向に用い，たかだか n 回の反復で解を得ることができる手法である．共役勾配法は，Q 共役なベクトルを，目的関数の勾配を用いて生成する手法であり，共役方向法の特別な場合となっている．

共役方向法

ステップ 0（初期化）：　適当な初期点 $\boldsymbol{x}^0 \in R^n$ を選ぶ．$k := 0$ とおく．

ステップ 1（探索方向の計算）：　$k = n$ ならば停止する．すべての $\boldsymbol{d}^0, \boldsymbol{d}^1, \ldots, \boldsymbol{d}^{k-1}$ と Q 共役であるような探索方向ベクトル $\boldsymbol{d}^k$ を求める（$k = 0$ のときは任意の $\boldsymbol{0}$ でないベクトルを選んで $\boldsymbol{d}^0$ とする）．

ステップ 2（直線探索）：　1 次元の最小化問題

$$\begin{array}{l|l} \text{目的} & f(\boldsymbol{x}^k + t\boldsymbol{d}^k) \ \rightarrow\ \text{最小化} \\ \text{条件} & t \in R \end{array} \tag{5.3}$$

の最小解をステップ幅 t_k とし，$\boldsymbol{x}^{k+1} := \boldsymbol{x}^k + t_k \boldsymbol{d}^k$ とする．$k := k+1$ としてステップ 1 へ

目的関数 f は凸 2 次関数であるから，ステップ 2 の最小化問題は 1 変数の凸 2 次関数の最小化問題となる．そのため，最適性の 1 次の必要条件を考えれば，

$$t_k = -\frac{(\boldsymbol{d}^k)^\top \nabla f(\boldsymbol{x}^k)}{(\boldsymbol{d}^k)^\top Q \boldsymbol{d}^k}$$

となる．

このアルゴリズムは以下に示すように，たかだか n 回で解を得ることができる．

定理 5.1 共役方向法はたかだか n 回の反復で最適解 $\boldsymbol{x}^* = -Q^{-1}\boldsymbol{q}$ を見出す．

証明 まず，反復点 $\boldsymbol{x}^k$ は集合 $\hat{L}^k = \{\boldsymbol{x} \in R^n \mid \boldsymbol{x} = \boldsymbol{x}^0 + \boldsymbol{z},\ \boldsymbol{z} \in L^k\}$ 上で目的関数を最小にする点であることを示す．ただし，L^k は (5.2) で定義される部分空間である．

このことを示すには，$\hat{f} : R^k \to R$ を

$$\hat{f}(\boldsymbol{y}) := f(\boldsymbol{x}^0 + y_1 \boldsymbol{d}^0 + \cdots + y_k \boldsymbol{d}^{k-1})$$

としたとき，$\boldsymbol{y}^* = (t_0, \ldots, t_{k-1})^\top$ が $\hat{f}$ を最小にすること，つまり

$$\frac{\partial \hat{f}(\boldsymbol{y}^*)}{\partial y_i} = \nabla f(\boldsymbol{x}^k)^\top \boldsymbol{d}^{i-1} = 0, \quad i = 1, \ldots, k$$

となることを示せばよい．

ここで $s^i(t) := f(\boldsymbol{x}^i + t\boldsymbol{d}^i)$ とすれば，ステップ 2 より，すべての $i = 0, \ldots, k-1$ に対して

$$0 = \frac{ds^i(t_i)}{dt} = \nabla f(\boldsymbol{x}^{i+1})^\top \boldsymbol{d}^i \tag{5.4}$$

が成り立つ．さらに，$i = 0, \ldots, k-1$ に対して，

$$\begin{aligned}\nabla f(\boldsymbol{x}^k)^\top \boldsymbol{d}^i &= (Q\boldsymbol{x}^k + \boldsymbol{q})^\top \boldsymbol{d}^i \\ &= \left(\boldsymbol{x}^{i+1} + \sum_{j=i+1}^{k-1} t_j \boldsymbol{d}^j\right)^\top Q\boldsymbol{d}^i + \boldsymbol{q}^\top \boldsymbol{d}^i\end{aligned}$$

$$
\begin{aligned}
&= (\boldsymbol{x}^{i+1})^\top Q \boldsymbol{d}^i + \boldsymbol{q}^\top \boldsymbol{d}^i \\
&= \nabla f(\boldsymbol{x}^{i+1})^\top \boldsymbol{d}^i
\end{aligned}
$$

が成り立つ．ここで 3 番目の等式は，$\boldsymbol{d}^i$ と $\boldsymbol{d}^j$，$j = i+1, \ldots, k-1$ が Q 共役であることを用いている．この式と (5.4) より，$i = 0, \ldots, k-1$ に対して，

$$
\nabla f(\boldsymbol{x}^k)^\top \boldsymbol{d}^i = 0 \tag{5.5}
$$

が成り立つ．よって，$\boldsymbol{x}^k$ は $\hat{L}^k$ 上で f を最小にする点である．

一方，$k = n$ のとき $\hat{L}^k$ は全空間 R^n 空間に一致する．そのため，点 $\boldsymbol{x}^n$ は問題の最適解となる． □

上に述べた共役方向法では Q 共役であるような探索方向ベクトルの定め方は具体的に示されていないので，その定め方によって異なるアルゴリズムが構成できる．第 6 章で紹介する準ニュートン法を凸 2 次計画問題に適用したときに生成される探索方向ベクトルの列は Q 共役性をもっていることが示されているので，準ニュートン法は共役方向法の特別な場合になっている．共役方向法のクラスに属するもう 1 つの代表的な方法が共役勾配法である．

ここで k 個の 1 次独立なベクトル $\{\boldsymbol{g}^i\}$ があるとしよう．このベクトルを用いれば，グラム–シュミットの直交化法を一般化した形で，次のように Q 共役なベクトルを構成できる．

$$
\boldsymbol{d}^i = -\boldsymbol{g}^i + \sum_{j=0}^{i-1} \frac{(\boldsymbol{g}^i)^\top Q \boldsymbol{d}^j}{(\boldsymbol{d}^j)^\top Q \boldsymbol{d}^j} \boldsymbol{d}^j \tag{5.6}
$$

このことは次のように帰納的に証明することができる．いま，$\boldsymbol{d}^0, \ldots, \boldsymbol{d}^{i-1}$ は互いに Q 共役なベクトルとしよう．(5.6) より $\boldsymbol{d}^i$ は $\boldsymbol{g}^0, \ldots, \boldsymbol{g}^i$ の 1 次結合で構成されていることがわかる．そのため $\boldsymbol{d}^i = \boldsymbol{0}$ であれば，(5.6) より $\boldsymbol{g}^i$ は $\boldsymbol{g}^0, \ldots, \boldsymbol{g}^{i-1}$ の 1 次結合で表されていることになり，$\{\boldsymbol{g}^i\}$ が 1 次独立であることに矛盾する．よって，$\boldsymbol{d}^i \neq \boldsymbol{0}$ である．さらに，$l < i$ に対して，

$$
\begin{aligned}
(\boldsymbol{d}^i)^\top Q \boldsymbol{d}^l &= -(\boldsymbol{g}^i)^\top Q \boldsymbol{d}^l + \sum_{j=0}^{i-1} \frac{(\boldsymbol{g}^i)^\top Q \boldsymbol{d}^j}{(\boldsymbol{d}^j)^\top Q \boldsymbol{d}^j} (\boldsymbol{d}^j)^\top Q \boldsymbol{d}^l \\
&= -(\boldsymbol{g}^i)^\top Q \boldsymbol{d}^l + \frac{(\boldsymbol{g}^i)^\top Q \boldsymbol{d}^l}{(\boldsymbol{d}^l)^\top Q \boldsymbol{d}^l} (\boldsymbol{d}^l)^\top Q \boldsymbol{d}^l \\
&= 0
\end{aligned}
$$

となる．よって，$\boldsymbol{d}^i$ は $\boldsymbol{d}^0, \ldots, \boldsymbol{d}^{i-1}$ と Q 共役なベクトルである．

この手順 (5.6) を繰り返すことによって，k 個の 1 次独立なベクトル $\{\boldsymbol{g}^i\}$ から k 個の互いに Q 共役なベクトルを構成することができる．

共役勾配法では，$\{\boldsymbol{g}^i\}$ として目的関数の勾配を用いる．つまり，

$$\boldsymbol{g}^i = \nabla f(\boldsymbol{x}^i)$$

を用いて，Q 共役になるような方向ベクトル $\boldsymbol{d}^i$ を生成する．

共役勾配法

ステップ **0**（初期化）：　適当な初期点 $\boldsymbol{x}^0 \in R^n$ を選ぶ．$k := 0$ とおく．

ステップ **1**（探索方向の計算）：　$\nabla f(\boldsymbol{x}^k) = \boldsymbol{0}$ ならば停止する．$k = 0$ ならば $\boldsymbol{d}^0 = -\nabla f(\boldsymbol{x}^0)$, $k \geq 1$ ならば，

$$\boldsymbol{d}^k := -\nabla f(\boldsymbol{x}^k) + \frac{\nabla f(\boldsymbol{x}^k)^\top \nabla f(\boldsymbol{x}^k)}{\nabla f(\boldsymbol{x}^{k-1})^\top \nabla f(\boldsymbol{x}^{k-1})} \boldsymbol{d}^{k-1}$$

とおく．

ステップ **2**（直線探索）：　$f(\boldsymbol{x}^k + t\boldsymbol{d}^k)$ を最小とするステップ幅 t_k を定め，$\boldsymbol{x}^{k+1} := \boldsymbol{x}^k + t_k \boldsymbol{d}^k$ とする．$k := k+1$ としてステップ 1 へ．

共役勾配法は共役方向法の 1 つであるので，次の定理を示すことができる．

定理 5.2　共役勾配法はたかだか n 回の反復で問題の最適解 $\boldsymbol{x}^* = -Q^{-1}\boldsymbol{q}$ を見出す．

証明　$\boldsymbol{d}^k$ が 1 次独立なベクトル $\boldsymbol{g}^j$, $j = 0, \ldots, k$ によって (5.6) に従って構成されていることを示せばよい．そのために，$\boldsymbol{g}^j := \nabla f(\boldsymbol{x}^j)$, $j = 0, \ldots, k$ が 1 次独立であり，

$$\sum_{j=0}^{k-1} \frac{(\boldsymbol{g}^k)^\top Q \boldsymbol{d}^j}{(\boldsymbol{d}^j)^\top Q \boldsymbol{d}^j} \boldsymbol{d}^j = \frac{(\boldsymbol{g}^k)^\top \boldsymbol{g}^k}{(\boldsymbol{g}^{k-1})^\top \boldsymbol{g}^{k-1}} \boldsymbol{d}^{k-1} \tag{5.7}$$

であることを示す．

まず，$\boldsymbol{g}^j$，$j = 0, \ldots, k$ が 1 次独立であることを帰納法で示す．ある j で $\boldsymbol{g}^j = \boldsymbol{0}$ となれば，最適性の 1 次の必要条件より $\boldsymbol{x}^j$ は最小解となるので，以下では $\boldsymbol{g}^j \neq \boldsymbol{0}$, $j = 0, \ldots, k$ が成立し，さらに $\boldsymbol{g}^j$, $j = 0, \ldots, k-1$ は 1 次独立であるとす

る．このとき共役方向法で示した (5.5) より，$\boldsymbol{g}^k$ は $\boldsymbol{d}^j$, $j=0,\ldots,k-1$ と直交する．さらに $\boldsymbol{d}^j$ の定義より，$\boldsymbol{d}^j$, $j=0,\ldots,k-1$ が張る空間と $\boldsymbol{g}^j$, $j=0,\ldots,k-1$ が張る空間は等しいので，$\boldsymbol{g}^k$ は $\boldsymbol{g}^j$, $j=0,\ldots,k-1$ と直交する．よって，$\boldsymbol{g}^j$, $j=0,\ldots,k$ は 1 次独立である．

次に (5.7) を示す．まず，$\boldsymbol{g}^j \neq \boldsymbol{0}$ かつ

$$\boldsymbol{g}^{j+1}-\boldsymbol{g}^j = Q(\boldsymbol{x}^{j+1}-\boldsymbol{x}^j) = t_j Q\boldsymbol{d}^j \tag{5.8}$$

となることに注意する．$\boldsymbol{g}^{j+1} \neq \boldsymbol{g}^j$ であるので，$t_j \neq 0$ でなければならない．そこで，(5.8) より

$$\begin{aligned}(\boldsymbol{g}^k)^\top Q\boldsymbol{d}^j &= \frac{1}{t_j}(\boldsymbol{g}^k)^\top(\boldsymbol{g}^{j+1}-\boldsymbol{g}^j)\\ &= \begin{cases} 0, & j=0,\ldots,k-2\\ \frac{1}{t_j}(\boldsymbol{g}^k)^\top\boldsymbol{g}^k, & j=k-1\end{cases}\end{aligned}$$

が成り立つ．さらに，

$$(\boldsymbol{d}^j)^\top Q\boldsymbol{d}^j = \frac{1}{t_j}(\boldsymbol{d}^j)^\top(\boldsymbol{g}^{j+1}-\boldsymbol{g}^j)$$

である．これらの式を (5.7) の左辺に代入すると，

$$\sum_{j=0}^{k-1}\frac{(\boldsymbol{g}^k)^\top Q\boldsymbol{d}^j}{(\boldsymbol{d}^j)^\top Q\boldsymbol{d}^j}\boldsymbol{d}^j = \frac{(\boldsymbol{g}^k)^\top\boldsymbol{g}^k}{(\boldsymbol{d}^{k-1})^\top(\boldsymbol{g}^k-\boldsymbol{g}^{k-1})}\boldsymbol{d}^{k-1} \tag{5.9}$$

となる．ここで，

$$\boldsymbol{d}^{k-1} = -\boldsymbol{g}^{k-1} + \frac{(\boldsymbol{g}^{k-1})^\top\boldsymbol{g}^{k-1}}{(\boldsymbol{g}^{k-2})^\top\boldsymbol{g}^{k-2}}\boldsymbol{d}^{k-2}$$

であり，$\boldsymbol{g}^{k-1}$ と $\boldsymbol{g}^k$，$\boldsymbol{d}^{k-2}$ と $\boldsymbol{g}^k-\boldsymbol{g}^{k-1}$ が直交するので，(5.9) より，(5.7) が示せる． □

共役勾配法においては，一般に解に到達するのに要する反復回数は Q の異なる固有値の数に等しいことが知られている．そこで，異なる固有値の数が少なくなるように変数変換を行ってから，共役勾配法を実行すると少ない反復回数で解を求めることができる．この変数変換として線形変換 $\boldsymbol{x}=S\boldsymbol{y}$ を考えよう．ただし，S は $n\times n$ 行列である．そして，

$$\hat{f}(\boldsymbol{y}) := f(S\boldsymbol{y}) \\ = \frac{1}{2}\boldsymbol{y}^\top S^\top QS\boldsymbol{y} + (S^\top \boldsymbol{q})^\top \boldsymbol{y}$$

を $\boldsymbol{y}$ に関して最小化する問題を考える．ここで，もし行列 $S^\top QS$ の異なる固有値が少なくなるように行列 S を選ぶことができれば（例えば $S^\top QS = I$ とできれば），関数 $\hat{f}$ に共役勾配法を適用したとき非常に少ない反復回数で解を得ることができる．このような考え方に基づく方法は，**前処理つき共役勾配法** (preconditioned conjugate gradient method) とよばれ，共役勾配法を実行する際には欠かすことのできない工夫である．

前処理の行列 S としてはできるだけ $S^\top QS$ が単位行列に近くなるものが望ましい．S の選び方としてよく用いられる簡単な方法として以下のものがある．

1. Q の対角成分 Q_{ii} に対して，$S = \mathrm{diag}(1/\sqrt{Q_{ii}})$ とおく方法（$\mathrm{diag}(a_{ii})$ は対角要素が a_{ii} である対角行列を表す）
2. 行列 Q に対して近似的なコレスキー分解 $Q \approx L^\top L$（L は下半三角行列）を計算し，$S = L^{-1}$ とする方法

共役勾配法は理論的には有限回の反復で凸 2 次関数の最小点を見出すという性質をもつが，実際の数値計算では計算誤差が存在するため，$\boldsymbol{x}^k$ が L^k 上での f の最小解を与えない場合がある．その結果，共役勾配法の n 回目の反復点が最小解にならないことがある．そのようなときの対処方法としては，n 回の反復ごとにその点 $\boldsymbol{x}^n$ を初期点 $\boldsymbol{x}^0$ とし，新たに共役勾配法を行うこと（リスタート）が考えられている．

●5.2● 双　対　法 ●

本節では，次の制約つきの凸 2 次計画問題の解法として，双対法 (dual method)（有効制約法 (active set method) とよばれることもある）を紹介する．

$$\text{[凸 2 次計画問題]}\quad \begin{array}{r|l} \text{目的} & \frac{1}{2}\boldsymbol{x}^\top Q\boldsymbol{x} + \boldsymbol{q}^\top \boldsymbol{x} \ \rightarrow\ \text{最小化} \\ \text{条件} & (\boldsymbol{a}^i)^\top \boldsymbol{x} - b_i = 0,\ \ i \in E \\ & (\boldsymbol{a}^j)^\top \boldsymbol{x} - b_j \leq 0,\ \ j \in G \end{array} \tag{5.10}$$

ここで，E と G は $E := \{1, \ldots, m\}$ と $G := \{m+1, \ldots, m+r\}$ で定義される添字集合であり，$\boldsymbol{a}^i \in R^n$, $b_i \in R$, $\forall i \in E \cup G$ は定数ベクトルまたは定数であ

る．以下では，$f(\boldsymbol{x}) = \frac{1}{2}\boldsymbol{x}^\top Q\boldsymbol{x} + \boldsymbol{q}^\top \boldsymbol{x}$ とし，行列 Q は正定値対称行列であるとする．このとき，目的関数 f は狭義の凸関数となる．

凸 2 次計画問題はそれ自身が応用問題として重要であるばかりでなく，第 9 章で紹介する逐次 2 次計画問題などの一般の非線形計画問題の数値解法の部分問題としても活用されている．

定理 3.2 より，$\boldsymbol{x}$ がこの問題の最適解であることと，以下の KKT 条件をみたす $(\boldsymbol{x}, \boldsymbol{\lambda})$ が存在することは等価である*1)．

$$Q\boldsymbol{x} + \boldsymbol{q} + \sum_{i \in E} \lambda_i \boldsymbol{a}^i + \sum_{j \in G} \lambda_j \boldsymbol{a}^j = \boldsymbol{0} \tag{5.11}$$

$$(\boldsymbol{a}^i)^\top \boldsymbol{x} - b_i = 0, \ \ \forall i \in E \tag{5.12}$$

$$(\boldsymbol{a}^j)^\top \boldsymbol{x} - b_j \leq 0, \ \ \forall j \in G \tag{5.13}$$

$$\lambda_j \geq 0, \ \ \forall j \in G \tag{5.14}$$

$$\lambda_j((\boldsymbol{a}^j)^\top \boldsymbol{x} - b_j) = 0, \ \ \forall j \in G \tag{5.15}$$

双対法は，KKT 条件のうち，(5.11), (5.12), (5.14) をみたす点列 $\{(\boldsymbol{x}^k, \boldsymbol{\lambda}^k)\}$ を生成する手法である．このような点列は，(5.14) より $\lambda_j^k \geq 0$, $j \in G$ となるから，双対問題の実行可能解になっている．以下でみるように，双対法は，双対問題の実行可能集合内を探索しつつ，双対問題の最大解を求める手法とみることができる．

まず，双対法を理解する上で重要となる $\boldsymbol{J}$ 最適解と $\boldsymbol{J} \cup \{\boldsymbol{s}\}$ 準最適解の定義を与える．ここで，J は有効添字の集合である．

定義 5.1 点 $\boldsymbol{x} \in R^n$ と $\boldsymbol{\lambda} \in R^{m+r}$ に対して以下の条件が成り立つとき，点 $\boldsymbol{x}$ を J 最適解という．

(a) $\boldsymbol{a}^i$, $i \in J$ が 1 次独立．

(b) $j \in J$ に対して等式 $(\boldsymbol{a}^j)^\top \boldsymbol{x} - b_j = 0$ が成り立つ．

(c) KKT 条件のうち，(5.11), (5.12), (5.14) をみたす．

(d) $(\boldsymbol{a}^j)^\top \boldsymbol{x} - b_j \leq 0$ である j に対して $\lambda_j((\boldsymbol{a}^j)^\top \boldsymbol{x} - b_j) = 0$ が成り立つ．

ここで，$J = E$ のとき，等式制約つき最小化問題

---

*1) ここでは表記を簡単にするため，等式制約に対するラグランジュ乗数を λ_i, $i \in E$, 不等式制約に対するラグランジュ乗数を λ_j, $j \in S$ として同じ記号 λ を使っていることに注意する．

$$\begin{array}{l|l} \text{目的} & f(\boldsymbol{x}) \quad \rightarrow \quad \text{最小化} \\ \text{条件} & (\boldsymbol{a}^i)^\top \boldsymbol{x} - b_i = 0, \ \ i \in E \end{array} \tag{5.16}$$

の解は，$\lambda_j = 0, \ \forall j \in G$ とおくことにより，J 最適解になることがわかる．

また，定義の条件 (c), (d) より，もし J 最適解が残りの KKT 条件 (5.13)（つまり不等式制約）をみたしていたら，凸 2 次計画問題（5.10）の最小解であることがわかる．そこで，J 最適解ではあるが，添字 s で不等式制約をみたしていない，つまり，

$$(\boldsymbol{a}^s)^\top \boldsymbol{x} - b_s > 0 \tag{5.17}$$

となる添字が存在するとしよう．そのとき，

定義 5.2　$\boldsymbol{x} \in R^n$ が J 最適解であり (5.17) となる添字 s が存在するとき，$\boldsymbol{x}$ を $\boldsymbol{J \cup \{s\}}$ **準最適解**とよぶ．

と定義する．

双対法は，J 最適解となる添字集合 J と $\boldsymbol{x}$ を逐次生成しつつ，有限回で凸 2 次計画問題の最適解を見つけるか，実行不可能であることを判別する．そのことを示すためには，次の定理が重要な役割を果たす．

定理 5.3　$\boldsymbol{x}$ が $J \cup \{s\}$ 準最適解のとき，以下のうちどれかが成り立つ．

(a)　$\bar{\boldsymbol{x}}$ が $J' \cup \{s\}$ 最適解となる J の部分集合 J' と $\bar{\boldsymbol{x}}$ が存在し，$f(\bar{\boldsymbol{x}}) > f(\boldsymbol{x})$ となる．

(b)　$\bar{\boldsymbol{x}}$ が $J' \cup \{s\}$ 準最適解となる J の真部分集合 J' と $\bar{\boldsymbol{x}}$ が存在し，$f(\bar{\boldsymbol{x}}) \geq f(\boldsymbol{x})$ となる．

(c)　凸 2 次計画問題 (5.10) は実行不可能である．

この定理の証明は後ほど与える．定理の 3 つの場合 (a),(b),(c) に従い，双対法のプロトタイプは，次のように記述される．

双対法（プロトタイプ）

ステップ **0**：　$J^0 = E$ とし，初期点 $\boldsymbol{x}^0$ を等式制約問題 (5.16) の最小解とする．$k = 0$ とする．

ステップ **1**：　J^k 最適解 $\boldsymbol{x}^k$ がすべての不等式制約をみたしていれば終了．みたしていなければ，みたしていない添字を s とする．

ステップ 2：　$J^k \cup \{s\}$ 準最適解 $\boldsymbol{x}^k$ に対して，

　(a) が成り立つとき：　$J^{k+1} = J' \cup \{s\}$, $\boldsymbol{x}^{k+1} := \bar{\boldsymbol{x}}$ としてステップ 3 へ.

　(b) が成り立つとき：　$J^k = J'$, $\boldsymbol{x}^k := \bar{\boldsymbol{x}}$ としてステップ 2 へ.

　(c) が成り立つとき：　凸 2 次計画問題は実行不可能であり，終了.

ステップ 3：　$k := k + 1$ として，ステップ 1 へ.

2 次計画問題が実行不可能でないとしよう．このとき，定理 5.3 によって，双対法のステップ 2 では，(a) か (b) のどちらかの場合になる．(b) の場合は，もう一度ステップ 2 を繰り返すことになるが，J' は J^k の真部分集合であることから，ステップ 2 を有限回繰り返せば，(a) をみたす J^k の部分集合 J' を見つけることができる．実際，ステップ 2 をたかだか $m + r$ 回繰り返せば，$J^k = \emptyset$ となってしまい，その真部分集合 J' を見つけることができなくなる．

一方，(a) が成り立つとき，$J^{k+1} \neq J^k$ であり，$\boldsymbol{x}^{k+1}$ は $f(\boldsymbol{x}^{k+1}) > f(\boldsymbol{x}^k)$ となるので，点列 $\{\boldsymbol{x}^k\}$ に対して目的関数値は単調増加している．よって，$\boldsymbol{x}^k$ は，前の反復点と同じにはならない．このことは，J^{k+1} は以前の添字集合 J^i, $i = 0, \ldots, k$ のなかに同じものがないこと意味している．添字集合 J を与える組合せは有限個しかないので，アルゴリズムが無限回繰り返すことはありえない．よって，定理 5.3 を信じれば，以下の双対法の収束定理が成り立つことが示せたことになる．

定理 5.4　双対法は，有限回で最適解を得るか，実行不可能であるかを判別する．

それでは，定理 5.3 の (a),(b),(c) はどのように判別するのであろうか？　また，(a), (b) の場合の J' や $\bar{\boldsymbol{x}}$ はどのように求めるのであろうか？　これらのことは，定理 5.3 の証明中に，具体的に与えられる．以下では，定理 5.3 の証明を行うこととする．

まず，いくつかの記号の定義を与える．添字集合 J に対して，A_J は縦ベクトル $\boldsymbol{a}^j$, $j \in J$ を横に並べて生成した $n \times |J|$ 行列とし，$\boldsymbol{b}_J$ は b_j, $j \in J$ を並べた $|J|$ 次元ベクトルとする．

以下では，$\hat{\boldsymbol{x}}$ は $J \cup \{s\}$ 準最適解であるとする．このとき，$\hat{\boldsymbol{x}}$ は

$$
\begin{array}{l|l}
\text{目的} & \frac{1}{2}\boldsymbol{x}^\top Q\boldsymbol{x} + \boldsymbol{q}^\top \boldsymbol{x} \ \rightarrow \ \text{最小化} \\
\text{条件} & (\boldsymbol{a}^j)^\top \boldsymbol{x} - b_j = 0, \ \ j \in J
\end{array}
\tag{5.18}
$$

の解であり，$(\boldsymbol{a}^s)^\top\hat{\boldsymbol{x}} - b_s > 0$ が成り立つ．さらに，問題 (5.18) の KKT 条件は

$$\begin{pmatrix} Q\hat{\boldsymbol{x}} + \boldsymbol{q} + A_J\hat{\boldsymbol{\lambda}}_J \\ A_J^\top\hat{\boldsymbol{x}} - \boldsymbol{b}_J \end{pmatrix} = \boldsymbol{0} \tag{5.19}$$

とかけるので，この方程式を解くことによって

$$\hat{\boldsymbol{x}} = (A_J^+)^\top\boldsymbol{b}_J - H_J\boldsymbol{q} \tag{5.20}$$

$$\hat{\boldsymbol{\lambda}}_J = -(A_J^\top Q^{-1}A_J)^{-1}\boldsymbol{b}_J - A_J^+\boldsymbol{q} \tag{5.21}$$

を得る．ただし，$\hat{\boldsymbol{\lambda}}_J$ は等式制約に関するラグランジュ乗数である．また，A_J^+ は

$$A_J^+ := (A_J^\top Q^{-1}A_J)^{-1}A_J^\top Q^{-1}$$

で定義される A_J の一般逆行列であり，

$$H_J := Q^{-1}(I - A_JA_J^+)$$

である．ここで，$\hat{\boldsymbol{x}}$ が J 最適解であったので，

$$\hat{\lambda}_j \geq 0,\ \ j \in J \cap G$$

であることに注意しよう．

$J \cup \{s\}$ 準最適解 $\hat{\boldsymbol{x}}$ は添字 s に対応する不等式制約をみたしていない．そこで，$(\boldsymbol{a}^s)^\top\boldsymbol{x} - b_s = 0$ となるように，問題 (5.18) を修正した次の問題を考える．

$$\begin{array}{c|l} \text{目的} & \frac{1}{2}(\hat{\boldsymbol{x}}+\boldsymbol{d})^\top Q(\hat{\boldsymbol{x}}+\boldsymbol{d}) + \boldsymbol{q}^\top(\hat{\boldsymbol{x}}+\boldsymbol{d}) \ \ \rightarrow \ \ \text{最小化} \\ \text{条件} & (\boldsymbol{a}^j)^\top(\hat{\boldsymbol{x}}+\boldsymbol{d}) - b_j = 0,\ \ j \in J \\ & (\boldsymbol{a}^s)^\top(\hat{\boldsymbol{x}}+\boldsymbol{d}) - b_s = 0 \end{array} \tag{5.22}$$

この問題の決定変数は $\boldsymbol{d}$ である．ここで，この問題の解を $\tilde{\boldsymbol{d}}$ とする．$\hat{\boldsymbol{x}}$ は問題 (5.18) の最適解であったから，任意の $j \in J$ に対して $(\boldsymbol{a}^j)^\top(\hat{\boldsymbol{x}} + \tilde{\boldsymbol{d}}) - b_j = (\boldsymbol{a}^j)^\top\tilde{\boldsymbol{d}} = 0$，$j \in J$ が成り立つ．よって，任意の $\hat{t} > 0$ に対して，$(\boldsymbol{a}^j)^\top(\hat{\boldsymbol{x}}+\hat{t}\tilde{\boldsymbol{d}}) - b_j = 0$, $j \in J$ である．さらに，$(\boldsymbol{a}^s)^\top\tilde{\boldsymbol{d}} = -((\boldsymbol{a}^s)^\top\hat{\boldsymbol{x}} - b_s) < 0$ より，$(\boldsymbol{a}^s)^\top\hat{\boldsymbol{x}} - b_s > (\boldsymbol{a}^s)^\top(\hat{\boldsymbol{x}} + \hat{t}\tilde{\boldsymbol{d}}) - b_s$ が成り立つ．つまり，点 $\hat{\boldsymbol{x}} + \hat{t}\tilde{\boldsymbol{d}}$ は $\hat{\boldsymbol{x}}$ よりもより実行可能集合に近くなることが期待できる．そこで，双対法では，この点 $\hat{\boldsymbol{x}} + \hat{t}\tilde{\boldsymbol{d}}$ を次の反復点とする．ただし，問題 (5.22) に実行可能解が存在しないことがあることに注意しよう．

いま，問題 (5.22) の KKT 条件は以下のように書ける．

$$\begin{pmatrix} Q(\hat{\boldsymbol{x}}+\tilde{\boldsymbol{d}})+\boldsymbol{q}+A_J\boldsymbol{\lambda}_J+\lambda_s\boldsymbol{a}^s \\ A_J^\top(\hat{\boldsymbol{x}}+\tilde{\boldsymbol{d}})-\boldsymbol{b}_J \\ (\boldsymbol{a}^s)^\top(\hat{\boldsymbol{x}}+\tilde{\boldsymbol{d}})-b_s \end{pmatrix}=\boldsymbol{0} \tag{5.23}$$

このとき，ラグランジュ乗数 $\boldsymbol{\lambda}_J$ は

$$\begin{aligned}\boldsymbol{\lambda}_J &= -(A_J^\top Q^{-1}A_J)^{-1}\boldsymbol{b}_J - A_J^+(\boldsymbol{q}+\lambda_s\boldsymbol{a}^s) \\ &= \hat{\boldsymbol{\lambda}}_J - \lambda_s A_J^+\boldsymbol{a}^s\end{aligned}$$

で与えられる．よって，問題 (5.22) の最適解 $\tilde{\boldsymbol{d}}$ は

$$\begin{aligned}\tilde{\boldsymbol{d}} &= -\hat{\boldsymbol{x}}+(A_J^+)^\top\boldsymbol{b}_J - H_J(\boldsymbol{q}+\lambda_s\boldsymbol{a}^s) \\ &= -\lambda_s H_J\boldsymbol{a}^s\end{aligned}$$

となる．つまり，$\tilde{\boldsymbol{d}}$ も $\boldsymbol{\lambda}_J$ もラグランジュ乗数 λ_s によって決められる．ラグランジュ乗数 λ_s は等式制約 $(\boldsymbol{a}^s)^\top(\hat{\boldsymbol{x}}+\tilde{\boldsymbol{d}})-b_s=0$ をみたすように決められる．$-(\boldsymbol{a}^s)^\top H_J\boldsymbol{a}^s \neq 0$ のとき，

$$\lambda_s = \frac{b_s-(\boldsymbol{a}^s)^\top\hat{\boldsymbol{x}}}{-(\boldsymbol{a}^s)^\top H_J\boldsymbol{a}^s} \tag{5.24}$$

と与えられる．つまり，$-(\boldsymbol{a}^s)^\top H_J\boldsymbol{a}^s \neq 0$ のときは，KKT 点が存在するため，問題 (5.22) の最適解が存在する．

いま，

$$\begin{pmatrix} \bar{\boldsymbol{x}}(t) \\ \bar{\boldsymbol{\lambda}}_J(t) \\ \bar{\lambda}_s(t) \end{pmatrix} = \begin{pmatrix} \hat{\boldsymbol{x}} \\ \hat{\boldsymbol{\lambda}}_J \\ 0 \end{pmatrix} + t\begin{pmatrix} \boldsymbol{z} \\ \boldsymbol{r} \\ 1 \end{pmatrix} \tag{5.25}$$

と定義しよう．ただし，

$$\boldsymbol{z} := -H_J\boldsymbol{a}^s,\ \ \boldsymbol{r} := -A_J^+\boldsymbol{a}^s \tag{5.26}$$

である．$t=\lambda_s$ のとき，$\bar{\boldsymbol{x}}(t)-\hat{\boldsymbol{x}}$ と $\boldsymbol{\lambda}_J(t),\lambda_s(t)$ は問題 (5.22) の KKT 条件 (5.23) をみたす．また，$\lambda_s>0$ のとき，$t=\hat{t}=\lambda_s$ と考えれば，上記の議論より，$\bar{\boldsymbol{x}}(t)$ は $\hat{\boldsymbol{x}}$ よりも実行可能集合に近づくことが期待できる．さらに，問題 (5.18) と (5.22) の KKT 条件より

$$\begin{aligned}\boldsymbol{0} &= Q(\hat{\boldsymbol{x}}+\tilde{\boldsymbol{d}})+\boldsymbol{q}+A_J\boldsymbol{\lambda}_J+\lambda_s\boldsymbol{a}^s \\ &= Q\hat{\boldsymbol{x}}+\boldsymbol{q}+A_J\hat{\boldsymbol{\lambda}}_J+\lambda_s Q\boldsymbol{z}+\lambda_s A_J\boldsymbol{r}+\lambda_s\boldsymbol{a}^s \\ &= \lambda_s(Q\boldsymbol{z}+A_J\boldsymbol{r}+\boldsymbol{a}^s)\end{aligned}$$

が成り立つ．よって，$\lambda_s \neq 0$ のとき，$Q\boldsymbol{z} + A_J\boldsymbol{r} + \boldsymbol{a}^s = \boldsymbol{0}$ である．さらに，

$$\begin{aligned} & Q\bar{\boldsymbol{x}}(t) + \boldsymbol{q} + \sum_{j\in J} \bar{\lambda}_j(t)\boldsymbol{a}^j + \bar{\lambda}_s(t)\boldsymbol{a}^s \\ &= Q\hat{\boldsymbol{x}} + \boldsymbol{q} + \sum_{j\in J} \hat{\lambda}_j\boldsymbol{a}^j + tQ\boldsymbol{z} + t\sum_{j\in J} r_j\boldsymbol{a}^j + t\boldsymbol{a}^s \\ &= t(Q\boldsymbol{z} + A_J\boldsymbol{r} + \boldsymbol{a}^s) \\ &= \boldsymbol{0} \end{aligned} \tag{5.27}$$

が成り立つ．これは $\lambda_s \neq 0$ であれば，任意の $t > 0$ に対して $(\bar{\boldsymbol{x}}(t), \bar{\boldsymbol{\lambda}}_J(t), \bar{\lambda}_s(t))$ が問題 (5.22) の KKT 条件の第 1 式をみたしていることを意味している．

一方，双対法の反復においては，不等式制約に対応するラグランジュ乗数が非負である（双対問題の実行可能解である）ことが望ましい．つまり，$\bar{\lambda}_j(t) \geq 0,\ j \in J\cap G$ となってほしい．ここで，

$$t \leq t^{(D)} := \min\left\{ -\frac{\hat{\lambda}_j}{r_j} \;\middle|\; r_j < 0,\ \ j \in J\cap G \right\} \tag{5.28}$$

であれば，$\lambda_j \geq 0,\ j \in J\cap G$ が成り立つ．なお，このような $t^{(D)}$ が存在しないときは，$t^{(D)} = +\infty$ とする．

以上より，ステップ幅として $t := \min\{\lambda_s, t^{(D)}\}$ を考えることが妥当であると考えられる．このとき，$\bar{\boldsymbol{x}}(t)$ が定理 5.3 (a), (b) における $\bar{\boldsymbol{x}}$ となることを以下のように示すことができる．

定理 5.3 の証明　問題 (5.22) に対して，次の 4 つの場合が考えられる．

(i)　$\{\boldsymbol{a}^j | j \in J\}, \boldsymbol{a}^s$ が 1 次独立である．
- **(i-1)**　凸 2 次計画問題 (5.22) の KKT 条件をみたすラグランジュ乗数が $\lambda_s \geq 0$ かつ $\lambda_j \geq 0,\ j \in J\cap G$ となる．
- **(i-2)**　(i-1) ではない．

(ii)　$\{\boldsymbol{a}^j | j \in J\},\ \boldsymbol{a}^s$ が 1 次独立でない．
- **(ii-1)**　凸 2 次計画問題 (5.22) は実行不可能
- **(ii-2)**　凸 2 次計画問題 (5.22) は実行可能

以下に示すように，この項目 (i-1) が定理 5.3 (a) に，項目 (i-2), (ii-2) が定理 5.3 (b) に，項目 (ii-1) が定理 5.3 (c) に対応する．

ここで，$\boldsymbol{z} = \boldsymbol{0}$ の場合，ベクトル $\boldsymbol{a}^s$, $\{\boldsymbol{a}^j | j \in J\}$ が 1 次従属となる，つまり

上記の (ii) になる．このことは，H_J と $\boldsymbol{z}$ の定義より，$\boldsymbol{a}^s = A_J(A_J^+\boldsymbol{a}^s)$ となり，$\boldsymbol{w} = A_J^+\boldsymbol{a}^s$ とすると，$\boldsymbol{a}^s = A_J(A_J^+\boldsymbol{a}^s) = \sum_{j\in J} w_j\boldsymbol{a}^j$ となることからわかる．

そこで，以下では，$\boldsymbol{z} = \boldsymbol{0}$ の場合と $\boldsymbol{z} \neq \boldsymbol{0}$ の場合の 2 つに分けて考える．

(I)　$\boldsymbol{z} \neq \boldsymbol{0}$ **の場合：**　行列 Q は正定値対称行列であるから，

$$
\begin{aligned}
(H_J)^\top QH_J &= (I - A_JA_J^+)^\top Q^{-1}(I - A_JA_J^+) \\
&= (I - Q^{-1}A_J(A_J^\top Q^{-1}A_J)^{-1}A_J^\top)Q^{-1}(I - A_JA_J^+) \\
&= H_J - Q^{-1}A_J(A_J^\top Q^{-1}A_J)^{-1}A_J^\top Q^{-1} \\
&\quad +Q^{-1}A_J(A_J^\top Q^{-1}A_J)^{-1}A_J^\top Q^{-1}A_J(A_J^\top Q^{-1}A_J)^{-1}A_J^\top Q^{-1} \\
&= H_J
\end{aligned}
$$

となる．つまり，H_J は半正定値対称行列である．さらに，$\boldsymbol{0} \neq \boldsymbol{z} = -H_J\boldsymbol{a}^s$ より，$-(\boldsymbol{a}^s)^\top H_J\boldsymbol{a}^s \neq 0$ となるから，問題 (5.22) に対する KKT 点が存在する．

以下では，$t = \lambda_s$ か $t = t^{(D)}$ の 2 つの場合で考える．また，$\bar{\boldsymbol{x}} = \bar{\boldsymbol{x}}(t)$, $\bar{\boldsymbol{\lambda}}_J = \bar{\boldsymbol{\lambda}}_J(t)$, $\bar{\lambda}_s = \bar{\lambda}_s(t)$ とする．

(I-1)　$\boldsymbol{t} = \lambda_s$ **の場合**（(i-1) に相当）：　このとき，$\bar{\boldsymbol{x}}$ が $J \cup \{s\}$ 最適解になっていることを示す．

まず，$\bar{\boldsymbol{x}}$ が問題 (5.22) の最適解であることに注意すると，$\bar{\boldsymbol{x}}$ は $J \cup \{s\}$ 最適解の条件 (a) と (b) をみたしている．次に，$j \notin J \cup \{s\}$ に対して $\bar{\lambda}_j = 0$ とおけば，$(\bar{\boldsymbol{x}}, \bar{\boldsymbol{\lambda}})$ は (5.27) より凸 2 次計画問題の KKT 条件 (5.11), (5.12) をみたし，さらに $J \cup \{s\}$ 最適解の条件 (d) をみたすこともわかる．よって，$\bar{\boldsymbol{\lambda}}$ が KKT 条件 (5.14) をみたしていることを示せば，$\bar{\boldsymbol{x}}$ が $J \cup \{s\}$ 最適解となることを示せたことになる．いま

$$
-(\boldsymbol{a}^s)^\top H_J\boldsymbol{a}^s = -(\boldsymbol{a}^s)^\top(H_J)^\top QH_J\boldsymbol{a}^s = -\boldsymbol{z}^\top Q\boldsymbol{z} < 0 \tag{5.29}
$$

である．このことより，

$$
\lambda_s = \frac{b_s - (\boldsymbol{a}^s)^\top\hat{\boldsymbol{x}}}{-(\boldsymbol{a}^s)^\top H_J\boldsymbol{a}^s} > 0
$$

が成り立つ．さらに，$t^{(D)} \geq \lambda_s > 0$ であることから，$\bar{\lambda}_j(\lambda_s) \geq 0,\ j \in J \cap G$ かつ $\bar{\lambda}_s(\lambda_s) \geq 0$ となる．よって，KKT 条件 (5.14) をみたすので，$\bar{\boldsymbol{x}}$ は $J \cup \{s\}$ 最適解となる．

次に，目的関数が増加していること，つまり $f(\bar{\boldsymbol{x}}) > f(\hat{\boldsymbol{x}})$ であることを示す．問題 (5.22) は問題 (5.18) よりも制約条件が多いので，明らかに，$f(\bar{\boldsymbol{x}}) \geq f(\hat{\boldsymbol{x}})$

である．また，Q が正定値であることから，問題 (5.18) の最適解は唯一であるので，$\hat{\boldsymbol{x}} = \bar{\boldsymbol{x}}$ となることはない．つまり，$f(\bar{\boldsymbol{x}}) > f(\hat{\boldsymbol{x}})$ が成り立つ．

よって，この場合は定理 5.3 (a) になる．

(I-2)　$\boldsymbol{t = t^{(D)}}$ の場合（(i-2) に相当）：

$$t^{(D)} = -\frac{\hat{\lambda}_k}{r_k}$$

となる $k \in J \cap G$ が存在する．そこで，$J' := J \backslash \{k\}$ とする．いま，$j \notin J \cup \{s\}$ に対して $\bar{\lambda}_j = 0$ とおけば，$(\bar{\boldsymbol{x}}, \bar{\boldsymbol{\lambda}})$ は，J' 最適解の定義をみたしている．さらに，$\lambda_s > t^{(D)}$ であるので，$(\boldsymbol{a}^s)^\top \bar{\boldsymbol{x}} - b_s > 0$ となる．よって，$\bar{\boldsymbol{x}}$ は $J' \cup \{s\}$ 準最適解である．次に，目的関数の増減を考える．

$$\begin{aligned} A_J^\top H_J &= A_J^\top Q^{-1}(I - A_J A_J^+) \\ &= A_J^\top Q^{-1} - A_J^\top Q^{-1} A_J (A_J^\top Q^{-1} A_J)^{-1} A_J^\top Q^{-1} \\ &= 0 \end{aligned}$$

であるので，

$$A_J^\top \bar{\boldsymbol{x}} - \boldsymbol{b}_J = A_J^\top \hat{\boldsymbol{x}} - \boldsymbol{b}_J - t^{(D)} A_J^\top H_J \boldsymbol{a}^s = \boldsymbol{0}$$

が成り立つ．よって，$\bar{\boldsymbol{x}}$ は問題 (5.18) の実行可能解であるから $f(\bar{\boldsymbol{x}}) \geq f(\hat{\boldsymbol{x}})$ となる．以上より，この場合は，定理 5.3 (b) になる．

(II)　$\boldsymbol{z = 0}$ の場合：　このとき，

$$\begin{aligned} \boldsymbol{0} &= \boldsymbol{z} \\ &= -Q^{-1}(I - A_J A_J^+)\boldsymbol{a}^s \\ &= -Q^{-1}(\boldsymbol{a}^s + A_J \boldsymbol{r}) \end{aligned}$$

となるので，

$$\boldsymbol{a}^s = -A_J \boldsymbol{r} \tag{5.30}$$

を得る．

次に，以下の 2 つの場合を考える．

(II-1)　$\boldsymbol{t^{(D)} = \infty}$ の場合（(ii-1) に相当）：　次の凸 2 次計画問題

$$\begin{array}{l|l} \text{目的} & \frac{1}{2}\boldsymbol{x}^\top Q \boldsymbol{x} + \boldsymbol{q}^\top \boldsymbol{x} \quad \rightarrow \quad \text{最小化} \\ \text{条件} & (\boldsymbol{a}^i)^\top \boldsymbol{x} - b_i = 0, \;\; i \in E \\ & (\boldsymbol{a}^j)^\top \boldsymbol{x} - b_j \leq 0, \;\; j \in (J \cup \{s\}) \cap G \end{array} \tag{5.31}$$

を考えよう．いま，この問題に実行可能解 $\boldsymbol{y}$ が存在すると仮定する．

$$(\boldsymbol{a}^i)^\top \boldsymbol{y} - b_i = 0,\ \ i \in E$$
$$(\boldsymbol{a}^j)^\top \boldsymbol{y} - b_j \leq 0,\ \ j \in (J \cup \{s\}) \cap G$$

一方，$\hat{\boldsymbol{x}}$ は J 最適解であることから，

$$(\boldsymbol{a}^i)^\top (\boldsymbol{y} - \hat{\boldsymbol{x}}) = 0,\ \ i \in E$$
$$(\boldsymbol{a}^j)^\top (\boldsymbol{y} - \hat{\boldsymbol{x}}) \leq 0,\ \ j \in J \cap G$$

が成り立つ．よって，$(\boldsymbol{a}^s)^\top \hat{\boldsymbol{x}} - b_s > 0$ であることに注意すると，

$$\begin{aligned} 0 &< (\boldsymbol{a}^s)^\top \hat{\boldsymbol{x}} - b_s - ((\boldsymbol{a}^s)^\top \boldsymbol{y} - b_s) \\ &= (\boldsymbol{a}^s)^\top (\hat{\boldsymbol{x}} - \boldsymbol{y}) \\ &= -\boldsymbol{r}^\top A_J^\top (\hat{\boldsymbol{x}} - \boldsymbol{y}) \\ &= -\sum_{i \in E} r_i (\boldsymbol{a}^i)^\top (\hat{\boldsymbol{x}} - \boldsymbol{y}) - \sum_{i \in J \cap G} r_i (\boldsymbol{a}^i)^\top (\hat{\boldsymbol{x}} - \boldsymbol{y}) \\ &= -\sum_{i \in J \cap G} r_i (\boldsymbol{a}^i)^\top (\hat{\boldsymbol{x}} - \boldsymbol{y}) \end{aligned}$$

を得る．このことより，少なくとも 1 つの r_i に対して $r_i < 0$ となる．このことは，$t^{(D)} = \infty$ であることに矛盾する．よって，問題 (5.31) には実行可能解が存在しない．つまり，2 次計画問題には実行可能解が存在しないので，この場合は定理 5.3 (c) になる．

(II-2) $\boldsymbol{t^{(D)} < \infty}$ **のとき**（(ii-2) に相当）： このとき，

$$t^{(D)} = -\frac{\hat{\lambda}_k}{r_k}$$

となる $k \in J \cap G$ が存在する．そこで，$J' = J \backslash \{k\}$ とし，$\hat{\boldsymbol{x}}$ が $J' \cup \{s\}$ 準最適解となることを示す．

$\hat{\boldsymbol{x}}$ が J 最適解であったので，明らかに $\{\boldsymbol{a}^j | j \in J'\}$ は 1 次独立である．さらに，$A_{J'}^\top \hat{\boldsymbol{x}} - \boldsymbol{b}_{J'} = \boldsymbol{0}$ であるから，定義 5.1 (a), (b) はみたされる．

そこで，定義 5.1 の条件 (c), (d) をみたす $\boldsymbol{\lambda}$ が存在することを示す．ここで $(\bar{\boldsymbol{\lambda}}_J, \bar{\lambda}_s) = (\bar{\boldsymbol{\lambda}}_J(t), \bar{\lambda}_s(t))$ とする．このとき，$t^{(D)}$ の定義より

$$\bar{\lambda}_j \geq 0,\ \ j \in J \cup \{s\}$$

であることが容易にわかるので，$\bar{\lambda}_i = 0,\ \ i \notin J \cup \{s\}$ とすれば $\bar{\boldsymbol{\lambda}}$ は KKT 条件の (5.14) をみたす．さらに，J 最適解の定義より，$(\hat{\boldsymbol{x}}, \bar{\boldsymbol{\lambda}})$ は KKT 条件 (5.12) と

定義 5.1 の条件 (d) をみたす．

そこで，KKT 条件 (5.11) を示せばよいことになる．式 (5.30) より，

$$\boldsymbol{a}^k = \frac{1}{r_k}\left(-\boldsymbol{a}^s - \sum_{j\in J'} r_j \boldsymbol{a}^j\right)$$

となる．このことと $\bar{\boldsymbol{\lambda}}_J$ の定義 (5.25) より，

$$\begin{aligned}
A_J\hat{\boldsymbol{\lambda}}_J &= \hat{\lambda}_k \boldsymbol{a}^k + \sum_{j\in J'} \hat{\lambda}_j \boldsymbol{a}^j \\
&= \frac{\hat{\lambda}_k}{r_k}\left(-\boldsymbol{a}^s - \sum_{j\in J'} r_j \boldsymbol{a}^j\right) + \sum_{j\in J'} \hat{\lambda}_j \boldsymbol{a}^j \\
&= t^{(D)}\boldsymbol{a}^s + \sum_{j\in J'} (\hat{\lambda}_j + t^{(D)} r_j)\boldsymbol{a}^j \\
&= \bar{\lambda}_s \boldsymbol{a}^s + A_{J'}\bar{\boldsymbol{\lambda}}_{J'}
\end{aligned}$$

が成り立つ．よって，

$$\boldsymbol{0} = Q\hat{\boldsymbol{x}} + \boldsymbol{q} + A_J\hat{\boldsymbol{\lambda}}_J = Q\hat{\boldsymbol{x}} + \boldsymbol{q} + \boldsymbol{a}^s\bar{\lambda}_s + A_{J'}\bar{\boldsymbol{\lambda}}_{J'}$$

となるので，KKT 条件 (5.11) がみたされる．以上より，$\hat{\boldsymbol{x}}$ は J' 最適解である．さらに，$\boldsymbol{a}^s\hat{\boldsymbol{x}} - b_s > 0$ であるので，$\hat{\boldsymbol{x}}$ は $J' \cup \{s\}$ 準最適解である．$\bar{\boldsymbol{x}} = \hat{\boldsymbol{x}}$ と考えれば，この場合は，定理 5.3 (b) になる．

以上より定理 5.3 は示された． □

以上の定理の証明より，具体的に J 最適解の構成の仕方が与えられた．このことをまとめると，以下の具体的なアルゴリズムが構成できる．

双対法

ステップ 0（初期化）： $J^0 = E$ とする．部分問題 (5.18) を解き，その解を初期点 $\boldsymbol{x}^0$, それに対応するラグランジュ乗数を $\boldsymbol{\lambda}_J^0$ とし $\lambda_j = 0,\ j \in G$ とする．$k = 0$ とおく．

ステップ 1（終了判定）： $\boldsymbol{x}^k$ が凸 2 次計画問題 (5.10) の実行可能解（すなわち，すべての不等式制約条件を満足する）ならば，$\boldsymbol{x}^k$ が最適解なので終了する．さもなければ，$\boldsymbol{x}^k$ がみたしていない制約条件を 1 つ選んで，その添字を s とおき，ステップ 2 へいく．

ステップ 2（探索方向の計算）： (5.26) より探索方向 $\boldsymbol{z}^k$ および $\boldsymbol{r}^k$ を求める．

ステップ 3（ステップサイズの計算）： もし $\boldsymbol{z}^k = \boldsymbol{0}$ ならば $\lambda_s = \infty$ とおき，さもなければ (5.24) より λ_s を求める．もし $\boldsymbol{r}^k \geq 0$ ならば $t_k^{(D)} = \infty$ とおき，さもなければ (5.28) より $t_k^{(D)}$ を求める．$t_k = \min\{\lambda_s, t_k^{(D)}\}$ とする．

ステップ 4（J^k の更新）： もし $t_k = \infty$ ならば凸2次計画問題 (5.10) に実行可能解が存在しないので終了する．$\lambda_s = \infty$ のとき手順 (a) を実行し，そうでなければ手順 (b) を実行する．

(a) 添字集合 J^k からステップ幅 $t_k^{(D)} = -\frac{\lambda_l^k}{r_l}$ となる添字 l を取り除いてあらためて J^k とおき，

$$\lambda_j^k := \begin{cases} \lambda_j^k - r_j \lambda_l^k / r_l, & j \in J^k \\ \lambda_l^k / r_l, & j = s \\ 0, & \text{それ以外} \end{cases}$$

として，ステップ 2 へいく．

(b)

$$\begin{pmatrix} \bar{\boldsymbol{x}} \\ \bar{\boldsymbol{\lambda}}_J \\ \bar{\lambda}_s \end{pmatrix} = \begin{pmatrix} \boldsymbol{x}^k \\ \boldsymbol{\lambda}_J^k \\ \lambda_s^k \end{pmatrix} + t_k \begin{pmatrix} \boldsymbol{z}^k \\ \boldsymbol{r}^k \\ 1 \end{pmatrix}$$

とする．もし $\lambda_s \leq t_k^{(D)}$ ならば手順 (b-1) を実行し，さもなければ手順 (b-2) を実行する．

(b-1) $(\boldsymbol{x}^{k+1}, \boldsymbol{\lambda}_J^{k+1}, \lambda_s^{k+1}) := (\bar{\boldsymbol{x}}, \bar{\boldsymbol{\lambda}}_J, \bar{\lambda}_s)$, $J^{k+1} := J^k \cup \{s\}$ とおき，$k := k+1$ としてステップ 1 へいく．

(b-2) $(\boldsymbol{x}^k, \boldsymbol{\lambda}_J^k, \boldsymbol{\lambda}_s^k) := (\bar{\boldsymbol{x}}, \bar{\boldsymbol{\lambda}}_J, \bar{\lambda}_s)$，添字集合 J^k からステップ幅 $t_k^{(D)} = -\frac{\lambda_l^k}{r_l}$ となる添字 l を取り除いてあらためて J^k とおき，ステップ 2 へいく．

参考文献

共役勾配法は数値解析の1手法であり，数値計算関連の図書には必ず掲載されている．もちろん，[2][11] などのような非線形最適化関連の本でも扱っている．特に，[8] では，共役勾配法と双対法の Fortran のソースコードが掲載されている．

6 制約なし最小化問題に対する解法

本章では，制約なし最小化問題に対する解法を紹介する．目的関数が凸でない制約なし最小化問題の大域的最小解を求めることは容易ではない．そこで，多くの解法では，最適性の 1 次の必要条件，つまり，目的関数の勾配が $\mathbf{0}$ となる点を見つけることを目的としている．さらに，そのような解法は，各反復において目的関数値を減らす点列を生成する．このような解法を**降下法** (descent method) とよぶ．本章では，降下法の代表的手法として，**直線探索法** (line search method) と**信頼領域法** (trust region method) の説明を行う．さらに，決定変数の数が 1 万を超えるような大規模な問題に対する解法の工夫をいくつか紹介する．

6.1 制約なし最小化問題と降下法

本章では，制約なし最小化問題：

$$\begin{array}{c|l} \text{目的} & f(\boldsymbol{x}) \quad \rightarrow \quad \text{最小化} \\ \text{条件} & \boldsymbol{x} \in R^n \end{array} \tag{6.1}$$

を考える．以下では，目的関数 $f : R^n \rightarrow R$ は 2 回連続的微分可能な関数とする．

問題 (6.1) に対する多くの解法は各反復で目的関数値を減じるように，つまり，

$$f(\boldsymbol{x}^0) > f(\boldsymbol{x}^1) > f(\boldsymbol{x}^2) > \cdots$$

が成り立つように点列 $\{\boldsymbol{x}^k\}$ を生成する．このような手法を降下法とよぶ．

各反復で目的関数値は減少しても，点列 $\{\boldsymbol{x}^k\}$ は大域的最小解に収束しないことがある．そこで，以下では，大域的収束とは，$\lim_{k\to\infty} \nabla f(\boldsymbol{x}^k) = \mathbf{0}$ となることをいうことにする．これは，点列 $\{\boldsymbol{x}^k\}$ が集積点をもつならば，その集積点が停留点となることを意味している．

降下法において，このような大域的収束を保証する主な技法が，**直線探索法**と**信頼領域法**である．両技法とも，目的関数を近似したモデル関数

$$m_k(\boldsymbol{d}) := f(\boldsymbol{x}^k) + \nabla f(\boldsymbol{x}^k)^\top \boldsymbol{d} + \frac{1}{2}\boldsymbol{d}^\top B_k \boldsymbol{d}$$

を用いて*1)，現在の点 $\boldsymbol{x}^k$ から次の反復点 $\boldsymbol{x}^{k+1}$ への「方向」と「長さ」を決める．

$$\text{方向:}\ \frac{\boldsymbol{x}^{k+1} - \boldsymbol{x}^k}{\|\boldsymbol{x}^{k+1} - \boldsymbol{x}^k\|}, \quad \text{長さ:}\ \|\boldsymbol{x}^{k+1} - \boldsymbol{x}^k\|$$

直線探索法では，モデル関数 m_k の制約なしの最小解 $\boldsymbol{d}^k$ を「方向」とし，次に $f(\boldsymbol{x}^k + t\boldsymbol{d}^k) < f(\boldsymbol{x}^k)$ となるように「長さ」をステップ幅 $t \in (0, 1]$ を用いて調整する．一方，信頼領域法では，まず，「長さ」Δ_k を先に決め，次にその長さよりも小さいベクトルで，モデル関数を最小にする「方向」$\boldsymbol{s}^k$ を求め，$\boldsymbol{x}^{k+1} = \boldsymbol{x}^k + \boldsymbol{s}^k$ とする．

次節では，直線探索法を説明し，その具体的な手法である最急降下法と準ニュートン法を紹介する．さらに，その次の節において，信頼領域法の説明を行う．

6.2 直線探索法

直線探索法では，まず，現在の点 $\boldsymbol{x}^k$ から目的関数を減らす方向 $\boldsymbol{d}^k$ を定め，次に，その長さを調整することによって目的関数値が減少するように次の反復点 $\boldsymbol{x}^{k+1}$ を求める．つまり，$\boldsymbol{x}^{k+1}$ は

$$\boldsymbol{x}^{k+1} := \boldsymbol{x}^k + t_k \boldsymbol{d}^k$$

で与えられる．ここで，$\boldsymbol{d}^k$ を**探索方向** (search direction)，t_k を**ステップ幅** (step size, step length) とよぶ．

探索方向 $\boldsymbol{d}^k$ を適切に選ばなければ，ステップ幅をどのように選んでも目的関数を減らすことができないことがある．そこで，次の条件をみたす探索方向を考える．

$$[\text{降下方向}] \qquad \nabla f(\boldsymbol{x}^k)^\top \boldsymbol{d}^k < 0$$

この条件をみたしてるベクトル $\boldsymbol{d}^k$ を関数 f の点 $\boldsymbol{x}^k$ における**降下方向** (descent direction) とよぶ．図 6.1 より明らかなように，$\boldsymbol{x}^k$ から降下方向に進めば目的関数値を減らすことができる．しかしながら，降下方向に進みすぎると関数値が増

*1) $B_k = \nabla^2 f(\boldsymbol{x}^k)$ とすると，m_k は f の 2 次近似関数となる．

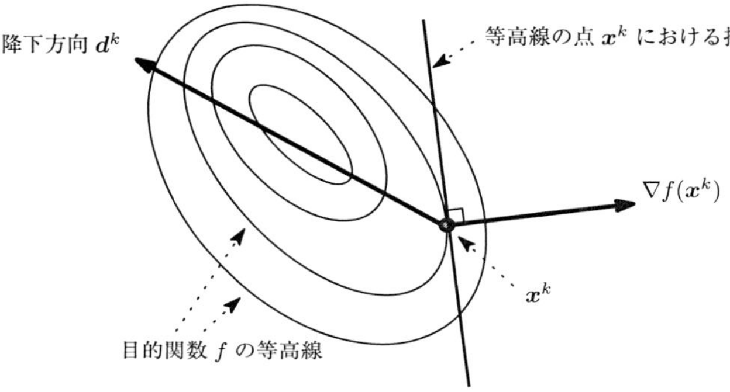

図 **6.1** 降下方向

加する場合がある（図 6.1, $\boldsymbol{d}^k$）．そのため，ステップ幅 t_k をうまく調節することによって，$f(\boldsymbol{x}^{k+1})$ を $f(\boldsymbol{x}^k)$ よりも小さくする*2)．

ステップ幅 t_k を定める最も自然な方法は次の 1 次元最小化問題の最小解を求め，それを t_k とすることである．

$$\begin{array}{r|l} \text{目的} & \theta(t) \quad \rightarrow \quad \text{最小化} \\ \text{条件} & t \geq 0 \end{array} \tag{6.2}$$

ここで $\theta(t) := f(\boldsymbol{x}^k + t\boldsymbol{d}^k)$ である．しかし，計算時間の観点からみると，各反復において，ステップ幅を定めるために，問題 (6.2) を厳密に解くことは効率的ではない．そこで，問題 (6.2) を近似的に解いて，目的関数 f をある程度減少させるステップ幅を効率よく見つけることを考える．

このとき，重要となるのが，近似解の基準である．この近似基準に，次のアルミホのルール (Armijo rule) やウルフのルール (Wolfe rule) がある．特にアルミホのルールは，近似解の基準だけではなく，その近似解をも同時に求めるものになっている．

アルミホのルール：　$\alpha, \beta \in (0, 1)$ を選び，次式をみたす最小の非負の整数 l を求め，$t_k := \beta^l$ とする．

$$f(\boldsymbol{x}^k + \beta^l \boldsymbol{d}^k) - f(\boldsymbol{x}^k) \leq \alpha \beta^l \nabla f(\boldsymbol{x}^k)^\top \boldsymbol{d}^k$$

*2)　ここで，$\boldsymbol{x}^k + t\boldsymbol{d}^k$ は，t を動かすと直線を描く．ステップ幅の調整は，この直線上にある決定変数を探索していることと同じである．そのため，この手法が直線探索法とよばれるのである．

このルールでは，$l = 0, 1, \ldots$ と順に上記の式に代入していき，はじめて上記の不等式がみたされた l を用いて，$t_k := \beta^l$ とする．

アルミホのルールは簡単ではあるが，問題 (6.2) の近似解とはほど遠いことがある．そこで，アルミホのルールに次の反復点 $\boldsymbol{x}^k + t_k \boldsymbol{d}^k$ における勾配の条件を加えた次のウルフのルールを用いることがある．

ウルフのルール： 定数 $0 < \rho_1 < \rho_2 < 1$ に対して，次の 2 つの条件をみたす $t_k > 0$ をステップ幅とする．

$$f(\boldsymbol{x}^k + t_k \boldsymbol{d}^k) - f(\boldsymbol{x}^k) \leq \rho_1 t_k \nabla f(\boldsymbol{x}^k)^\top \boldsymbol{d}^k$$
$$\nabla f(\boldsymbol{x}^k + t_k \boldsymbol{d}^k)^\top \boldsymbol{d}^k \geq \rho_2 \nabla f(\boldsymbol{x}^k)^\top \boldsymbol{d}^k$$

ウルフのルールをみたすステップ幅を求めるには，アルミホのルールよりも複雑なアルゴリズムが必要となる．詳細は付録 C に掲載している．

アルミホのルールを用いた直線探索法は以下のように記述できる．ウルフのルールを用いる場合は，アルミホのルールのところをウルフのルールに置き換えればよい．

直線探索法

ステップ 0（初期設定）： アルミホのルールのパラメータ $\alpha, \beta \in (0, 1)$ を決める．適当に初期点 $\boldsymbol{x}^0$ を決める．$k := 0$ とする．

ステップ 1（終了判定）： $\boldsymbol{x}^k$ が終了条件 $\|\nabla f(\boldsymbol{x}^k)\| \leq \varepsilon$ をみたしているとき，$\boldsymbol{x}^k$ を解として終了．

ステップ 2（探索方向の計算）： 次式をみたす降下方向 $\boldsymbol{d}^k$ を定める．

$$\nabla f(\boldsymbol{x}^k)^\top \boldsymbol{d}^k < 0$$

ステップ 3（直線探索）： アルミホのルールを用いて，ステップ幅 t_k を求める．

ステップ 4（更新）： $\boldsymbol{x}^{k+1} := \boldsymbol{x}^k + t_k \boldsymbol{d}^k$ とする．$k := k + 1$ として，ステップ 1 へ．

ステップ 0 におけるアルミホのルールのパラメータは，$\alpha = 0.0001$, $\beta = 0.5$ くらいにすることが多い．α を小さくすることによって，アルミホのルールをみたす整数 l を早い段階で見つけることができる．

アルミホのルールをみたす直線探索法によって生成される点列 $\{\boldsymbol{x}^k\}$ に対しては，次の収束に関する定理が示されている．ウルフのルールを用いた場合でも，同じような性質を示すことができる．

定理 6.1 降下方向の列 $\{\boldsymbol{d}^k\}$ に対して，次式をみたす正の定数 γ_1, p_1 が存在するとする．

$$-\nabla f(\boldsymbol{x}^k)^\top \boldsymbol{d}^k \geq \gamma_1 \|\nabla f(\boldsymbol{x}^k)\|^{p_1} \tag{6.3}$$

このとき，アルミホのルールによってステップ幅は有限回で求めることができる．さらに，次の条件をみたす正の定数 γ_2, p_2 が存在するとする．

$$\|\boldsymbol{d}^k\| \leq \gamma_2 \|\nabla f(\boldsymbol{x}^k)\|^{p_2} \tag{6.4}$$

このとき，生成された点列の任意の集積点 $\boldsymbol{x}^*$ は f の停留点である．つまり，

$$\nabla f(\boldsymbol{x}^*) = \boldsymbol{0}$$

である．

証明 まず，$\boldsymbol{x}^k$ が f の停留点でない場合，アルミホのルールをみたす β^l が有限回で求められることを示す．ここで，有限回で求められないとすると，すべての非負の整数 l に対して，

$$f(\boldsymbol{x}^k + \beta^l \boldsymbol{d}^k) - f(\boldsymbol{x}^k) > \alpha \beta^l \nabla f(\boldsymbol{x}^k)^\top \boldsymbol{d}^k$$

が成り立つことになる．このとき両辺を β^l で割り，$l \to \infty$ とすると，

$$\nabla f(\boldsymbol{x}^k)^\top \boldsymbol{d}^k \geq \alpha \nabla f(\boldsymbol{x}^k)^\top \boldsymbol{d}^k$$

となり，$0 < \alpha < 1$ であることから，

$$\nabla f(\boldsymbol{x}^k)^\top \boldsymbol{d}^k \geq 0$$

を得る．定理の仮定 (6.3) より，$\nabla f(\boldsymbol{x}^k) = \boldsymbol{0}$ となり，$\boldsymbol{x}^k$ が f の停留点でないことに矛盾する．よって，アルミホのルールをみたすステップサイズは有限回で求めることができる．

次に降下法によって生成される任意の集積点 $\boldsymbol{x}^*$ が，停留点となることを示す．$\boldsymbol{x}^*$ に収束する部分列を $\{\boldsymbol{x}^k\}_K$ とする．ここで，K は非負整数の集合の部分集合である．このとき，点列 $\{\nabla f(\boldsymbol{x}^k)\}_K$ は有界であり，$\nabla f(\boldsymbol{x}^*)$ に収束する．

一方，アルミホのルールより $\{f(\boldsymbol{x}^k)\}$ は減少列であるので，$\{f(\boldsymbol{x}^k)\}$ はある値に収束するか，$-\infty$ に発散する．$\{f(\boldsymbol{x}^k)\}_K$ が $f(\boldsymbol{x}^*)$ に収束するため，$\{f(\boldsymbol{x}^k)\}$ も $f(\boldsymbol{x}^*)$ に収束する．よって，アルミホのルールより，$\{\beta^{l_k}\nabla f(\boldsymbol{x}^k)^\top \boldsymbol{d}^k\}$ は 0 に収束する．ただし l_k は $t_k = \beta^l$ となる l である．ここで l_k が有界のときは，$\{\nabla f(\boldsymbol{x}^k)^\top \boldsymbol{d}^k\}$ が 0 に収束するため，(6.3) より $\nabla f(\boldsymbol{x}^*) = \boldsymbol{0}$ を得る．次に，$l_k \to \infty$ の場合を考える．(6.4) より，$\{\boldsymbol{d}^k\}_K$ は有界となるので，一般性を失わずに，$\{\boldsymbol{d}^k\}_K$ は $\boldsymbol{d}^*$ に収束するとする．アルミホのルールより

$$f(\boldsymbol{x}^k + \beta^{l_k-1}\boldsymbol{d}^k) - f(\boldsymbol{x}^k) > -\alpha\beta^{l_k-1}\nabla f(\boldsymbol{x}^k)^\top \boldsymbol{d}^k$$

が成り立つので，両辺を β^{l_k} で割って，$k \in K \to \infty$ とすると

$$\nabla f(\boldsymbol{x}^*)^\top \boldsymbol{d}^* > 0$$

を得る．これは，仮定 (6.3) に矛盾する． □

この定理により，仮定 (6.3) と (6.4) をみたすように降下方向を選んでやれば，問題 (6.1) の停留点（多くの場合，局所的最小解）を求められることがわかる．

以下では，そのような降下方向を与える代表的な手法として，**最急降下法** (steepest descent method)，**ニュートン法** (Newton method)，**準ニュートン法** (quasi-Newton method) を紹介する．

6.2.1 最急降下法

最急降下法は，降下方向として，

$$[\text{最急降下方向}] \quad \boldsymbol{d}^k := -\nabla f(\boldsymbol{x}^k)$$

を用いる手法である．最急降下方向 (steepest descent direction) は次のモデル関数の最小解である[*3)]．

$$m_{SD}(\boldsymbol{d}) = f(\boldsymbol{x}^k) + \nabla f(\boldsymbol{x}^k)^\top \boldsymbol{d} + \frac{1}{2}\|\boldsymbol{d}\|^2$$

最急降下方向に対しては，

$$\nabla f(\boldsymbol{x}^k)^\top \boldsymbol{d}^k = -\|\nabla f(\boldsymbol{x}^k)\|^2$$

が成り立つため，定理 6.1 の仮定 (6.3) と (6.4) をみたす．そのため，最急降下法

*3) 最適性の 1 次の必要条件を考えれば直ちに導かれる．

は大域的収束する．また，ある適当な条件のもとで，1 次収束することが知られている．しかしながら，2 次収束などの高速な収束はしない．これは，最小化する目的関数の 1 階の微分値（つまり 1 次の情報）しか用いていないためである．

6.2.2 ニュートン法

目的関数 f を点 $\boldsymbol{x}^k$ においてテイラー展開することによって，f の近似関数を構成することができる．そこで，2 次の近似関数

$$\tilde{f}(\boldsymbol{x}) = f(\boldsymbol{x}^k) + \nabla f(\boldsymbol{x}^k)^\top(\boldsymbol{x} - \boldsymbol{x}^k) + \frac{1}{2}(\boldsymbol{x} - \boldsymbol{x}^k)^\top \nabla^2 f(\boldsymbol{x}^k)(\boldsymbol{x} - \boldsymbol{x}^k)$$

を考えよう．2 次関数 $\tilde{f}$ の最小点 $\tilde{\boldsymbol{x}}$ は元の目的関数 f の最小解のよい近似になっていると考えられる．ヘッセ行列 $\nabla^2 f(\boldsymbol{x}^k)$ が正則行列のとき，2 次関数 $\tilde{f}$ の最小点 $\tilde{\boldsymbol{x}}$ は，最適性の 1 次の必要条件より，

$$\tilde{\boldsymbol{x}} - \boldsymbol{x}^k = -\nabla^2 f(\boldsymbol{x}^k)^{-1} \nabla f(\boldsymbol{x}^k)$$

をみたす．この $\boldsymbol{x}^k$ から（近似解）$\tilde{\boldsymbol{x}}$ へのベクトルを探索方向として用いる手法がニュートン法である．

$$[\text{ニュートン方向}] \qquad \boldsymbol{d}^k := -\nabla^2 f(\boldsymbol{x}^k)^{-1} \nabla f(\boldsymbol{x}^k)$$

なお，ニュートン方向は次のモデル関数の最小解である．

$$m_N(\boldsymbol{d}) = f(\boldsymbol{x}^k) + \nabla f(\boldsymbol{x}^k)^\top \boldsymbol{d} + \frac{1}{2}\boldsymbol{d}^\top \nabla^2 f(\boldsymbol{x}^k)\boldsymbol{d}$$

最急降下方向を求めるモデル関数 m_{SD} と比べると，m_N にはヘッセ行列 $\nabla^2 f(\boldsymbol{x}^k)$ の情報（2 次の情報）が加わっていることに注意しよう．

ニュートン方向は一般には降下方向にはならないが，次のようなややきつい条件が成り立てば，定理 6.1 の仮定 (6.3) と (6.4) をみたす，つまり大域的収束することがいえる．いま，$\nabla^2 f(\boldsymbol{x})^{-1}$ が一様に正定値かつ有界である，つまり，すべての $\boldsymbol{x} \in R^n$ に対して

$$c_1\|\boldsymbol{v}\|^2 \geq \boldsymbol{v}^\top \nabla^2 f(\boldsymbol{x})^{-1} \boldsymbol{v} \geq c_2\|\boldsymbol{v}\|^2, \ \forall \boldsymbol{v} \in R^n \tag{6.5}$$

となる正の定数 c_1, c_2 が存在するとしよう．このとき，すべての k に対して，

$$\begin{aligned}\nabla f(\boldsymbol{x}^k)^\top \boldsymbol{d}^k &= -\nabla f(\boldsymbol{x}^k)^\top \nabla^2 f(\boldsymbol{x}^k)^{-1} \nabla f(\boldsymbol{x}^k) \\ &\leq -c_2\|\nabla f(\boldsymbol{x}^k)\|^2\end{aligned}$$

かつ

$$\begin{aligned}\|\boldsymbol{d}^k\| &= \|\nabla^2 f(\boldsymbol{x}^k)^{-1}\nabla f(\boldsymbol{x}^k)\| \\ &\le \|\nabla^2 f(\boldsymbol{x}^k)^{-1}\|\|\nabla f(\boldsymbol{x}^k)\| \\ &\le c_1\|\nabla f(\boldsymbol{x}^k)\|\end{aligned}$$

が成り立つから，定理 6.1 の仮定をみたしていることがわかる．

また，同様の条件のもとで，ニュートン法が 2 次収束することが示せる．まず，この最小化問題の解を $\boldsymbol{x}^*$ としよう．f は 2 回連続的微分可能であるから，

$$\|\nabla^2 f(\boldsymbol{x})(\boldsymbol{x}-\boldsymbol{x}^*) - \nabla f(\boldsymbol{x}) + \nabla f(\boldsymbol{x}^*)\| = O(\|\boldsymbol{x}-\boldsymbol{x}^*\|^2), \ \ \forall \boldsymbol{x} \in N \quad (6.6)$$

が成り立つ．ここで，N は $\boldsymbol{x}^*$ の近傍である．一方，$\nabla^2 f(\boldsymbol{x})^{-1}$ の一様正定値性と連続性より，

$$\|\nabla^2 f(\boldsymbol{x})^{-1}\| \le C, \ \ \forall x \in N \quad (6.7)$$

をみたす正の定数 C が存在する．これらの性質 (6.6), (6.7) のもとで，ステップ幅を $t_k = 1$ としたニュートン法の反復 $\boldsymbol{x}^{k+1} = \boldsymbol{x}^k - \nabla^2 f(\boldsymbol{x}^k)^{-1}\nabla f(\boldsymbol{x}^k)$ は $\boldsymbol{x}^k$ が解 $\boldsymbol{x}^*$ に十分近いとき

$$\begin{aligned}\|\boldsymbol{x}^{k+1}-\boldsymbol{x}^*\| &= \|\boldsymbol{x}^k - \boldsymbol{x}^* - \nabla^2 f(\boldsymbol{x}^k)^{-1}(\nabla f(\boldsymbol{x}^k) - \nabla f(\boldsymbol{x}^*))\| \\ &\le \|\nabla^2 f(\boldsymbol{x}^k)^{-1}\|\|\nabla^2 f(\boldsymbol{x}^k)(\boldsymbol{x}^k-\boldsymbol{x}^*) - \nabla f(\boldsymbol{x}^k) + \nabla f(\boldsymbol{x}^*)\| \\ &= O(\|\boldsymbol{x}^k-\boldsymbol{x}^*\|^2)\end{aligned}$$

をみたす．よって，ニュートン法が 2 次収束することがわかる．

しかしながら，「$\nabla^2 f(\boldsymbol{x})^{-1}$ が一様に正定値かつ有界である」という仮定 (6.5) はかなり厳しい条件である．そのため，$\nabla^2 f(\boldsymbol{x}^k)$ が正則でないかニュートン方向が定理 6.1 の仮定をみたさないようなときは，直線探索法ではなく，次節で説明する信頼領域法と組み合わせる必要がある．

また，ニュートン法はニュートン方向を求めるためには線形方程式を解かなければならないため，最急降下方向と比較して，1 回の反復に時間がかかる．ヘッセ行列 $\nabla^2 f(\boldsymbol{x}^k)$ が特殊な形をしていないときは，その線形方程式を解くのに，n^3 に比例した計算時間がかかる．これは，問題の規模 n が 10 倍になれば，その計算コストが 1000 倍になることを意味している．ただし，ヘッセ行列が 3 重対角行列などの特殊な形をしているときは，線形方程式を解く計算コストを無視できることがある．

6.2.3 準ニュートン法

最急降下法には収束が遅い，ニュートン法には大域的収束が一般には保証できないという欠点があった．そのような欠点を補う手法として，局所的に高速な収束性と，大域的収束性をあわせもった準ニュートン法が考案された．

まず，正定値行列 B_k を用いて探索方向 $\boldsymbol{d}$ を次のように定義しよう．

$$\boldsymbol{d} = -B_k^{-1}\nabla f(\boldsymbol{x}^k)$$

このとき，$\nabla f(\boldsymbol{x}^k) \neq \boldsymbol{0}$ であれば

$$\boldsymbol{d}^\top \nabla f(\boldsymbol{x}^k) = -\nabla f(\boldsymbol{x}^k)^\top B_k^{-1}\nabla f(\boldsymbol{x}^k) < 0$$

となるから，$\boldsymbol{d}$ は降下方向になる[*4]．つまりこの探索方向 $\boldsymbol{d}$ を用いた直線探索法は大域的収束が期待できる．さらに，B_k が $\nabla^2 f(\boldsymbol{x}^k)$ によく近似できていたら，ニュートン法と同様の高速な収束が期待できる．そこで，∇f の $\boldsymbol{x}^k$ におけるテイラー展開から，

$$\nabla f(\boldsymbol{x}^{k+1}) - \nabla f(\boldsymbol{x}^k) \approx \nabla^2 f(\boldsymbol{x}^k)(\boldsymbol{x}^{k+1} - \boldsymbol{x}^k)$$

が成り立つので，B_{k+1} もこのような性質をもつように構成することを考える．つまり，

$$\begin{aligned}\boldsymbol{s}^k &= \boldsymbol{x}^{k+1} - \boldsymbol{x}^k\\ \boldsymbol{y}^k &= \nabla f(\boldsymbol{x}^{k+1}) - \nabla f(\boldsymbol{x}^k)\end{aligned}$$

としたとき，条件：

$$\boldsymbol{y}^k = B_{k+1}\boldsymbol{s}^k \tag{6.8}$$

が成り立つように B_{k+1} を選ぶ．条件 (6.8) をセカント条件 (secant condition) という．

セカント条件をみたす正定値行列は無数に存在する．これまでに数々のセカント条件をみたす正定値行列の生成手法が提案されている．それらのなかでも，B_k から B_{k+1} を求める次の更新規則がよく用いられている．

BFGS 更新：

$$B_{k+1} = B_k - \frac{B_k\boldsymbol{s}^k(B_k\boldsymbol{s}^k)^\top}{(\boldsymbol{s}^k)^\top B_k\boldsymbol{s}^k} + \frac{\boldsymbol{y}^k(\boldsymbol{y}^k)^\top}{(\boldsymbol{s}^k)^\top\boldsymbol{y}^k}$$

*4) B_k が正定値行列であれば，その逆行列も正定値行列である．

この更新規則は，提案者の頭文字を取って，**BFGS**(Broyden–Fletcher–Goldfarb–Shanno) 更新とよばれている．この更新規則に対して，セカント条件 (6.8) が成り立つことは容易に確かめることができる．

探索方向 $\boldsymbol{d}^k$ を求めるためには，B_k^{-1} を計算する必要がある．そこで，実用上は，$\{B_k\}$ の代わりに，その逆行列 $H_k = B_k^{-1}$ を更新することが多い．逆行列 H_{k+1} は，H_k を用いて，

$$H_{k+1} = H_k - \frac{H_k\boldsymbol{y}^k(\boldsymbol{s}^k)^\top + \boldsymbol{s}^k(H_k\boldsymbol{y}^k)^\top}{(\boldsymbol{s}^k)^\top\boldsymbol{y}^k} + \left(1 + \frac{(\boldsymbol{y}^k)^\top H_k\boldsymbol{y}^k}{(\boldsymbol{s}^k)^\top\boldsymbol{y}^k}\right)\frac{\boldsymbol{s}^k(\boldsymbol{s}^k)^\top}{(\boldsymbol{s}^k)^\top\boldsymbol{y}^k} \tag{6.9}$$

と計算できる．実際，簡単な計算から $H_{k+1}B_{k+1} = I$ となることがわかる．この H_{k+1} の更新は $O(n^2)$ でできるため，B_{k+1} を求めてから線形方程式を解くよりも高速にできる．

次に，B_{k+1} あるいは H_{k+1} が正定値行列であることをみてみよう．以下では，$(\boldsymbol{s}^k)^\top\boldsymbol{y}^k > 0$ かつ H_k は正定値行列であるとする*5)．いま，$V_k = I - \frac{\boldsymbol{s}^k(\boldsymbol{y}^k)^\top}{(\boldsymbol{y}^k)^\top\boldsymbol{s}^k}$ とすると，逆行列の更新式 (6.9) は

$$H_{k+1} = V_kH_kV_k^\top + \frac{\boldsymbol{s}^k(\boldsymbol{s}^k)^\top}{(\boldsymbol{s}^k)^\top\boldsymbol{y}^k}$$

とかける．任意の $\mathbf{0}$ でないベクトル $\boldsymbol{v} \in R^n$ に対して，$(\boldsymbol{s}^k)^\top\boldsymbol{v} = 0$ のとき，$V_k^\top\boldsymbol{v} = \boldsymbol{v}$ であるから

$$\boldsymbol{v}^\top H_{k+1}\boldsymbol{v} = \boldsymbol{v}^\top V_kH_kV_k^\top\boldsymbol{v} = \boldsymbol{v}^\top H_k\boldsymbol{v} > 0$$

が成り立つ．一方，$(\boldsymbol{s}^k)^\top\boldsymbol{v} \neq 0$ のときは，$V_kH_kV_k^\top$ が半正定値行列であることから

$$\boldsymbol{v}^\top H_{k+1}\boldsymbol{v} = \boldsymbol{v}^\top V_kH_kV_k^\top\boldsymbol{v} + \frac{((\boldsymbol{s}^k)^\top\boldsymbol{v})^2}{(\boldsymbol{s}^k)^\top\boldsymbol{y}^k} \geq \frac{((\boldsymbol{s}^k)^\top\boldsymbol{v})^2}{(\boldsymbol{s}^k)^\top\boldsymbol{y}^k} > 0$$

が成立する．よって，H_{k+1} は正定値行列であり，その逆行列である B_{k+1} も正定値行列となる．

準ニュートン法は，適当な仮定のもとで，超 1 次収束することが知られている．また，$\{B_k\}$（または $\{H_k\}$）がある正の定数 c_1 と c_2 を用いて

---

*5) ステップ幅 t_k をウルフのルールをみたすように求めれば，

$$(\nabla f(\boldsymbol{x}^{k+1}) - \nabla f(\boldsymbol{x}^k))^\top(\boldsymbol{x}^{k+1} - \boldsymbol{x}^k) \geq t_k(\rho_2 - 1)\nabla f(\boldsymbol{x}^k)^\top\boldsymbol{d}^k > 0$$

より $(\boldsymbol{s}^k)^\top\boldsymbol{y}^k > 0$ が保証できる．

$$c_1\|\boldsymbol{v}\|^2 \leq \boldsymbol{v}^\top B_k \boldsymbol{v} \leq c_2\|\boldsymbol{v}\|^2, \ \forall \boldsymbol{v} \in R^n \tag{6.10}$$

となるとき，準ニュートン法は大域的収束する．この条件は，ニュートン法が大域的収束する条件 (6.5) と同じであることに注意しよう．BFGS 更新によって生成される $\{B_k\}$ は適当な条件のもとで (6.10) をみたすことが知られている．

最後に，BFGS 更新の意味を説明しよう．BFGS 更新による B_{k+1} は，第 3 章の例題 3.2 でみたように，次の凸計画問題の解となる[*6)]．

$$\begin{array}{r|l} 目的 & \psi(B_k^{-1}B) \quad \to \quad 最小化 \\ 条件 & B\boldsymbol{s}^k = \boldsymbol{y}^k \\ & B = B^\top, \ B \succeq 0 \end{array}$$

ただし，$\psi(A) = \operatorname{trace} A - \ln\det A$ である．行列 A の固有値を $\lambda_i, i = 1, \ldots, n$ とすると，$\psi(A) = \sum_{i=1}^{n}(\lambda_i - \ln\lambda_i)$ となるから，$\psi(A)$ は A が単位行列のとき最小値をとる．$\psi(B_k^{-1}B)$ は，$B = B_k$ のとき最小となる狭義凸関数であるため，B と B_k との "距離" を表していると考えられる[*7)]．そのため，BFGS 更新による B_{k+1} は，セカント条件をみたす正定値対称行列のうち，B_k からの "距離" が最小となるものと考えることができる．

● 6.3 ● 信頼領域法 ●

本節では，大域的収束性を実現するもう 1 つの手法である**信頼領域法**を紹介する．前節で述べたように，ニュートン法は局所的な収束が速いという長所をもつ一方，ニュートン方向は必ずしも目的関数の降下方向とならないため，ニュートン方向を用いた直線探索法は一般には大域的収束しないという欠点があった．また，ヘッセ行列 $\nabla^2 f(\boldsymbol{x}^k)$ が正則でなければ，ニュートン方向すら求めることができない．

信頼領域法では，目的関数 f を $\boldsymbol{x}^k$ において 2 次のテイラー展開した関数

$$\tilde{f}(\boldsymbol{x}) = f(\boldsymbol{x}^k) + \nabla f(\boldsymbol{x}^k)^\top(\boldsymbol{x} - \boldsymbol{x}^k) + \frac{1}{2}(\boldsymbol{x} - \boldsymbol{x}^k)^\top \nabla^2 f(\boldsymbol{x}^k)(\boldsymbol{x} - \boldsymbol{x}^k)$$

を最小化して反復点を求めるという点ではニュートン法と同じである．直線探索法では，探索方向を求めてからステップ幅（長さ）を調整しているのに対して，

*6) 例題 3.2 では，制約条件 $B \succeq 0$ がなかったが，その最適解が正定値行列となるため，実質的には同じ問題である．

*7) 実際には，距離の公理はみたしていない．

信頼領域法では，2 次近似関数 $\tilde{f}$ が妥当だと思われる**信頼領域** (trust region) の大きさ（信頼半径，長さに相当）を決めてから，その領域内で探索方向を求める．具体的には，k 回目の反復における信頼半径を Δ_k としたとき，信頼領域法の探索方向 $\boldsymbol{s}^k$ は次の制約つきの部分問題の最適解として与えられる．

$$\begin{array}{c|l} \text{目的} & m_k(\boldsymbol{s}) \quad \to \quad \text{最小化} \\ \text{条件} & \|\boldsymbol{s}\| \leq \Delta_k \end{array} \tag{6.11}$$

ここで，

$$m_k(\boldsymbol{s}) := \tilde{f}(\boldsymbol{x}^k + \boldsymbol{s}) = f(\boldsymbol{x}^k) + \nabla f(\boldsymbol{x}^k)^\top \boldsymbol{s} + \frac{1}{2}\boldsymbol{s}^\top B_k \boldsymbol{s}$$

であり，$B_k = \nabla^2 f(\boldsymbol{x}^k)$ である．

直線探索法では，探索方向が降下方向となるために，行列 B_k が正定値であることを要求していた．一方，部分問題 (6.11) の実行可能集合 (信頼領域) $\{\boldsymbol{s} \mid \|\boldsymbol{s}\| \leq \delta_k\}$ は有界閉集合であり，目的関数 m_k が連続関数なので，部分問題 (6.11) は B_k に関係なく最小解をもつ．そのため信頼領域法では，常に次の反復点を求めることができる．

信頼領域法では，信頼領域の大きさ（つまり信頼半径 Δ_k）の決め方が重要となる．そこで，部分問題 (6.11) の目的関数値の減少量

$$\delta m_k = m_k(\boldsymbol{s}^k) - m_k(\boldsymbol{0}) = \nabla f(\boldsymbol{x}^k)^\top \boldsymbol{s}^k + \frac{1}{2}(\boldsymbol{s}^k)^\top B_k \boldsymbol{s}^k$$

と元の問題の目的関数値の減少量

$$\delta f_k = f(\boldsymbol{x}^k + \boldsymbol{s}^k) - f(\boldsymbol{x}^k)$$

に着目する．このとき，信頼領域で元の問題がよく近似できていれば，$\delta m_k \approx \delta f_k$ となるはずである．そこで，このようなときは，きちんと近似できていたと判定して，反復点を $\boldsymbol{x}^{k+1} := \boldsymbol{x}^k + \boldsymbol{s}^k$ と更新する．また，目的関数値が十分減少していると判断できるときは，信頼半径 Δ_k を大きくする．一方，きちんと近似できておらず，目的関数値が減少していない場合は，反復点は更新しないで信頼半径 Δ_k を小さくする．

以上の考えに基づいた信頼領域法のアルゴリズムは次のように与えられる．

信頼領域法

ステップ 0（初期化）： 初期点 $\boldsymbol{x}^0$，初期信頼半径 Δ_0，および，パラメータ $0 < c_1 < c_2 < 1, 0 < c_3 < 1 < c_4$ を選ぶ．$k = 0$ とおく．

ステップ 1（終了判定）： 終了条件をみたせば終了．

ステップ 2（探索方向と近似度の計算）： 部分問題 (6.11) を解いて探索方向 $\boldsymbol{s}^k$ を求める．モデルの近似度

$$\rho_k = \delta f_k / \delta m_k \tag{6.12}$$

を求める．

ステップ 3（点列の更新）： もし $\rho_k \geq c_1$ ならば $\boldsymbol{x}^{k+1} = \boldsymbol{x}^k + \boldsymbol{s}^k$ とし，そうでなければ $\boldsymbol{x}^{k+1} = \boldsymbol{x}^k$ とする．

ステップ 4（信頼半径の更新）： 信頼半径を以下の式に従って更新する．

$$\Delta_{k+1} := \begin{cases} c_4 \Delta_k, & \rho_k \geq c_2 \\ \Delta_k, & c_1 \leq \rho_k < c_2 \\ c_3 \Delta_k, & \text{それ以外} \end{cases}$$

$k := k + 1$ とおいてステップ 1 へ．

信頼領域法で設定するパラメータ (c_1, c_2, c_3, c_4) は，(0.25, 0.75, 0.5, 2) ととることが推奨されている．

信頼領域法の大域的収束性と収束率に関して，次の定理が示されている．

定理 6.2 f は 2 回連続的微分可能な関数であるとし，下に有界であるとする．初期点 $\boldsymbol{x}^0$ が与えられたとき，$f(\boldsymbol{x}) < f(\boldsymbol{x}^0)$ をみたすすべての $\boldsymbol{x}$ に対して $\nabla^2 f(\boldsymbol{x})$ が一様連続で $\|\nabla^2 f(\boldsymbol{x})\|$ は有界であるとする．さらに，探索方向 $\boldsymbol{s}_k$ は部分問題 (6.11) の正確な解とする．このとき，信頼領域法によって生成される点列 $\{\boldsymbol{x}^k\}$ は

$$\lim_{k \to \infty} \|\nabla f(\boldsymbol{x}^k)\| = 0$$

を満足する．さらに，点列 $\{\boldsymbol{x}^k\}$ の任意の集積点 $\boldsymbol{x}^*$ に対して $\nabla f(\boldsymbol{x}^*) = \boldsymbol{0}$ となり，かつ，$\nabla^2 f(\boldsymbol{x}^*)$ は半正定値行列になる（最適性の 2 次の必要条件をみたす）．

また，集積点 $\boldsymbol{x}^*$ において $\nabla^2 f(\boldsymbol{x}^*)$ が正定値行列であり，$\nabla^2 f(\boldsymbol{x})$ が $\boldsymbol{x}^*$ の近傍でリプシッツ連続であれば，$\{\boldsymbol{x}^k\}$ は $\boldsymbol{x}^*$ に 2 次収束する．

この定理によれば，信頼領域法によって得られる点列 $\{\boldsymbol{x}^k\}$ の集積点が最適性の2次の必要条件を満足することがわかる．このことは，降下方向を用いた直線探索法にはない，理論的によい性質である*8)．また $\nabla^2 f(\boldsymbol{x}^k)$ が正定値であるような局所的最小解の近くでは，$\rho_k \approx 1$ となるので，信頼半径は大きくなる．このとき，探索方向 $\boldsymbol{s}^k$ はニュートン方向と一致するため，ニュートン法と同様に2次収束することがわかる．

理論的にこうした優れた収束性をもっているが，実用的には，いかに効率よく部分問題を解くかが課題となる．部分問題の最適解については，その問題の特徴より，次のような性質をもつことが示されている．

定理 6.3 $\boldsymbol{s}^k$ が部分問題 (6.11) の大域的最小解であるための必要十分条件は，次の条件を満足する $\mu \geq 0$ が存在することである．

(a) $(B_k + \mu I)\boldsymbol{s}^k = -\nabla f(\boldsymbol{x}^k)$
(b) $\|\boldsymbol{s}^k\| \leq \Delta_k$
(c) $\mu(\|\boldsymbol{s}^k\| - \Delta_k) = 0$
(d) $B_k + \mu I$ は半正定値

証明 まず，(a)–(d) をみたしているとしよう．$m(\boldsymbol{s}) := m_k(\boldsymbol{s}) + \frac{\mu}{2}\boldsymbol{s}^\top \boldsymbol{s} = f(\boldsymbol{x}^k) + \frac{1}{2}\boldsymbol{s}^\top(\nabla^2 f(\boldsymbol{x}^k) + \mu I)\boldsymbol{s} + \nabla f(\boldsymbol{x}^k)^\top \boldsymbol{s}$ とする．(d) と定理 2.6 より m は凸関数であり，(a) より $\boldsymbol{s}^k$ は m の停留点となるから，m の制約なし最小化問題に対する最小解である．よって，任意の $\boldsymbol{s} \in R^n$ に対して

$$m(\boldsymbol{s}) - m(\boldsymbol{s}^k) \geq 0 \tag{6.13}$$

が成り立つ．特に問題 (6.11) の任意の実行可能解 $\boldsymbol{s}$ に対して，

$$\begin{aligned} m_k(\boldsymbol{s}) - m_k(\boldsymbol{s}^k) &= m(\boldsymbol{s}) - m(\boldsymbol{s}^k) - \frac{\mu}{2}(\boldsymbol{s}^\top \boldsymbol{s} - (\boldsymbol{s}^k)^\top \boldsymbol{s}^k) \geq \frac{\mu}{2}(\|\boldsymbol{s}^k\|^2 - \|\boldsymbol{s}\|^2) \\ &\geq \frac{\mu}{2}(\|\boldsymbol{s}^k\|^2 - \Delta_k^2) = \frac{1}{2}\mu(\|\boldsymbol{s}^k\| - \Delta_k)(\|\boldsymbol{s}^k\| + \Delta_k) = 0 \end{aligned}$$

が成立する．ここで最初の等号は $m_k(\boldsymbol{s}) = m(\boldsymbol{s}) - \frac{\mu}{2}\boldsymbol{s}^\top \boldsymbol{s}$ より従い，最初の不等式は (6.13) より従う．さらに，2番目の不等号は $\|\boldsymbol{s}\| \leq \Delta_k$ より，最後の等号は (c) より従う．(b) より $\boldsymbol{s}^k$ は問題 (6.11) の実行可能解であるから，部分問題

*8) 直線探索法では，$\nabla^2 f(\boldsymbol{x}^k)$ が半正定値行列でなくても，$\nabla f(\boldsymbol{x}^k) = \boldsymbol{0}$ となれば，終了する．

(6.11) の大域的最小解である.

次に，逆を示す．$\boldsymbol{s}^k$ を部分問題 (6.11) の大域的最小解とする．このとき明らかに (b) が成り立つ．まず，問題 (6.11) は

$$\begin{array}{c|l} \text{目的} & m_k(\boldsymbol{s}) \ \to \ \text{最小化} \\ \text{条件} & \|\boldsymbol{s}\|^2 \le \Delta_k^2 \end{array}$$

と等価であることに注意する．この問題では，Slater の制約想定が成り立つため，以下の KKT 条件をみたす $\mu \ge 0$ が存在する．

$$(B_k + \mu I)\boldsymbol{s}^k = -\nabla f(\boldsymbol{x}^k)$$

$$\mu(\|\boldsymbol{s}^k\|^2 - \Delta_k^2) = 0$$

よって，(a) と (c) が成り立つ．

最後に，(d)，つまり $B_k + \mu I$ が半正定値行列となることを示す．まず，$\|\boldsymbol{s}^k\| < \Delta_k$，つまり不等式制約が利いていない場合を考える．このとき，(c) より $\mu = 0$ となる．さらに，不等式制約が有効でないことから，$\boldsymbol{s}^k$ は $m_k(\boldsymbol{s})$ の制約なし最小化問題の局所的最小解と考えることができる．よって，最適性の 2 次の必要条件より，$\nabla^2 m_k(\boldsymbol{s}^k) = B_k$ は半正定値行列となる．以上より，$B_k + \mu I = B_k$ は半正定値行列となる．

次に $\|\boldsymbol{s}^k\| = \Delta_k$ の場合を考える．$\boldsymbol{s}$ を $\|\boldsymbol{s}\| = \Delta_k$ となる任意のベクトルとする．$\boldsymbol{s}^k$ が部分問題 (6.11) の大域的最小解であるから，(c) より，

$$m_k(\boldsymbol{s}) \ge m_k(\boldsymbol{s}^k) = m_k(\boldsymbol{s}^k) + \frac{\mu}{2}(\|\boldsymbol{s}^k\|^2 - \|\boldsymbol{s}\|^2)$$

が成り立つ．よって，

$$\begin{aligned} 0 &\le m_k(\boldsymbol{s}) - m_k(\boldsymbol{s}^k) - \frac{\mu}{2}(\|\boldsymbol{s}^k\|^2 - \|\boldsymbol{s}\|^2) \\ &= \frac{1}{2}\boldsymbol{s}^\top B_k \boldsymbol{s} + \nabla f(\boldsymbol{x}^k)^\top \boldsymbol{s} - \frac{1}{2}(\boldsymbol{s}^k)^\top B_k \boldsymbol{s}^k - \nabla f(\boldsymbol{x}^k)^\top \boldsymbol{s}^k - \frac{\mu}{2}(\|\boldsymbol{s}^k\|^2 - \|\boldsymbol{s}\|^2) \\ &= \frac{1}{2}\boldsymbol{s}^\top B_k \boldsymbol{s} - (\boldsymbol{s}^k)^\top (B_k + \mu I)\boldsymbol{s} - \frac{1}{2}(\boldsymbol{s}^k)^\top B_k \boldsymbol{s}^k + (\boldsymbol{s}^k)^\top (B_k + \mu I)\boldsymbol{s}^k \\ &\quad - \frac{\mu}{2}(\|\boldsymbol{s}^k\|^2 - \|\boldsymbol{s}\|^2) \\ &= \frac{1}{2}\boldsymbol{s}^\top B_k \boldsymbol{s} + \frac{1}{2}(\boldsymbol{s}^k)^\top B_k \boldsymbol{s}^k - (\boldsymbol{s}^k)^\top (B_k + \mu I)\boldsymbol{s} + \frac{\mu}{2}(\|\boldsymbol{s}^k\|^2 + \|\boldsymbol{s}\|^2) \\ &= \frac{1}{2}(\boldsymbol{s} - \boldsymbol{s}^k)^\top (B_k + \mu I)(\boldsymbol{s} - \boldsymbol{s}^k) \end{aligned} \tag{6.14}$$

が成り立つ．ここで，2 つ目の等式には (a) を用いた．

ここで，$B_k+\mu I$ が半正定値行列でないとして矛盾を導こう．$B_k+\mu I$ が半正定値行列でないとき，$\boldsymbol{w}^\top(B_k+\mu I)\boldsymbol{w}<0$ かつ $\|\boldsymbol{w}\|=1$ となるベクトル $\boldsymbol{w}\in R^n$ が存在する．ここで，$(-\boldsymbol{w})^\top(B_k+\mu I)(-\boldsymbol{w})=\boldsymbol{w}^\top(B_k+\mu I)\boldsymbol{w}$ であることにも注意しよう．いま，集合 W を

$$W=\left\{\hat{\boldsymbol{w}}\in R^n \;\middle|\; \hat{\boldsymbol{w}}=\frac{\boldsymbol{s}-\boldsymbol{s}^k}{\|\boldsymbol{s}-\boldsymbol{s}^k\|},\ \boldsymbol{s}\in R^n,\ \|\boldsymbol{s}\|=\Delta_k,\ \boldsymbol{s}\neq\boldsymbol{s}^k\right\}$$

とする．$\hat{\boldsymbol{w}}\in W$ であれば，$\|\boldsymbol{s}\|=\|\boldsymbol{s}^k\|=\Delta_k$ より，$\hat{\boldsymbol{w}}^\top\boldsymbol{s}^k<0$ である．よって，$W=\{\hat{\boldsymbol{w}}\mid\hat{\boldsymbol{w}}^\top\boldsymbol{s}^k<0,\ \|\hat{\boldsymbol{w}}\|=1\}$ と表せる．さらに，任意の $\varepsilon>0$ に対して，$\|\hat{\boldsymbol{w}}-\boldsymbol{w}\|<\varepsilon$ または $\|\hat{\boldsymbol{w}}-(-\boldsymbol{w})\|<\varepsilon$ をみたす $\hat{\boldsymbol{w}}\in W$ が存在する．ここで，ε が十分小さいとき，$\boldsymbol{w}^\top(B_k+\mu I)\boldsymbol{w}<0$ より，$\hat{\boldsymbol{w}}^\top(B_k+\mu I)\hat{\boldsymbol{w}}<0$ が成り立つ．さらに，$\hat{\boldsymbol{w}}=\frac{\boldsymbol{s}-\boldsymbol{s}^k}{\|\boldsymbol{s}-\boldsymbol{s}^k\|}$ となる $\boldsymbol{s}$ に対して，$0>\frac{1}{\|\boldsymbol{s}-\boldsymbol{s}^k\|^2}(\boldsymbol{s}-\boldsymbol{s}^k)^\top(B_k+\mu I)(\boldsymbol{s}-\boldsymbol{s}^k)$ が成り立つ．これは，(6.14) に矛盾する．よって，$B_k+\mu I$ は半正定値行列である．　□

線形方程式とは違い，部分問題 (6.11) の最適解を陽に書き表すことができないので，部分問題 (6.11) は何かしらの反復法を用いて解く必要がある．そのような手法として，部分問題 (6.11) を簡単な手続きで近似的に解くアプローチと，定理 6.3 に基づいた連立方程式をニュートン法によって精度よく解くアプローチがある．前者の立場に立った手法としてドッグレッグ法が，また後者の立場に立った手法として Hebden 法が知られている．さらに，ドッグレッグ法と Hebden 法の中間に位置する Steihaug 法がある．実際の実装では，なるべく部分問題の求解に時間をかけたくないので，ドッグレッグ法や Steihaug 法で近似的に解くことが多いようである．なお，ドッグレッグ法は，B_k が正定値行列である必要があるため，一般の非凸な問題には適用できない．そこで，次の 6.3.1 項において，Steihaug 法について紹介する．

ところで，定理 6.3 を観察すれば，信頼領域法の面白い解釈を得ることができる．ここで，$\boldsymbol{x}^k, B_k$ が固定されている場合を考えよう．このとき，定理 6.3 (a), (b) より，$\Delta_k\to 0$ ならば $\mu\to\infty$ とならなければならない．そのとき $\boldsymbol{s}^k=-(B_k+\mu I)^{-1}\nabla f(\boldsymbol{x}^k)\approx-\nabla f(\boldsymbol{x}^k)/\mu$ となるので，そのような小さな Δ_k に対して信頼領域法による探索方向 $\boldsymbol{s}^k$ はほとんど最急降下方向 $-\nabla f(\boldsymbol{x}^k)$ になる．一方，$\nabla^2 f(\boldsymbol{x}^k)$ が正定値であれば，Δ_k が増加するにつれて，信頼領域法の探索方向 $\boldsymbol{s}^k$ はニュートン方向 $-B_k^{-1}\nabla f(\boldsymbol{x}^k)$ に近づいていき，十分大きな Δ_k に

対してはニュートン方向と一致することがわかる．したがって，信頼領域法は，Δ_k を適当に調整することによって，最急降下法の大域的収束性とニュートン法の速い収束性をうまく取り入れているハイブリッド手法とみることができる．

6.3.1 Steihaug 法

Steihaug 法は共役勾配法に基づいている．共役勾配法は，制約なしの凸 2 次計画問題に対する解法であり，B_k が正定値行列のとき，線形方程式 $B_k\boldsymbol{s} = -\nabla f(\boldsymbol{x}^k)$ の解（ニュートン方向）に収束する点列を生成することができる．以下では，線形方程式 $B_k\boldsymbol{s} = -\nabla f(\boldsymbol{x}^k)$ に対する共役勾配法の点列を $\{\boldsymbol{z}^j\}$ としよう．

一方，部分問題 (6.11) では，(i) 制約 $\|\boldsymbol{s}_k\| \leq \Delta_k$ が存在し，(ii) B_k は必ずしも正定値行列ではない．そのため，そのまま共役勾配法を適用すると不具合が生じることがある．そこで，(i) における対応策として，j 回目の反復で $\|\boldsymbol{z}^j\| > \Delta_k$ となるような場合は，点 $\boldsymbol{z}^{j-1}$ と $\boldsymbol{z}^j$ の間の点で長さが Δ_k となるものを部分問題 (6.11) の近似解として出力する．また，(ii) の対応策は，(ii) によって共役勾配法が失敗するのは探索方向 $\boldsymbol{d}^j$ が $(\boldsymbol{d}^j)^\top B_k\boldsymbol{d}^j \leq 0$ となるときであるので，そのときは $\boldsymbol{z}^{j-1}$ から $\boldsymbol{d}^j$ 方向に進んで長さが Δ_k となる点を近似解として終了する．

このアイデアに基づく手法を以下に記述する．

Steihaug 法

ステップ **0**（初期化）： 適当な初期点 $\boldsymbol{z}^0$ を選び，$\boldsymbol{r}^0 = \nabla f(\boldsymbol{x}^k)$，$\boldsymbol{d}^0 = -\nabla f(\boldsymbol{x}^k)$ とする．$j := 0$ とおく．

ステップ **1**（終了条件 **1**）： $\boldsymbol{r}^j = \boldsymbol{0}$ ならば停止する．

ステップ **2**（共役方向の計算）： $j = 0$ ならば $\boldsymbol{d}^0 = -\boldsymbol{r}^0$．そうでなければ

$$\boldsymbol{d}^j := -\boldsymbol{r}^j + \frac{\|\boldsymbol{r}^j\|^2}{\|\boldsymbol{r}^{j-1}\|^2}\boldsymbol{d}^{j-1}$$

とする．

ステップ **3**（終了条件 **2**）： $(\boldsymbol{d}^j)^\top B_k\boldsymbol{d}^j \leq 0$ ならば，$\boldsymbol{s}^k = \boldsymbol{z}^j + t\boldsymbol{d}^j$ として終了．ただし，t は $-(\boldsymbol{d}^j)^\top\nabla f(\boldsymbol{x}^k)$ と同符号で，$\|\boldsymbol{s}^k\| = \Delta_k$ となるように定めた値である．

ステップ **4**（直線探索）： ステップ幅 $t_j = \frac{(\boldsymbol{r}^j)^\top\boldsymbol{r}^j}{(\boldsymbol{d}^j)^\top B_k\boldsymbol{d}^j}$ とし，$\boldsymbol{z}^{j+1} = \boldsymbol{z}^j + t_j\boldsymbol{d}^j$ とする．

ステップ **5**（終了条件 **3**）：　$\|\boldsymbol{z}^{j+1}\| \geq \Delta_k$ であれば，$t \geq 0$ で $\|\boldsymbol{z}^j + t\boldsymbol{d}^j\| = \Delta_k$ となる t を求め，$\boldsymbol{s}^k = \boldsymbol{z}^j + t\boldsymbol{d}^j$ とし終了．

ステップ **6**（更新）：　$\boldsymbol{r}^{j+1} = \boldsymbol{r}^j + t_j B_k \boldsymbol{d}^j$，$j = j+1$ としてステップ 1 へ．

アルゴリズムが終了するのは次の 3 つ場合のときである．

1. 共役勾配法の途中の反復点が信頼領域外に出たとき．これがステップ 5 に対応している．
2. 目的関数をいくらでも減らす方向が見つかったとき．これがステップ 3 に対応している．
3. 信頼半径内でニュートン方向が見つかったとき．これがステップ 1 に対応している．

2. の場合が起きるのは，B_k が正定値行列でないときである．$\boldsymbol{d}^\top B_k \boldsymbol{d} \leq 0$ かつ $\nabla f(\boldsymbol{x}^k)^\top \boldsymbol{d} < 0$ となるとき，モデル関数はいくらでも減らすことができる．

● 6.4 ●　大規模な問題の解法　●

問題が大規模になると，目的関数の評価，勾配やヘッセ行列の計算，部分問題の求解など，様々な計算コストによって，現在の計算機では取り扱えなくなることがある[*9)]．特に，線形方程式の求解は一般には n^3 に比例した計算時間がかかるため，ニュートン法など各反復で線形方程式（やそれと同等以上の難しい部分問題）を解かなければならない解法は大規模な問題には適していない．また，ヘッセ行列（あるいはその近似行列 B_k）をそのまま記憶させると n^2 に比例した記憶容量が必要となる．大規模な問題ではこの記憶容量がボトルネックとなって，行列を利用する手法が適用できないことがある．そこで，大規模な問題では，必然的に勾配のみを使った解法を考えることになる．前節でみたように勾配のみを使った最急降下法は収束が遅いという欠点がある．以下では，行列を陽に計算しないで，大規模な問題でも適用できる高速化の工夫をいくつか紹介する．

*9)　本書の執筆時点において，“大規模” とは決定変数の数が 1 万を超えるような場合のことをいう．ただし，計算機やアルゴリズムの進歩により，大規模の定義は移り変わっていくことに注意しよう．

6.4.1 非単調直線探索

直線探索法において計算時間を要する原因の 1 つは目的関数値の計算である．特に，性質の悪い問題では，ステップ幅の計算をするだけでも，何十回も目的関数を評価することがある．

そこで，目的関数の評価回数を減らすために，**非単調直線探索** (nonmonotone line search) とよばれる方法が提案されている．降下法では，

$$f(\boldsymbol{x}^{k+1}) < f(\boldsymbol{x}^k)$$

というように毎回単調に目的関数値が減少することを要請していた．この毎回関数値が減少するという条件を緩め，何回かに 1 回は減少するという条件に置き換えたものが，非単調直線探索である．これまでに非単調直線探索としていろいろなものが考案されているが，そのどれもが過去 m 回の目的関数値を利用した手法である．いま，過去 m 回の最悪の目的関数値

$$C_k = \max_{m(k) \le j \le k} f(\boldsymbol{x}^j)$$

を考える．ここで，$m(k) = \max\{0, k - m + 1\}$ である．最も簡単な非単調直線探索では，$\boldsymbol{x}^k + t\boldsymbol{d}^k$ の目的関数値が C_k よりも減少していれば，次の反復点を $\boldsymbol{x}^{k+1} = \boldsymbol{x}^k + t\boldsymbol{d}^k$ とする．アルミホのルールと組み合わせた非単調直線探索は以下のように与えられる．

> **非単調直線探索（アルミホのルール）：** $\alpha, \beta \in (0, 1)$ を選び，次式をみたす最小の非負の整数 l を求め，$t_k := \beta^l$ とする．
>
> $$f(\boldsymbol{x}^k + \beta^l \boldsymbol{d}^k) - C_k \le \alpha \beta^l \nabla f(\boldsymbol{x}^k)^\top \boldsymbol{d}^k$$

ここで，数列 $\{C_k\}$ は単調に減少することに注意しよう．実際，$C_k = f(\boldsymbol{x}^{m(k)})$ のとき，アルミホのルールより $f(\boldsymbol{x}^{k+1}) < C_k$ となり，$C_k \ge f(\boldsymbol{x}^j)$，$j = m(k)+1, \ldots, k$ であることから，$C_{k+1} \le C_k$ である．一方，$C_k \ne f(\boldsymbol{x}^{m(k)})$ のときは，$C_{k+1} = C_k$ となる．

よって，アルミホのルールより，$j \ge k+1$ に対して

$$f(\boldsymbol{x}^j) - C_k \le f(\boldsymbol{x}^j) - C_{j-1} \le \alpha t_{j-1} \nabla f(\boldsymbol{x}^{j-1})^\top \boldsymbol{d}^{j-1}$$

が成り立つ．さらに，$m(k+m) = k+1$ より

$$C_{k+m} = \max_{k+1 \le j \le k+m} f(\boldsymbol{x}^j) \le C_k - \min_{k+1 \le j \le k+m} \{-t_{j-1} \alpha \nabla f(\boldsymbol{x}^{j-1})^\top \boldsymbol{d}^{j-1}\}$$

が成り立つことがわかる．いま，

$$D_i = C_{m\times i}, \quad \Delta_i = \min_{m\times i+1 \le j \le m\times(i+1)} \{-t_{j-1} \alpha \nabla f(\boldsymbol{x}^{j-1})^\top \boldsymbol{d}^{j-1}\}$$

とおけば，

$$D_{i+1} \le D_i - \Delta_i$$

が成り立つ．$\Delta_i > 0$ であることから，D_i が下に有界であれば，D_i はある値 f^* に収束し，さらに Δ_i は 0 に収束する．Δ_i を達成する j を $j(i)$ とすると，$\nabla f(\boldsymbol{x}^{j(i)})^\top \boldsymbol{d}^{j(i)} \to 0$ または $t_{j(i)} \to 0$ が成り立つ．前者は，$\nabla f(\boldsymbol{x}^{j(i)}) \to \boldsymbol{0}$，つまり，$\{\boldsymbol{x}^{j(i)}\}$ に集積点 $\boldsymbol{x}^*$ が存在すれば，$\boldsymbol{x}^*$ は停留点であることを意味している．一方，$t_{j(i)} \to 0$ となるのは，$t_{j(i)}$ が（単調減少の場合の）アルミホのルールのステップ幅よりも大きくなることを考えれば，（単調減少の場合の）アルミホのルールでもステップ幅が 0 に収束することを意味している．定理 6.1 の証明より，この場合も集積点は停留点となる．よって，非単調直線探索を用いても大域的収束性は保存されることがわかる．

このような非単調直線探索は，実際の数値実験の結果より，関数評価回数が少なくなることが報告されている．

6.4.2 Barzilai と Borwein の方法

ヘッセ行列が疎である問題に対しても，BFGS 更新によって生成される行列 H_k は密な行列になる*10)．そのため，大規模な問題では，計算機の記憶容量や計算時間の関係で，BFGS 更新を用いた準ニュートン法は適用できない．その欠点を克服する準ニュートン法として，**記憶制限つき BFGS 法**や **Barzilai と Borwein の方法**（以下，BB 法）がある．

BB 法では，近似ヘッセ行列を単位行列の α 倍，つまり αI の形に限定した準ニュートン法である．この α をなるべくセカント条件 (6.8) をみたすように，次の最小化問題の最小解として与える．

$$\begin{array}{c|l} \text{目的} & \|\alpha I \boldsymbol{s}^k - \boldsymbol{y}^k\|^2 \quad \to \quad \text{最小化} \\ \text{条件} & \alpha \in R \end{array}$$

*10) 密とは非ゼロ成分が少ないことをいう．密でない，すなわち疎な行列に対しては，その疎性を活用することによって効率よく行列計算ができる．

ただし，$\boldsymbol{s}^k = \boldsymbol{x}^{k+1} - \boldsymbol{x}^k$, $\boldsymbol{y}^k = \nabla f(\boldsymbol{x}^{k+1}) - \nabla f(\boldsymbol{x}^k)$ である．この問題は凸計画問題であるから，最適性の 1 次の必要条件

$$0 = 2\|\boldsymbol{s}^k\|^2\alpha - 2(\boldsymbol{s}^k)^\top \boldsymbol{y}^k$$

より，最小解は

$$\alpha = \frac{(\boldsymbol{s}^k)^\top \boldsymbol{y}^k}{\|\boldsymbol{s}^k\|^2}$$

となる．よって，BB 法の探索方向は（$(\boldsymbol{s}^{k-1})^\top \boldsymbol{y}^{k-1} \neq 0$ のとき）

$$\boldsymbol{d}^k = -B^{-1}\nabla f(\boldsymbol{x}^k) = -\frac{\|\boldsymbol{s}^{k-1}\|^2}{(\boldsymbol{s}^{k-1})^\top \boldsymbol{y}^{k-1}}\nabla f(\boldsymbol{x}^{k-1})$$

で与えられる．$(\boldsymbol{s}^{k-1})^\top \boldsymbol{y}^{k-1} > 0$ のとき, $\boldsymbol{d}^k$ は降下方向となる．$(\boldsymbol{s}^{k-1})^\top \boldsymbol{y}^{k-1} \leq 0$ のときは降下方向とならないので，α を適当に定めた正の定数として探索方向を計算する．

BB 法で求める探索方向は最急降下方向を定数倍したものであるから，BB 法と最急降下法で生成される点列は，正確な直線探索を行う場合，一致する．一方，アルミホのルールやウルフのルールをみたすようにステップ幅を決めれば，最急降下法に比べて，少ない反復回数で解を求めることができることが知られている．特に，非単調直線探索と組み合わせると，より効率のよい手法となる．

BB 法では直前のベクトルペア $(\boldsymbol{s}^{k-1}, \boldsymbol{y}^{k-1})$ のみを用いて近似ヘッセ行列を構成していた．次に紹介する記憶制限つき BFGS 法は，m 個のベクトルペア $(\boldsymbol{s}^j, \boldsymbol{y}^j)$, $j = k-m+1, k-m+2, \ldots, k$ を用いて近似ヘッセ行列 H_{k+1} を構成する手法である．

6.4.3 記憶制限つき BFGS 法

BFGS 更新 (6.9) は

$$H_{k+1} = \left(I - \frac{\boldsymbol{s}^k(\boldsymbol{y}^k)^\top}{(\boldsymbol{s}^k)^\top \boldsymbol{y}^k}\right) H_k \left(I - \frac{\boldsymbol{y}^k(\boldsymbol{s}^k)^\top}{(\boldsymbol{s}^k)^\top \boldsymbol{y}^k}\right) + \frac{\boldsymbol{s}^k(\boldsymbol{s}^k)^\top}{(\boldsymbol{s}^k)^\top \boldsymbol{y}^k} = V_k H_k (V_k)^\top + S_k \tag{6.15}$$

と書き直すことができる．ここで，

$$V_k = I - \frac{\boldsymbol{s}^k(\boldsymbol{y}^k)^\top}{(\boldsymbol{s}^k)^\top \boldsymbol{y}^k}, \quad S_k = \frac{\boldsymbol{s}^k(\boldsymbol{s}^k)^\top}{(\boldsymbol{s}^k)^\top \boldsymbol{y}^k}$$

である．この行列 V_k, S_k はベクトルペア $(\boldsymbol{s}^k, \boldsymbol{y}^k)$ によって構成されていることに注意しよう．BFGS 更新 (6.15) を m 回繰り返し適用すると，

$$
\begin{aligned}
&H_{k+1} = V_k H_k V_k^\top + S_k \\
&= V_k V_{k-1} H_{k-1} V_{k-1}^\top V_k^\top + S_k + V_k S_{k-1} V_k^\top \\
&\vdots \\
&= V_k V_{k-1} \cdots V_{k-m+1} H_{k-m+1} V_{k-m+1}^\top \cdots V_{k-1}^\top V_k^\top + S_k + V_k S_{k-1} V_k^\top + \cdots
\end{aligned}
$$

と展開することができる．このことより，行列 H_{k-m+1} とベクトル $\boldsymbol{s}^{k-m+1}, \ldots, \boldsymbol{s}^k$ と $\boldsymbol{y}^{k-m+1}, \ldots, \boldsymbol{y}^k$ が保存できていたら，H_{k+1} を構成できることがわかる．行列 H_{k-m+1} を記憶するのに n^2 に比例した記憶容量が必要となる．そこで H_{k-m+1} を適当な対角行列 D_{k-m+1} に置き換えることを考える．こうすることによって，対角行列 D_{k-m+1} と m 個のベクトルペア $(\boldsymbol{s}^i, \boldsymbol{y}^i)$ を記憶するだけで，H_{k+1} を構成できる．その際に必要となる記憶容量は $O(nm)$ であり，m が小さいときには行列を保存するのに必要な $O(n^2)$ よりも著しく少なくなることがわかる．このようなアイデアに基づいて，行列 H_{k+1} を構成する手法が記憶制限つき **BFGS 法** (limited memory BFGS method, L-BFGS method) である．

第 k 反復の探索方向 $\boldsymbol{d}^k$ は，行列 H_k を用いて，$\boldsymbol{d}^k = -H_k \nabla f(\boldsymbol{x}^k)$ と計算される．ここで，行列 H_k とベクトル $\nabla f(\boldsymbol{x}^k)$ の掛け算は，V_k と S_k の構造を利用すれば，以下のように $O(nm)$ 時間で計算できる．

L-BFGS 更新（第 k 反復．ただし簡単のため $k \geq m$ とする）

ステップ **0**： $\boldsymbol{d} = -\nabla f(\boldsymbol{x}^k)$，$\boldsymbol{s}^i = \boldsymbol{x}^{i+1} - \boldsymbol{x}^i$, $\boldsymbol{y}^i = \nabla f(\boldsymbol{x}^{i+1}) - \nabla f(\boldsymbol{x}^i)$, $\rho_i = 1/(\boldsymbol{s}^i)^\top \boldsymbol{y}^i$, $i = k-m, \ldots, k-1$ とする．適当な対角行列 D_{k-m} を選ぶ．

ステップ **1**：

for $l = m-1, \ldots, 0$
  $i = l + k - m$
  $\sigma_l = \rho_i (\boldsymbol{s}^i)^\top \boldsymbol{d}$
  $\boldsymbol{d} := \boldsymbol{d} - \sigma_l \boldsymbol{y}^l$
end

ステップ **2**： $\boldsymbol{d} = D_{k-m} \boldsymbol{d}$

ステップ **3**：

$$\begin{aligned}
\text{for}\quad & l = 0, \ldots, m-1 \\
& i = l + k - m \\
& \sigma = \rho_i (\boldsymbol{y}^i)^\top \boldsymbol{d} \\
& \boldsymbol{d} := \boldsymbol{d} + (\sigma_l - \sigma)\boldsymbol{s}^l \\
\text{end} &
\end{aligned}$$

ステップ **4**：　$\boldsymbol{d}^k = \boldsymbol{d}$ として終了．

なお，$k < m$ のときは，上記のアルゴリズムを $m = k$ と考えて実行すればよい．

L-BFGS 法は，$\nabla f(\boldsymbol{x}^k)$ が与えられたとき，$O(mn)$ の記憶容量と計算時間で探索方向を計算できる．しかしながら，m が小さいときはヘッセ行列の情報も少なくなるので，理論的には 1 次収束しか保証されていない．

収束を高速化させるためには初期対角行列 D_{k-m} の選び方が重要となる．よく用いられる行列として，BB 法のアイデアに基づく，

$$D_{k-m} = \frac{\|\boldsymbol{s}^{k-1}\|^2}{(\boldsymbol{s}^{k-1})^\top \boldsymbol{y}^{k-1}} I$$

がある．この行列を用いた L-BFGS 法は，$m = 0$ としたとき，BB 法となる．なお，記憶数 m は 3 から 7 の間で設定するのがよいとされている．

L-BFGS 法は，高精度な最適解が必要な場合には適していないが，ある程度の精度でよいような問題に対しては効率的な手法である．

6.4.4　共役勾配法

第 5 章で紹介した凸 2 次計画問題の解法である共役勾配法のアルゴリズムは一般の目的関数 f の最小化問題にもほとんどそのままの形で適用できる．しかし，ステップ 2 の直線探索において，f が 2 次関数でなければステップ幅 t_k を明示的に表せないので，1 次元の最小化問題を解いて t_k を求める必要がある．また，各反復で目的関数値は必ずしも減少しないので，このままでは大域的に収束することは保証できない．したがって，中小規模の問題に対しては，計算効率や頑健性の観点からみれば，共役勾配法は準ニュートン法などに比べて必ずしも優れているわけではない．一方，大規模な問題に対しては，共役勾配法にもよい点がある．共役勾配法では探索方向の計算において目的関数の勾配を用いるだけであり，準

ニュートン法のようにヘッセ行列の近似行列を反復ごとに更新し，それを記憶する必要がない．また，最近では大域的収束するための工夫がいくつか提案されており，数値実験の結果ではL-BFGS法に匹敵することが報告されている．

参考文献

本章で紹介した手法は，[11]に詳しく解説されている．特にその実装に関連した様々なテクニックが紹介されている．

7 非線形方程式と最小二乗問題に対する解法

本章では，非線形方程式と最小化問題には密接な関係があることをみる．さらに非線形方程式と最小二乗問題の解法をいくつか紹介する．

● 7.1 ● 非線形方程式と非線形計画問題 ●

ベクトル値関数 $F : R^n \to R^m$ が与えられたとき，

$$F(\boldsymbol{x}) = \boldsymbol{0} \tag{7.1}$$

をみたす点 $\boldsymbol{x} \in R^n$ を見つける問題を**非線形方程式** (system of nonlinear equations) という．以下では簡単のため，$m = n$ の場合を考える．

非線形方程式は，解が存在するときには，次の制約なし最小化問題と等価になる．

$$\begin{array}{r|lcl} \text{目的} & \theta(\boldsymbol{x}) & \to & \text{最小化} \\ \text{条件} & \boldsymbol{x} \in R^n & & \end{array} \tag{7.2}$$

ただし，

$$\theta(\boldsymbol{x}) = \frac{1}{2}\|F(\boldsymbol{x})\|^2$$

である．この問題は**最小二乗問題** (least square problem) とよばれる．非線形方程式 (7.1) と最小二乗問題の等価性は，すべての $\boldsymbol{x} \in R^n$ に対して最小二乗問題の目的関数は非負，つまり $\theta(\boldsymbol{x}) \geq 0$ であり，非線形方程式 $F(\boldsymbol{x}) = \boldsymbol{0}$ の解 $\boldsymbol{x}^*$ では最小値 $\theta(\boldsymbol{x}^*) = 0$ をとることよりわかる．

一方，制約つき最小化問題：

$$\begin{array}{r|lcl} \text{目的} & f(\boldsymbol{x}) & \to & \text{最小化} \\ \text{条件} & \boldsymbol{h}(\boldsymbol{x}) = \boldsymbol{0} & & \\ & \boldsymbol{g}(\boldsymbol{x}) \leq \boldsymbol{0} & & \end{array}$$

の最適性の必要条件（KKT 条件）をみたす点 $(\boldsymbol{x}, \boldsymbol{\lambda}, \boldsymbol{\mu})$ を求める問題は，以下のように，非線形方程式に変換できる．ここで，$\boldsymbol{h} : R^n \to R^m$，$\boldsymbol{g} : R^n \to R^r$ である．

まず，制約つき最小化問題の KKT 条件は，ラグランジュ関数 L を用いて，

$$\begin{aligned}
&\nabla_x L(\boldsymbol{x}, \lambda, \mu) = \boldsymbol{0} \\
&h_i(\boldsymbol{x}) = 0,\ i = 1, \ldots, m \\
&g_j(\boldsymbol{x}) \leq 0,\ \mu_j \geq 0,\ g_j(\boldsymbol{x})\mu_j = 0,\ j = 1, \ldots, r
\end{aligned}$$

と表せることを思い出そう．この条件は次の非線形方程式と等価である．

$$F(\boldsymbol{x}, \boldsymbol{\lambda}, \boldsymbol{\mu}) := \begin{pmatrix} \nabla_x L(\boldsymbol{x}, \boldsymbol{\lambda}, \boldsymbol{\mu}) \\ \boldsymbol{h}(\boldsymbol{x}) \\ \phi(g_1(\boldsymbol{x}), \mu_1) \\ \vdots \\ \phi(g_r(\boldsymbol{x}), \mu_r) \end{pmatrix} = \boldsymbol{0} \tag{7.3}$$

ここで，$\phi : R^2 \to R$ は次の条件をみたす関数である．

$$\phi(a, b) = 0 \ \Leftrightarrow \ a \leq 0,\ b \geq 0,\ ab = 0$$

このような条件をみたす関数には，

$$\phi_{\mathrm{FB}}(a, b) = \sqrt{a^2 + b^2} + a - b$$

や

$$\phi_{\min}(a, b) = \min\{-a, b\}$$

がある．関数 ϕ_{FB} を Fischer–Burmeister 関数とよぶ．

方程式 (7.3) は最適性の必要条件（KKT 条件）と等価になることがわかる[*1)]．このことより，凸計画問題の大域的最小解は等価な非線形方程式 (7.3) を解くことによって求められる．また，F を

$$F(\boldsymbol{x}, \boldsymbol{\lambda}, \boldsymbol{\mu}) := \begin{pmatrix} \nabla_x L(\boldsymbol{x}, \boldsymbol{\lambda}, \boldsymbol{\mu}) \\ \boldsymbol{h}(\boldsymbol{x}) \\ g_1(\boldsymbol{x})\mu_1 \\ \vdots \\ g_r(\boldsymbol{x})\mu_r \end{pmatrix} \tag{7.4}$$

---

*1) Fischer–Burmeister 関数 ϕ_{FB} は $(0, 0)$ で微分不可能な関数のため，F も微分不可能である．しかし，たいていの場合は微分可能であると想定してよい．

と定義すれば，$\boldsymbol{g}(\boldsymbol{x}) \leq \boldsymbol{0}$, $\boldsymbol{\mu} \geq \boldsymbol{0}$ という不等式制約つきの非線形方程式

$$F(\boldsymbol{x}, \boldsymbol{\lambda}, \boldsymbol{\mu}) = \boldsymbol{0}$$

は KKT 条件と等価である．第 9 章で紹介する内点法はこの制約つきの非線形方程式を近似的に解くことによって最適解を求める手法である．

このように非線形計画問題と非線形方程式は密接な関係があり，非線形方程式（あるいは最小二乗問題）の解法を理解することは，非線形計画問題の解法を設計する上でも重要である．

● 7.2 ●　非線形方程式に対するニュートン法　●

非線形方程式の解法として，ニュートン法は古典的ではあるが，いまなお有効な手法である．反復点 $\boldsymbol{x}^k$ が与えられたとき，$\boldsymbol{x}^k$ において関数 F を 1 次近似した次の 1 次関数 $F^k : R^n \to R^n$ を考えよう．

$$F^k(\boldsymbol{x}) := F(\boldsymbol{x}^k) + \nabla F(\boldsymbol{x}^k)^\top (\boldsymbol{x} - \boldsymbol{x}^k)$$

線形方程式 $F^k(\boldsymbol{x}) = \boldsymbol{0}$ の解 $\hat{\boldsymbol{x}}$ は非線形方程式 $F(\boldsymbol{x}) = \boldsymbol{0}$ の近似解とみなすことができる．そこで，$\boldsymbol{x}^{k+1} = \hat{\boldsymbol{x}}$ として点列を生成する反復法が非線形方程式に対するニュートン法である．$\nabla F(\boldsymbol{x}^k)$ が正則であるとき，$F^k(\boldsymbol{x}) = \boldsymbol{0}$ の解 $\boldsymbol{x}^{k+1}$ は

$$\boldsymbol{x}^{k+1} = \boldsymbol{x}^k + \boldsymbol{d}_N^k \tag{7.5}$$

で与えられる．ただし，

$$\boldsymbol{d}_N^k = -(\nabla F(\boldsymbol{x}^k)^\top)^{-1} F(\boldsymbol{x}^k)$$

である．

図 7.1 は 1 次元の非線形方程式に対するニュートン法の反復の様子を表している．

ニュートン法の長所の 1 つに，収束の速さがあげられる．ここで，$\nabla F(\boldsymbol{x}^k)$ は正則であり，すべての k に対して次の不等式をみたす正の定数 C が存在するとしよう．

$$\|\nabla F(\boldsymbol{x}^k)^{-1}\| \leq C \tag{7.6}$$

さらに，F が 2 回微分可能であれば，微分の定義より，

$$\|F(\boldsymbol{x}) - F(\boldsymbol{y}) - \nabla F(\boldsymbol{x})^\top (\boldsymbol{x} - \boldsymbol{y})\| = O(\|\boldsymbol{x} - \boldsymbol{y}\|^2) \tag{7.7}$$

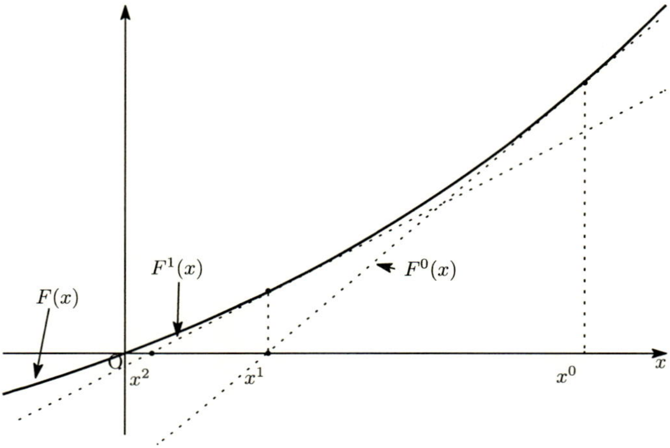

図 **7.1**　非線形方程式に対するニュートン法

が成り立つ．よって，$\boldsymbol{x}^*$ をこの非線形方程式の解とすると，式 (7.6) と (7.7) より，

$$\begin{aligned}\|\boldsymbol{x}^{k+1}-\boldsymbol{x}^*\| &= \|\boldsymbol{x}^k-(\nabla F(\boldsymbol{x}^k)^\top)^{-1}F(\boldsymbol{x}^k)-\boldsymbol{x}^*\| \\ &= \|(\nabla F(\boldsymbol{x}^k)^\top)^{-1}(\nabla F(\boldsymbol{x}^k)^\top(\boldsymbol{x}^k-\boldsymbol{x}^*)-(F(\boldsymbol{x}^k)-F(\boldsymbol{x}^*)))\| \\ &\le \|(\nabla F(\boldsymbol{x}^k)^\top)^{-1}\|\|\nabla F(\boldsymbol{x}^k)^\top(\boldsymbol{x}^k-\boldsymbol{x}^*)-(F(\boldsymbol{x}^k)-F(\boldsymbol{x}^*))\| \\ &= O(\|\boldsymbol{x}^k-\boldsymbol{x}^*\|^2)\end{aligned}$$

を得る．これは，ニュートン法で生成された点列 $\{\boldsymbol{x}^k\}$ が $\boldsymbol{x}^*$ に 2 次収束することを示している．

このようにニュートン法は局所的に速い収束をするが，大域的収束性は保証されていない（式 (7.6) と (7.7) は局所的な性質である）．そこで，ステップ幅を導入することによって，大域的収束を保証することを考えよう．まず，非線形方程式は，解が存在するとき，最小二乗問題 (7.2) と等価であったことを思い出そう．$\nabla\theta(\boldsymbol{x}^k)=\nabla F(\boldsymbol{x}^k)F(\boldsymbol{x}^k)$ であることから，行列 $\nabla F(\boldsymbol{x}^k)$ が正則であるとき，ニュートン方向 $\boldsymbol{d}_N^k$ に対して

$$\nabla\theta(\boldsymbol{x}^k)^\top\boldsymbol{d}_N^k=-\|F(\boldsymbol{x}^k)\|^2$$

が成り立つ．つまり，$\boldsymbol{d}_N^k$ は関数 θ の降下方向となる．そのため，アルミホのルールによってステップ幅を計算すれば，θ の停留点に収束する点列を生成できる．つまり，最小二乗問題 (7.2) に対する直線探索法を構築することができる．さらに，停留点 $\bar{\boldsymbol{x}}$ において $\nabla F(\bar{\boldsymbol{x}})$ が正則であれば，$\mathbf{0}=\nabla\theta(\bar{\boldsymbol{x}})=\nabla F(\bar{\boldsymbol{x}})F(\bar{\boldsymbol{x}})$ である

ことから，$\bar{\boldsymbol{x}}$ は非線形方程式の解となる．

以上のことをより厳密に議論すれば，次の収束に関する結果が示せる．

定理 7.1 すべての $\boldsymbol{x}$ に対して $\nabla F(\boldsymbol{x})$ が正則であれば，アルミホのルールを用いたニュートン法によって生成される点列 $\{\boldsymbol{x}^k\}$ の集積点は，最小二乗問題 (7.2) の停留点になる．さらに，$\nabla F(\boldsymbol{x})$ が一様に正則であれば，点列 $\{\boldsymbol{x}^k\}$ は非線形方程式 (7.1) の解に 2 次収束する．

なお，第 6 章で紹介した制約なし最小化問題に対するニュートン法は，最適性の 1 次の必要条件：

$$\nabla f(\boldsymbol{x}) = \mathbf{0}$$

に対してニュートン法 (7.5) を行ったことと同じである．

ニュートン法による点列の生成には F のヤコビ行列 $\nabla F(\boldsymbol{x}^k)^\top$ の正則性が必須である．正則でないときの対処方法として，次に紹介するガウス–ニュートン法や修正ガウス–ニュートン法（Levenberg–Marquardt 法）がある．

7.3 修正ガウス–ニュートン法

ニュートン法の欠点を克服する手法として，ガウス–ニュートン法と，その修正版である修正ガウス–ニュートン法がある．

ニュートン法は，ヤコビ行列 $\nabla F(\boldsymbol{x}^k)^\top$ が正則でなければ，線形方程式 $F^k(\boldsymbol{x}) = \mathbf{0}$ の解 $\boldsymbol{x}^{k+1}$ を見つけることができず，次の反復点を生成できない．そこで，この線形方程式を解く代わりに，線形方程式 $F^k(\boldsymbol{x}) = \mathbf{0}$ に対する最小二乗問題を解くことを考える．

$$\begin{array}{l|ll} \text{目的} & \frac{1}{2}\|F^k(\boldsymbol{x})\|^2 \quad \to & \text{最小化} \\ \text{条件} & \boldsymbol{x} \in R^n & \end{array} \tag{7.8}$$

このとき，この最小化問題は制約なしの凸 2 次計画問題となる．凸計画問題の解は最適性の必要条件をみたす点であったので，

$$\mathbf{0} = \nabla\left(\frac{1}{2}\|F^k(\boldsymbol{x})\|^2\right) = \nabla F(\boldsymbol{x}^k)\nabla F(\boldsymbol{x}^k)^\top(\boldsymbol{x}-\boldsymbol{x}^k)+\nabla F(\boldsymbol{x}^k)F(\boldsymbol{x}^k) \tag{7.9}$$

の解が，問題 (7.8) の解となる．ここで，$\nabla F(\boldsymbol{x}^k)$ が正則であれば，方程式 (7.9) と元の方程式 $F^k(\boldsymbol{x}) = \mathbf{0}$ が等価であることに注意しよう．問題 (7.8) の解を $\boldsymbol{x}^{k+1}$

として点列を生成する手法をガウス–ニュートン法 (Gauss–Newton method) とよぶ．ニュートン法の場合と同様に，解の近傍において $\nabla F(\boldsymbol{x})$ が正則であり，F が 2 回微分可能であれば，ガウス–ニュートン法で生成される点列も 2 次収束する．一方，$\nabla F(\boldsymbol{x}^k)$ が正則でなければ，線形方程式 (7.9) の解は唯一ではない．

ここで，線形方程式 (7.9) において $\boldsymbol{x}-\boldsymbol{x}^k$ を $\boldsymbol{d}$ とすると，

$$\nabla F(\boldsymbol{x}^k)\nabla F(\boldsymbol{x}^k)^\top \boldsymbol{d} = -\nabla F(\boldsymbol{x}^k)F(\boldsymbol{x}^k)$$

を得る．係数行列 $\nabla F(\boldsymbol{x}^k)\nabla F(\boldsymbol{x}^k)^\top$ は半正定値行列だから，行列 $M_k := \nabla F(\boldsymbol{x}^k)\nabla F(\boldsymbol{x}^k)^\top + w_k I$，$w_k > 0$ は正定値行列となる．実際，$\boldsymbol{y} \neq \boldsymbol{0}$ である任意のベクトル $\boldsymbol{y} \in R^n$ に対して，

$$\begin{aligned}\boldsymbol{y}^\top M_k \boldsymbol{y} &= \boldsymbol{y}^\top(\nabla F(\boldsymbol{x}^k)\nabla F(\boldsymbol{x}^k)^\top + w_k I)\boldsymbol{y} \\ &= \boldsymbol{y}^\top \nabla F(\boldsymbol{x}^k)\nabla F(\boldsymbol{x}^k)^\top \boldsymbol{y} + w_k\|\boldsymbol{y}\|^2 > 0\end{aligned}$$

となるので，M_k は正定値行列である．よって，M_k を係数行列とした次の線形方程式は唯一解 $\boldsymbol{d}^k$ をもつ．

$$(\nabla F(\boldsymbol{x}^k)\nabla F(\boldsymbol{x}^k)^\top + w_k I)\boldsymbol{d} = -\nabla F(\boldsymbol{x}^k)F(\boldsymbol{x}^k)$$

この $\boldsymbol{d}^k$ を探索方向として，点列を生成する手法が修正ガウス–ニュートン法 (modified Gauss–Newton method) である．修正ガウス–ニュートン法は **Levenberg–Marquardt** 法とよばれることもある．

修正ガウス–ニュートン法は，$k \to \infty$ のときに $w_k \to 0$ となるように w_k を更新していけば，k が十分大きいときにはガウス–ニュートン法とほとんど同じ振舞いをする．そのため，$w_k \to 0$ となる修正ガウス–ニュートン法はガウス–ニュートン法と同様の高速な収束が期待できる．また，探索方向 $\boldsymbol{d}^k$ は，

$$\begin{aligned}(\boldsymbol{d}^k)^\top \nabla\theta(\boldsymbol{x}^k) &= (\boldsymbol{d}^k)^\top(\nabla F(\boldsymbol{x}^k)F(\boldsymbol{x}^k)) \\ &= -(\boldsymbol{d}^k)^\top(\nabla F(\boldsymbol{x}^k)\nabla F(\boldsymbol{x}^k)^\top + w_k I)\boldsymbol{d}^k \leq -w_k\|\boldsymbol{d}^k\|^2\end{aligned}$$

となるため，ヤコビ行列 $\nabla F(\boldsymbol{x}^k)$ が正則でなくても θ の降下方向となる．よって，θ に対するアルミホのルールによってステップ幅 t_k を計算し，

$$\boldsymbol{x}^{k+1} = \boldsymbol{x}^k + t_k \boldsymbol{d}^k$$

とすれば，修正ガウス–ニュートン法で生成された点列 $\{\boldsymbol{x}^k\}$ は θ の停留点に収束する．

修正ガウス–ニュートン法は次のように記述できる．

修正ガウス–ニュートン法

ステップ **0**（初期化）： 適当にパラメータ $p > 2$, $\beta \in (0, \frac{1}{2})$ と w_0，初期点 $\boldsymbol{x}^0 \in R^n$ を選ぶ．$k := 0$ とする．

ステップ **1**（終了のチェック）： もし終了条件をみたしていれば終了．

ステップ **2**（探索方向の計算）： 次の方程式をみたす探索方向 $\boldsymbol{d}^k$ を求める．

$$(\nabla F(\boldsymbol{x}^k)\nabla F(\boldsymbol{x}^k)^\top + w_k I)\boldsymbol{d} = -\nabla F(\boldsymbol{x}^k)F(\boldsymbol{x}^k) \tag{7.10}$$

ステップ **3**（直線探索）： 次の不等式をみたす最小の非負の整数 l を求める．

$$\theta(\boldsymbol{x}^k + 2^{-l}\boldsymbol{d}^k) \le \theta(\boldsymbol{x}^k) + \beta 2^{-l}\nabla\theta(\boldsymbol{x}^k)^\top \boldsymbol{d}^k$$

$\boldsymbol{x}^{k+1} := \boldsymbol{x}^k + 2^{-l}\boldsymbol{d}^k$ とする．

ステップ **4**（w_k の更新）： w_k を更新する．$k := k+1$ としてステップ 1 へ．

修正ガウス–ニュートン法の収束に対して，次の定理が成り立つ．

定理 7.2 修正ガウス–ニュートン法で生成される点列の集積点は θ の停留点である．さらに，集積点の 1 つ $\boldsymbol{x}^*$ において，$\nabla F(\boldsymbol{x}^*)$ が正則であり，F は $\boldsymbol{x}^*$ の近傍で 2 回微分可能であるとする．このとき，$\boldsymbol{x}^*$ は非線形方程式の解であり，$w_k = O(\|F(\boldsymbol{x}^k)\|)$ であれば，生成される点列は $\boldsymbol{x}^*$ に 2 次収束する．

この定理における 2 次収束性は，ニュートン法の収束の解析をそのまま用いることによって，証明することができる．この定理では，2 次収束のための十分条件として，ニュートン法と同様に，$\nabla F(\boldsymbol{x}^*)$ の正則性を必要としている．一方，修正ガウス–ニュートン法は，次のようなより弱い条件でも 2 次収束することが知られている（この証明は付録 D を参照してもらいたい）．

[局所的エラーバウンド条件] 次の条件をみたす τ_1 と τ_2 が存在する．$\|F(\boldsymbol{x})\| \le \tau_1$ となるような $\boldsymbol{x}$ に対して，

$$\mathrm{dist}(\boldsymbol{x}, X^*) \le \tau_2\|F(\boldsymbol{x})\|$$

が成り立つ．ただし，X^* は非線形方程式の解の集合であり，$\mathrm{dist}(\boldsymbol{x}, X^*)$ は $\boldsymbol{x}$ と集合 X^* との最短の距離を表す．

局所的エラーバウンド (local error bound) 条件は，$\|F(\boldsymbol{x})\|$ が十分小さいとき，$\|F(\boldsymbol{x})\|$ によって点 $\boldsymbol{x}$ と解との距離が見積もれることを意味している．$\nabla F(\boldsymbol{x}^*)$ が正則であれば，この条件は成立する．また，F が 1 次関数であれば，線形方程式 $F(\boldsymbol{x}) = \boldsymbol{0}$ の解が唯一でなくても局所的エラーバウンド条件は成り立つことが知られている．つまり局所的エラーバウンド条件はヤコビ行列 $\nabla F(\boldsymbol{x}^*)^\top$ の正則性よりも弱い条件となっている．

このように，修正ガウス–ニュートン法は，大域的収束においても，高速な収束性においても，優れた特性をもっている．

ニュートン法，ガウス–ニュートン法，修正ガウス–ニュートン法は，ニュートン型の手法とよばれる．ニュートン型の手法は，生成された点列が解に十分近づけば，そこから解に非常に速い収束をするが，解に近づくためにかなりの反復回数を要することがある．そのため，より早い段階で解の周辺に近づけるための工夫が必要となる．そのような工夫として，次節に紹介するホモトピー法がある．

● 7.4 ● ホモトピー法 ●

次の性質をもつ関数 $G : R^{n+1} \to R$ を考える．

1. $G(\boldsymbol{x}, 0) = F(\boldsymbol{x})$
2. ある $\bar{c} \in R$ に対して，$G(\boldsymbol{x}, \bar{c}) = \boldsymbol{0}$ の解は簡単に求まる．
3. G は微分可能
4. $\nabla_x G(\boldsymbol{x}, c)$ は正則

例えば，

$$G(\boldsymbol{x}, c) = c\boldsymbol{x} + (1 - c)F(\boldsymbol{x})$$

とすると，1. が成り立つことがすぐにわかる．さらに，$\bar{c} = 1$ のとき，$G(\boldsymbol{x}, \bar{c}) = \boldsymbol{0}$ の解は $\boldsymbol{0}$ であるので，F の性質にかかわらず 2. が成り立つ．

性質 3., 4. が成り立つとき，陰関数定理より，任意の $c \in R$ に対して

$$G(\boldsymbol{x}, c) = \boldsymbol{0}$$

をみたす $\boldsymbol{x}$ が唯一に求まる．そのため，その点を c に対する関数として $\boldsymbol{x}(c)$ と表すことができる．以下では $\bar{c} \geq 0$ とする．このとき，集合 $\{\boldsymbol{x}(c) \mid c \in [0, \bar{c}]\}$ はなめらかな曲線となり，曲線の端点 $\boldsymbol{x}(0)$ は非線形方程式 $F(\boldsymbol{x}) = \boldsymbol{0}$ の解となる．この曲線をホモトピーパス (homotopy path) とよぶ．ホモトピー法 (homotopy method) はホモトピーパスを逐次的に追跡する手法である．

具体的には，ホモトピー法は以下のように与えられる．

> ホモトピー法
>
> ステップ **0**（初期化）： $c_0 = \bar{c}$, 初期点 $\boldsymbol{x}^0 \in R^n$ を選ぶ．$k := 0$ とする．
>
> ステップ **1**（終了のチェック）： もし終了条件をみたしていれば終了．
>
> ステップ **2**（反復点の計算）： 次の方程式の近似解 $\boldsymbol{x}^{k+1}$ を求める．
>
> $$G(\boldsymbol{x}, c_k) = \boldsymbol{0}$$
>
> ステップ **3**（c_k の更新）： $0 \le c_{k+1} < c_k$ となる c_{k+1} を求める．$k := k+1$ としてステップ 1 へ．

パラメータ c_{k-1} と c_k が近ければ，$G(\cdot, c_k) = \boldsymbol{0}$ の近似解 $\boldsymbol{x}^{k+1}$ は $\boldsymbol{x}^k$ のそばに存在することが期待できるので，$\boldsymbol{x}^k$ を初期点として（局所的に高速な）ニュートン型の手法を適用すれば，$\boldsymbol{x}^{k+1}$ を効率よく求めることができる．一方，最終的に求めたいのは $G(\cdot, 0) = 0$ の解であるので，c_{k+1} と c_k が近すぎると $\{c_k\}$ が 0 に収束するのが遅くなる．そのため，各反復で近似解 $\boldsymbol{x}^{k+1}$ が速く求まっても，全体の計算時間がかかってしまうことがある．このように，ホモトピー法では c_k の更新方法が重要となる．同様に，ステップ 2 における $\boldsymbol{x}^{k+1}$ の近似解の基準も計算時間に影響を与える．さらに重要なことは，いかに性質のよい G を見つけるかである．第 9 章で紹介する内点法は (7.4) で定義された非線形方程式に対して (i) よい c_k の更新規則と (ii) 近似解の基準を明確に与え，(iii) 性質のよい G を用いたホモトピー法とみなすことができる．

● 7.5 ● 一般化ニュートン法 ●

本節では，微分不可能な関数 $H : R^n \to R^n$ が与えられたとき，非線形方程式

$$H(\boldsymbol{x}) = \boldsymbol{0}$$

を解く一般化ニュートン法 (generalized Newton method) を紹介する．以下では，関数 H は微分可能ではないが，局所的リプシッツ連続で方向微分可能な関数であるとする．ここで，局所的リプシッツ連続とは，任意の $\boldsymbol{x} \in R^n$ に対して，次の条件をみたす定数 ε と L が存在することをいう*2)．$\|\boldsymbol{x} - \boldsymbol{y}\| \le \varepsilon$ であるよ

*2) ここで，ε および L は $\boldsymbol{x}$ に依存する定数である．そのため "局所的" とよばれる．

うな $\boldsymbol{y} \in R^n$ に対して次の不等式が成り立つ．

$$\|H(\boldsymbol{x}) - H(\boldsymbol{y})\| \leq L\|\boldsymbol{x} - \boldsymbol{y}\|$$

連続的微分可能な関数は局所的リプシッツ連続な関数である．また，微分不可能な関数であっても，多くの場合，局所的リプシッツ連続である．例えば，2 変数関数 $\min\{-a, b\}$ や $\sqrt{a^2+b^2}+a-b$ は $-a=b$ あるいは $a=b=0$ のとき微分不可能であるが，局所的リプシッツ連続である．

7.1 節でみたように，最適性の必要条件（KKT 条件）は，ラグランジュ関数 L と Fischer–Burmeister 関数 ϕ_{FB} を用いて，次の非線形方程式と等価である．

$$H(\boldsymbol{x}, \boldsymbol{\lambda}, \boldsymbol{\mu}) := \begin{pmatrix} \nabla_x L(\boldsymbol{x}, \boldsymbol{\lambda}, \boldsymbol{\mu}) \\ \boldsymbol{h}(\boldsymbol{x}) \\ \phi_{\mathrm{FB}}(g_1(\boldsymbol{x}), \mu_1) \\ \vdots \\ \phi_{\mathrm{FB}}(g_r(\boldsymbol{x}), \mu_r) \end{pmatrix} = \boldsymbol{0} \tag{7.11}$$

Fischer–Burmeister 関数 ϕ_{FB} は $(0,0)$ で微分不可能な関数のため，関数 H も微分不可能である．微分不可能な非線形方程式に対するニュートン法を考えることは最小化問題を解くためにも重要となることがわかる．

局所的リプシッツ連続関数 H は，ほとんど至るところで微分可能であり，次の B 微分とよばれる一般化された微分をもつことが知られている．

定義 7.1 次式で定義される集合を $H: R^n \to R^m$ の $\boldsymbol{x}$ における **B 微分** (B-differential) とよぶ．

$$\partial_B H(\boldsymbol{x}) := \left\{ \lim_{\substack{\boldsymbol{x}^i \in D_H \\ \boldsymbol{x}^i \to \boldsymbol{x}}} H'(\boldsymbol{x}^i) \right\}$$

ここで，D_H は H が微分可能な点の集合である．

B 微分の B は Bouligand の略である．Clarke の一般化ヤコビ行列 (Clarke generalized Jacobian) は B 微分を用いて

$$\partial H(\boldsymbol{x}) := \mathrm{co}\, \partial_B H(\boldsymbol{x})$$

と定義される．ただし，co は集合の凸包を表す．関数 $H: R^n \to R^m$ に対する B 微分および Clarke の一般化ヤコビ行列は $m \times n$ 行列の集合であることに注意す

る．また，点 $\boldsymbol{x}$ において H が微分可能であれば，$\partial H(\boldsymbol{x}) = \partial_B H(\boldsymbol{x}) = \{H'(\boldsymbol{x})\}$ となるから，B 微分あるいは一般化ヤコビ行列は，微分可能な関数におけるヤコビ行列の一般化となっていることがわかる．

ここで，簡単な例として，絶対値関数 $H(x) = |x|$ を考えてみよう．H は $x = 0$ において微分不可能であり，$x \neq 0$ では $H'(x)$ は -1 または 1 となるので，$\partial_B H(0) = \{-1, 1\}$ である．また，Clarke の一般化ヤコビ行列はその凸包なので $\partial H(0) = [-1, 1]$ となる．

B 微分が与えられたとき，一般化ニュートン法は次式に従って点列 $\{\boldsymbol{x}^k\}$ を生成する．

$$\boldsymbol{x}^{k+1} := \boldsymbol{x}^k - V_k^{-1} H(\boldsymbol{x}^k) \tag{7.12}$$

ここで，$V_k \in \partial_B H(\boldsymbol{x}^k)$ である．H が微分可能なときは通常のニュートン法と一致することに注意しよう．

ところで，通常のニュートン法が 2 次収束性をもつために必要とする条件は

- ある点で関数を 1 次近似したとき，その点と解との距離の 2 乗でその近似誤差が押さえられること
- 関数のヤコビ行列が解において正則であること

であった．一般化ニュートン法の 2 次収束性を保証するためにも同様の条件が必要とされており，それに関連したいくつかの概念が定義されている．

まず，関数の 1 次近似の近似誤差に関連して，半平滑とよばれる微分可能性に関連した概念が与えられている．

定義 7.2　十分小さい $\boldsymbol{d}$ とすべての $V \in \partial H(\boldsymbol{x} + \boldsymbol{d})$ に対して

$$V\boldsymbol{d} - H'(\boldsymbol{x}; \boldsymbol{d}) = o(\|\boldsymbol{d}\|) \tag{7.13}$$

が成り立つとき，H は $\boldsymbol{x}$ で半平滑 (semismooth) という．さらに，十分小さい $\boldsymbol{d}$ とすべての $V \in \partial H(\boldsymbol{x} + \boldsymbol{d})$ に対して

$$V\boldsymbol{d} - H'(\boldsymbol{x}; \boldsymbol{d}) = O(\|\boldsymbol{d}\|^2) \tag{7.14}$$

が成り立つとき，H を $\boldsymbol{x}$ で強半平滑 (strongly semismooth) という．

半平滑は連続的微分可能と方向微分可能の間に入る概念と考えることができる．なお，凸関数や，min 関数，Fischer–Burmeister 関数など，様々な関数が（強）

半平滑であることが知られている．

半平滑性 (7.13) と方向微分の定義より，$\boldsymbol{d}$ が十分小さいとき，すべての $V \in \partial H(\boldsymbol{x}+\boldsymbol{d})$ に対して，

$$H(\boldsymbol{x}+\boldsymbol{d}) = H(\boldsymbol{x}) + H'(\boldsymbol{x};\boldsymbol{d}) + o(\|\boldsymbol{d}\|) = H(\boldsymbol{x}) + V\boldsymbol{d} + o(\|\boldsymbol{d}\|)$$

が成り立つ．

次にニュートン法におけるヤコビ行列の正則性に関連した，一般化ニュートン法における正則性を定義する．

定義 7.3　もし，すべての $V \in \partial_B H(\boldsymbol{x}^*)$ が正則ならば，点 $\boldsymbol{x}^*$ を H に関して **BD 正則** (BD-regular) とよぶ．

一般化ニュートン法において，Clarke の意味での微分を使わずに B 微分を用いるのは，すべての $V \in \partial_B H(\boldsymbol{x}^*)$ が正則となっても $\partial H(\boldsymbol{x}^*)$ の要素で正則でないものが存在することがあるからである．実際，$H(x) = |x|$ の例を考えれば，$x = 0$ は H に関して BD 正則となるが，$0 \in \partial H(0)$ であるので，Clarke の意味での微分には正則でない要素が存在する．

例 7.1　$\boldsymbol{x}^*$ において最小化問題の 2 次の十分条件が成り立っているとする．このとき，$\boldsymbol{x}^*$ は (7.3) で定義される関数 H に関して BD 正則である．

点 $\boldsymbol{x}^*$ が H に関して BD 正則のとき，次の条件をみたす ε と C が存在する．$\|\boldsymbol{x}-\boldsymbol{x}^*\| \le \varepsilon$ である $\boldsymbol{x}$ に対して，

$$\|V^{-1}\| \le C, \ \ \forall V \in \partial_B H(\boldsymbol{x})$$

が成り立つ．証明は煩雑になるのでここでは割愛する．

いま，H は強半平滑な関数であり，非線形方程式の解 $\boldsymbol{x}^*$ は H に関して BD 正則であるとしよう．このとき，$\boldsymbol{x}^k$ が $\boldsymbol{x}^*$ に十分近いとき，

$$\begin{aligned}
\|\boldsymbol{x}^{k+1}-\boldsymbol{x}^*\| &= \|\boldsymbol{x}^k - V^{-1}H(\boldsymbol{x}^k) - \boldsymbol{x}^*\| \\
&= \left\|V^{-1}\left(V(\boldsymbol{x}^k-\boldsymbol{x}^*) - H(\boldsymbol{x}^k) + H(\boldsymbol{x}^*)\right)\right\| \\
&\le \|V^{-1}\|\|V(\boldsymbol{x}^k-\boldsymbol{x}^*) - H(\boldsymbol{x}^k) + H(\boldsymbol{x}^*)\| \\
&= O(\|\boldsymbol{x}^k-\boldsymbol{x}^*\|^2)
\end{aligned}$$

が成り立つ．なお，最後の等式には $\boldsymbol{d} = \boldsymbol{x}^k - \boldsymbol{x}^*$, $\boldsymbol{x} = \boldsymbol{x}^k$ とした式 (7.14) を用

いた．

以上より，次の定理を得る．

定理 7.3　初期点 $\boldsymbol{x}^0$ が解 $\boldsymbol{x}^*$ の十分近くにあるものとする．さらに，$\boldsymbol{x}^*$ が H に関して BD 正則であり，H は $\boldsymbol{x}^*$ において強半平滑であるとする．このとき，反復法 (7.12) によって生成された点列 $\{\boldsymbol{x}^k\}$ は解 $\boldsymbol{x}^*$ に 2 次収束する．

一般化ニュートン法 (7.12) は，通常のニュートン法と同様に，初期点を適切に選ばないと，解に収束しない場合がある．そこで，ステップ幅を用いることによって，大域的収束を保証した一般化ニュートン法が考えられている．ステップ幅の計算に用いる関数を次のように定義する．

$$\theta(\boldsymbol{x}) = \frac{1}{2}\|H(\boldsymbol{x})\|^2$$

以下では，議論を簡単にするため，θ は微分可能であるとする．

例 7.2　(7.3) で定義された H を考える．もし，f, h, g が 2 回微分可能ならば，θ は微分可能である．

一般化ニュートン法

ステップ 0（初期化）：　適当にパラメータ $p > 2$, $\beta \in (0, \frac{1}{2})$ と初期点 $\boldsymbol{x}^0 \in R^n$ を選ぶ．$k := 0$ とする．

ステップ 1（終了のチェック）：　もし終了条件をみたしていれば終了．

ステップ 2（探索方向の計算）：　適当に $V_k \in \partial_B H(\boldsymbol{x}^k)$ を選び，次の方程式をみたす探索方向 $\boldsymbol{d}^k$ を求める．

$$V_k \boldsymbol{d} = -H(\boldsymbol{x}^k) \tag{7.15}$$

もし，(7.15) が解くことができないか，$\boldsymbol{d}^k$ が

$$\nabla\theta(\boldsymbol{x}^k)^\top \boldsymbol{d}^k \leq -\|\nabla\theta(\boldsymbol{x}^k)\|^p$$

をみたしていなければ，$\boldsymbol{d}^k := -\nabla\theta(\boldsymbol{x}^k)$ とする．

ステップ 3（直線探索）：　次の不等式をみたす最小の非負の整数 l を求める．

$$\theta(\boldsymbol{x}^k + 2^{-l}\boldsymbol{d}^k) \leq \theta(\boldsymbol{x}^k) + \beta 2^{-l}\nabla\theta(\boldsymbol{x}^k)^\top \boldsymbol{d}^k$$

$\boldsymbol{x}^{k+1} := \boldsymbol{x}^k + 2^{-l}\boldsymbol{d}^k$ とする．$k := k+1$ としてステップ 1 へ．

ステップ 2 において，V_k は必ずしも正則でないため，(7.15) が解けない場合がある．また，たとえ求まったとしても，$\boldsymbol{d}^k$ が θ の降下方向になる保証はない．そのような場合には，探索方向 $\boldsymbol{d}^k$ を θ の勾配とすることによって，必ず探索方向が θ の降下方向となるようにしている．

この一般化ニュートン法に対して，次の定理が成り立つ．

定理 7.4 生成される点列の集積点は θ の停留点である．さらに，集積点の 1 つ $\boldsymbol{x}^*$ が定理 7.3 の仮定をみたしているとする．このとき，生成される点列は $\boldsymbol{x}^*$ に 2 次収束する．

参考文献

非線形方程式の解法は数値計算に関連した教科書に掲載されている．非線形最適化の教科書 [2][11] には，最小二乗問題に関連して解説されている．

一般化ニュートン法に関しては，[6] でも触れられている．劣微分に関連した事項は [4] に詳しい解析が与えられている．また，半平滑性や一般化ニュートン法の収束性に関しては，論文 [12][13] を読んでほしい．

8 制約なし最小化問題に対する微分を用いない解法

第 4 章で定義した双対問題 (4.4) など，一般に微分不可能な問題に対しては，目的関数の勾配を用いた手法を適用することができない．また，目的関数が理論的には微分可能であったとしても，その値の評価が数値計算やシミュレーションで行われるような場合には，目的関数の正確な微分値を求めることができない．

本章では，そのような問題に対する最適化の手法を紹介する．まず微分不可能な凸計画問題に対して，劣勾配を用いた劣勾配法 (subgradient method) と bundle 法を説明する．次に，目的関数値のみを用いた最適化手法である直接探索法 (direct search method) と simplex gradient を利用した降下法を紹介する．

● 8.1 ● 微分不可能な最小化問題に対する直線探索法 ●

目的関数 f が微分可能ではない問題に対して，第 6 章で紹介した直線探索法の拡張を考えよう．

第 6 章では降下方向を勾配 $\nabla f(\boldsymbol{x})$ を用いて定義したが，f が微分可能ではないときには，次の方向微分を用いて定義する．方向 $\boldsymbol{d} \in R^n$ に対して，極限

$$\lim_{t \downarrow 0} \frac{f(\boldsymbol{x}+t\boldsymbol{d})-f(\boldsymbol{x})}{t}$$

が存在するとき，関数 f は点 $\boldsymbol{x}$ において $\boldsymbol{d}$ 方向に**方向微分可能** (directionally differentiable) であるといい，**方向微係数** (directional derivative) $f'(\boldsymbol{x};\boldsymbol{d})$ を

$$f'(\boldsymbol{x};\boldsymbol{d}) = \lim_{t \downarrow 0} \frac{f(\boldsymbol{x}+t\boldsymbol{d})-f(\boldsymbol{x})}{t}$$

と定義する．f が微分可能のときは $f'(\boldsymbol{x};\boldsymbol{d}) = \nabla f(\boldsymbol{x})^\top \boldsymbol{d}$ が成り立つ．

例 8.1　微分可能な関数 $g : R^n \to R$ と $h : R^n \to R$ が与えられたとき，関数 $\hat{g}$ と $\hat{h}$ を以下のように定義する．

$$\hat{g}(\boldsymbol{x}) = \max\{g(\boldsymbol{x}), 0\},\ \ \hat{h}(\boldsymbol{x}) = |h(\boldsymbol{x})|$$

関数 $\hat{g}(\boldsymbol{x})$ は $g(\boldsymbol{x}) = 0$ となる点 $\boldsymbol{x}$ において一般には微分可能ではない．また，$\hat{h}$ も $h(\boldsymbol{x}) = 0$ となる点 $\boldsymbol{x}$ において微分可能ではない．しかし，以下のように方向微係数を計算することができる．

$g(\boldsymbol{x}) > 0$ のとき，t が十分小さければ $g(\boldsymbol{x} + t\boldsymbol{d}) > 0$ となることから，

$$\hat{g}(\boldsymbol{x}; \boldsymbol{d}) = \lim_{t \downarrow 0} \frac{\hat{g}(\boldsymbol{x} + t\boldsymbol{d}) - \hat{g}(\boldsymbol{x})}{t} = \lim_{t \downarrow 0} \frac{g(\boldsymbol{x} + t\boldsymbol{d}) - g(\boldsymbol{x})}{t} = \nabla g(\boldsymbol{x})^\top \boldsymbol{d}$$

を得る．同様に，$g(\boldsymbol{x}) < 0$ のときは

$$\hat{g}(\boldsymbol{x}; d) = \lim_{t \downarrow 0} \frac{\hat{g}(\boldsymbol{x} + t\boldsymbol{d}) - \hat{g}(\boldsymbol{x})}{t} = \lim_{t \downarrow 0} \frac{0 - 0}{t} = 0$$

となる．$g(\boldsymbol{x}) = 0$ のときは，

$$\begin{aligned}\hat{g}(\boldsymbol{x}; d) &= \lim_{t \downarrow 0} \frac{\hat{g}(\boldsymbol{x} + t\boldsymbol{d}) - \hat{g}(\boldsymbol{x})}{t} = \lim_{t \downarrow 0} \frac{\max\{0, g(\boldsymbol{x} + t\boldsymbol{d}) - g(\boldsymbol{x})\}}{t} \\ &= \max\{0, \nabla g(\boldsymbol{x})^\top \boldsymbol{d}\}\end{aligned}$$

となる．以上より，

$$\hat{g}(\boldsymbol{x}; \boldsymbol{d}) = \begin{cases} \nabla g(\boldsymbol{x})^\top \boldsymbol{d}, & g(\boldsymbol{x}) > 0 \\ \max\{0, \nabla g(\boldsymbol{x})^\top \boldsymbol{d}\}, & g(\boldsymbol{x}) = 0 \\ 0, & g(\boldsymbol{x}) < 0 \end{cases}$$

である．

次に $\hat{h}(\boldsymbol{x}; \boldsymbol{d})$ を計算しよう．$h(\boldsymbol{x}) > 0$ のときは，t が十分小さければ $h(\boldsymbol{x}+t\boldsymbol{d}) > 0$ となるから，

$$\hat{h}(\boldsymbol{x}; \boldsymbol{d}) = \lim_{t \downarrow 0} \frac{\hat{h}(\boldsymbol{x} + t\boldsymbol{d}) - \hat{h}(\boldsymbol{x})}{t} = \lim_{t \downarrow 0} \frac{h(\boldsymbol{x} + t\boldsymbol{d}) - h(\boldsymbol{x})}{t} = \nabla h(\boldsymbol{x})^\top \boldsymbol{d}$$

となる．同様に，$h(\boldsymbol{x}) < 0$ のときは，

$$\hat{h}(\boldsymbol{x}; \boldsymbol{d}) = \lim_{t \downarrow 0} \frac{\hat{h}(\boldsymbol{x} + t\boldsymbol{d}) - \hat{h}(\boldsymbol{x})}{t} = \lim_{t \downarrow 0} \frac{-h(\boldsymbol{x} + t\boldsymbol{d}) + h(\boldsymbol{x})}{t} = -\nabla h(\boldsymbol{x})^\top \boldsymbol{d}$$

が得られる．$h(\boldsymbol{x})=0$ のときは，

$$\hat{h}(\boldsymbol{x};\boldsymbol{d})=\lim_{t\downarrow 0}\frac{\hat{h}(\boldsymbol{x}+t\boldsymbol{d})-\hat{h}(\boldsymbol{x})}{t}=\lim_{t\downarrow 0}\frac{|h(\boldsymbol{x}+t\boldsymbol{d})-h(\boldsymbol{x})|}{t}=|\nabla h(\boldsymbol{x})^\top\boldsymbol{d}|$$

となる．以上より，

$$\hat{h}(\boldsymbol{x};\boldsymbol{d})=\begin{cases}\nabla h(\boldsymbol{x})^\top\boldsymbol{d}, & h(\boldsymbol{x})>0\\ |\nabla h(\boldsymbol{x})^\top\boldsymbol{d}|, & h(\boldsymbol{x})=0\\ -\nabla h(\boldsymbol{x})^\top\boldsymbol{d}, & h(\boldsymbol{x})<0\end{cases}$$

である．

点 $\boldsymbol{x}$ において

$$f'(\boldsymbol{x};\boldsymbol{d})<0$$

が成り立つ方向 $\boldsymbol{d}$ を f の点 $\boldsymbol{x}$ における**降下方向**とよぶ．方向微分の定義より，

$$f(\boldsymbol{x}+t\boldsymbol{d})=f(\boldsymbol{x})+tf'(\boldsymbol{x};\boldsymbol{d})+o(t)$$

となるから，t が十分小さければ $f(\boldsymbol{x}+t\boldsymbol{d})<f(\boldsymbol{x})$ が成り立つ．$\boldsymbol{d}$ が点 $\boldsymbol{x}^k$ における f の降下方向であれば，次の（拡張された）アルミホのルール：

$$\rho\in(0,1),\ \ f(\boldsymbol{x}^k+t\boldsymbol{d})-f(\boldsymbol{x}^k)\le\rho tf'(\boldsymbol{x};\boldsymbol{d}) \qquad (8.1)$$

をみたすステップ幅 t を用いて目的関数が減少する点 $\boldsymbol{x}^{k+1}=\boldsymbol{x}^k+t\boldsymbol{d}$ を計算することができる．

次に，方向微分を用いた制約なし最小化問題に対する最適性の 1 次の必要条件を与える．

定理 8.1 $\boldsymbol{x}^*$ を f の制約なし最小化問題の局所的最小解とする．このとき，すべての $\boldsymbol{d}\in R^n$ に対して，

$$f'(\boldsymbol{x}^*;\boldsymbol{d})\ge 0 \qquad (8.2)$$

が成り立つ．

実際，ある $\boldsymbol{d}$ に対して $f'(\boldsymbol{x}^*;\boldsymbol{d})<0$ となれば，$\boldsymbol{d}$ は降下方向となるので，$\boldsymbol{x}^*$ は局所的最小解ではない．(8.2) をみたす点を f の停留点とよぶ．

現在の点 $\boldsymbol{x}^k$ が停留点でないときに，$\boldsymbol{x}^k$ における f の降下方向 $\boldsymbol{d}$ を定めるこ

とができれば，第 6 章で紹介した直線探索法を一般化できる．

> **直線探索法**
>
> **ステップ 0**（初期設定）： 初期点 $\boldsymbol{x}^0$ を選ぶ．$k := 0$ とする．
>
> **ステップ 1**（探索方向の計算）： 降下方向 $\boldsymbol{d}^k$ を定める．降下方向がなければ終了する．
>
> **ステップ 2**（直線探索）： アルミホのルール (8.1) をみたすステップ幅 t_k を求める．
>
> **ステップ 3**（更新）： $\boldsymbol{x}^{k+1} := \boldsymbol{x}^k + t_k\boldsymbol{d}^k$ とする．$k := k+1$ として，ステップ 1 へ．

任意の k に対して，

$$f'(\boldsymbol{x}^k; \boldsymbol{d}^k) < -c\|\boldsymbol{d}^k\|^2 \tag{8.3}$$

となるような正の定数 c が存在すれば，適当な仮定のもとで，直線探索法によって生成された点列が停留点に収束する．一般の微分不可能な関数 f に対して (8.3) をみたす降下方向を求めることは容易ではない．第 9 章でみるように微分不可能な L_1 ペナルティ関数 (9.3) に対しては，ある 2 次計画問題を解くことによってその降下方向を求めることができる．

8.2 凸計画問題に対する劣勾配を用いた手法

本節では，微分不可能な凸関数 f に対する劣勾配法，切除平面法，bundle 法を紹介する．

f が微分可能な凸関数であるとき，定理 2.5 より，

$$f(\boldsymbol{x}) - f(\boldsymbol{y}) \geq \nabla f(\boldsymbol{y})^\top(\boldsymbol{x} - \boldsymbol{y})$$

が成り立つ．f が微分不可能なとき，これを一般化して，

$$f(\boldsymbol{x}) - f(\boldsymbol{y}) \geq \boldsymbol{\eta}^\top(\boldsymbol{x} - \boldsymbol{y})$$

が成り立つベクトル $\boldsymbol{\eta}$ を f の $\boldsymbol{y}$ における劣勾配とよぶ．f が微分可能なとき，劣勾配は唯一であるが，一般には上式をみたす $\boldsymbol{\eta}$ は無数に存在する．そこで，そのようなベクトルの集合を

$$\partial f(\boldsymbol{y}) = \{\boldsymbol{\eta} \mid f(\boldsymbol{x}) - f(\boldsymbol{y}) \geq \boldsymbol{\eta}^\top(\boldsymbol{x} - \boldsymbol{y}),\ \forall \boldsymbol{x} \in R^n\}$$

と定義する.

最急降下法では勾配を用いていたが，勾配の代わりに劣勾配を用いるのが劣勾配法である.

劣勾配法

ステップ 0： $\boldsymbol{x}^0 \in R^n$ を選び，$k=0$ とする.

ステップ 1： 劣勾配 $\boldsymbol{\eta}^k \in \partial f(\boldsymbol{x}^k)$ を求める.

ステップ 2： $\boldsymbol{x}^k$ が終了条件をみたしていれば終了する.

ステップ 3： $\boldsymbol{x}^{k+1} = \boldsymbol{x}^k - t_k \frac{\boldsymbol{\eta}^k}{\|\boldsymbol{\eta}^k\|}$ とする.

ステップ 4： $k = k+1$ として，ステップ 1 へ.

ステップ 1 で求めた劣勾配の逆方向 $-\boldsymbol{\eta}^k$ は f の降下方向になるとは限らない．そのため，目的関数値を減少させるステップ幅 t_k を定めることができないことがある．そこで，ステップ幅を

$$t_k = \frac{1}{\alpha + \beta k}$$

ととることが推奨されている．ここで，α, β は適当な正の定数である．こうすることによって，以下の定理で示すように関数値の列 $\{f(\boldsymbol{x}^k)\}$ が最小値 $f(\boldsymbol{x}^*)$ に収束する．ただし，$\boldsymbol{x}^*$ は f の最小解である.

以下では点列 $\{\boldsymbol{x}^k\}$ に対応して数列 $\{\varepsilon_k\}$ を

$$\varepsilon_k := \min_{i=1,\ldots,k} \left\{ f(\boldsymbol{x}^i) - f(\boldsymbol{x}^*) \right\}$$

と定義する.

定理 8.2 ステップ幅は $\alpha \geq 0, \beta > 0$ を用いて，

$$t_k = \frac{1}{\alpha + \beta k}$$

と決められているとする．さらに，すべての k に対して，不等式

$$\|\boldsymbol{\eta}^k\| \leq L$$

をみたす正の定数 L が存在すると仮定する．このとき，$\lim_{k\to\infty} \varepsilon_k = 0$ となる.

証明 以下では，簡単のため，$\alpha = 0, \beta = 1$ とする．任意の i に対して，

$$\begin{aligned}\|\boldsymbol{x}^{i+1} - \boldsymbol{x}^*\|^2 &= \|\boldsymbol{x}^i - \boldsymbol{x}^*\|^2 - 2t_i \frac{(\boldsymbol{\eta}^i)^\top (\boldsymbol{x}^i - \boldsymbol{x}^*)}{\|\boldsymbol{\eta}^i\|} + t_i^2 \\ &\le \|\boldsymbol{x}^i - \boldsymbol{x}^*\|^2 - 2t_i \frac{f(\boldsymbol{x}^i) - f(\boldsymbol{x}^*)}{L} + t_i^2\end{aligned}$$

が成り立つ．ただし，不等式は劣勾配の定義と L の定義より従う．この不等式を $i = 1$ から $i = k$ まで足し合わせると，

$$2\sum_{i=1}^{k} t_i \left(f(\boldsymbol{x}^i) - f(\boldsymbol{x}^*)\right) \le L\left(\|\boldsymbol{x}^1 - \boldsymbol{x}^*\|^2 + \sum_{i=1}^{k} t_i^2\right)$$

を得る．さらに，$\varepsilon_i \le f(\boldsymbol{x}^i) - f(\boldsymbol{x}^*)$ であることに注意すると，

$$2\sum_{i=1}^{k} t_i \varepsilon_i \le L\left(\|\boldsymbol{x}^1 - \boldsymbol{x}^*\|^2 + \sum_{i=1}^{k} t_i^2\right)$$

が成り立つ．

ここで，$\varepsilon_i > \varepsilon > 0$ となる定数 ε が存在するとする．このとき，

$$2\varepsilon \sum_{i=1}^{k} t_i \le L\left(\|\boldsymbol{x}^1 - \boldsymbol{x}^*\|^2 + \sum_{i=1}^{k} t_i^2\right)$$

が成り立つ．$t_k = \frac{1}{k}$ より，$\sum_{i=1}^{k} t_i \to \infty$ であるが，$\sum_{i=1}^{k} t_i^2$ は有界である．よって，左辺は ∞ に発散するが，右辺は有界であり，矛盾する．よって，$\lim_{k\to\infty} \varepsilon_k = 0$ となる． □

制約条件 $\boldsymbol{x} \in S$ があるような問題に対しては，第 9 章で紹介する射影勾配法のように，点列を $\boldsymbol{x}^{k+1} = \mathrm{P}_S\left(\boldsymbol{x}^k - \frac{t_k \boldsymbol{\eta}^k}{\|\boldsymbol{\eta}^k\|}\right)$ として生成すればよい．ただし，$\mathrm{P}_S(\boldsymbol{x})$ は $\boldsymbol{x}$ の集合 S への射影である．この場合も上記の定理と同様に，目的関数値が最小値に収束することを示せる．

劣勾配法では，準ニュートン法のように過去の勾配の情報を使っていない．もちろん，ヘッセ行列の情報も利用していない．そのため，高速な収束は期待できない．そこで，過去の劣勾配の情報を用いて，目的関数 f をモデル化した関数を構成し，それに基づいて，点列を生成することを考える．そのようなアイデアに基づいた手法が切除平面法と bundle 法である．

これまでの反復で $\boldsymbol{x}^0, \ldots, \boldsymbol{x}^k$ が生成されており，その劣勾配 $\boldsymbol{\eta}^0, \ldots, \boldsymbol{\eta}^k$ が求まっているとする．このとき，目的関数 f の近似モデル関数 $\hat{f}_k$ を以下のように構成しよう．

$$\hat{f}_k(\boldsymbol{x}) := \max_{i=0,\ldots,k} \left\{ f(\boldsymbol{x}^i) + (\boldsymbol{\eta}^i)^\top (\boldsymbol{x} - \boldsymbol{x}^i) \right\}$$

定理 2.9 より $\hat{f}_k$ は凸関数である．さらに，任意の $i = 0, \ldots, k$ に対して，

$$f(\boldsymbol{x}) \geq f(\boldsymbol{x}^i) + (\boldsymbol{\eta}^i)^\top (\boldsymbol{x} - \boldsymbol{x}^i)$$

が成り立つことから，

$$f(\boldsymbol{x}) \geq \hat{f}_k(\boldsymbol{x})$$

である．さらに，定義より明らかに，

$$\hat{f}_k(\boldsymbol{x}) \geq \hat{f}_{k-1}(\boldsymbol{x}) \geq \cdots \geq \hat{f}_1(\boldsymbol{x}) \geq \hat{f}_0(\boldsymbol{x})$$

が成り立つ．つまり，$\boldsymbol{x}^k$ を適切に選んでいけば，$\hat{f}_k$ は f のよいモデル関数になることが期待できる．

モデル関数 $\hat{f}_k$ の最小点，つまり次の制約なし最小化問題

$$\begin{array}{l|l} \text{目的} & \hat{f}_k(\boldsymbol{x}) \quad \rightarrow \quad \text{最小化} \\ \text{条件} & \boldsymbol{x} \in R^n \end{array}$$

の最小解を次の反復点 $\boldsymbol{x}^{k+1}$ とする手法が**切除平面法** (cutting plane method) である．この問題はスラック変数 s を導入した次の線形計画問題に変換することができる．

$$\begin{array}{l|l} \text{目的} & s \quad \rightarrow \quad \text{最小化} \\ \text{条件} & s \geq f(\boldsymbol{x}^i) + (\boldsymbol{\eta}^i)^\top (\boldsymbol{x} - \boldsymbol{x}^i), \ i = 1, \ldots, k \end{array}$$

ただし，この線形計画問題が有界とならないときには，次の反復点 $\boldsymbol{x}^{k+1}$ を求めることができない．そのため，適当な上下限制約 $C = \{\boldsymbol{x} \in R^n \mid l_i \leq x_i \leq u_i, \ i = 1, \ldots, n\}$ を用意し，上記の問題の代わりに，

$$\begin{array}{l|l} \text{目的} & s \quad \rightarrow \quad \text{最小化} \\ \text{条件} & s \geq f(\boldsymbol{x}^i) + (\boldsymbol{\eta}^i)^\top (\boldsymbol{x} - \boldsymbol{x}^i), \ i = 1, \ldots, k \\ & \boldsymbol{x} \in C \end{array} \tag{8.4}$$

を解いて点列を生成することが多い．

切除平面法

ステップ **0**：　$\boldsymbol{x}^0 \in C$ を選び，$\hat{f}_{-1} := -\infty$ とする．$k = 0$ とする．

ステップ **1**：　$f(\boldsymbol{x}^k)$ とその劣勾配 $\boldsymbol{\eta}^k \in \partial f(\boldsymbol{x}^k)$ を求める．

ステップ **2**：　終了条件をみたしていれば終了．

ステップ **3**：　モデル関数を更新する．

$$f_k(\boldsymbol{x}) := \max\{\hat{f}_{k-1}(\boldsymbol{x}), f(\boldsymbol{x}^k) + (\boldsymbol{\eta}^k)^\top(\boldsymbol{x} - \boldsymbol{x}^k)\}$$

ステップ **4**：　(8.4) の解を求め，$\boldsymbol{x}^{k+1}$ とする．

ステップ **5**：　$k = k + 1$ としてステップ 1 へ．

切除平面法では，反復が進むにつれて，解くべき線形計画問題 (8.4) の制約の数が増えていく．単体法で解く場合は，制約の数に比例して計算時間も増えるため，反復の回数が増えるにつれて，部分問題 (8.4) を解くのが難しくなるという欠点がある．

そのような欠点を克服するために，(8.4) の目的関数に 2 次関数 $\frac{\mu_k}{2}\|\boldsymbol{x} - \boldsymbol{x}^k\|^2$ をつけた次の問題を考え，その問題の最小解を次の反復点とする手法が **bundle** 法である．

$$\begin{array}{l|ll} \text{目的} & \hat{f}_k(\boldsymbol{x}) + \frac{\mu_k}{2}\|\boldsymbol{x} - \boldsymbol{x}^k\|^2 & \to \quad \text{最小化} \\ \text{条件} & \boldsymbol{x} \in R^n & \end{array} \tag{8.5}$$

この問題は凸 2 次計画問題に変換することができる．2 次関数 $\frac{\mu_k}{2}\|\boldsymbol{x} - \boldsymbol{x}^k\|^2$ のおかげで，制約条件 $\boldsymbol{x} \in C$ をつけなくても，最小解をもつことに注意しよう．また，μ_k は現在の点との距離を調整するパラメータである．

bundle 法では，大域的収束を保証するために，信頼領域法と同様のアイデアを用いて，反復点の更新を行う．いま，$\boldsymbol{y}^{k+1}$ を (8.5) の解とし，

$$r_k = \frac{f(\boldsymbol{x}^k) - f(\boldsymbol{y}^{k+1})}{f(\boldsymbol{x}^k) - \left(\hat{f}_k(\boldsymbol{y}^{k+1}) + \frac{\mu_k}{2}\|\boldsymbol{y}^{k+1} - \boldsymbol{x}^k\|^2\right)} \tag{8.6}$$

とする．この r_k を用いて，モデル $\hat{f}_k$ のよさを判定する．もし，r_k が十分大きな値をとっていれば，$\boldsymbol{x}^{k+1} = \boldsymbol{y}^{k+1}$ として更新する．一方，r_k が小さいときには，モデルが悪いと判断して，$\boldsymbol{x}^{k+1}$ は $\boldsymbol{x}^k$ として，モデルを改善する．信頼領域法では，信頼半径を小さくすることによってモデルを改善したが，bundle 法では $\boldsymbol{y}^{k+1}$ とその列勾配 $\boldsymbol{\eta}^{k+1} \in \partial f(\boldsymbol{y}^{k+1})$ を用いてモデルを改善する．

bundle 法

ステップ **0**：　$\alpha \in (0,1)$ とする．$\boldsymbol{x}^0$ を適当に選び，$\boldsymbol{y}^0 = \boldsymbol{x}^0$ とする．$f(\boldsymbol{x}^0)$ と $\boldsymbol{\eta}^0 \in \partial f(\boldsymbol{x}^0)$ を求める．$\hat{f}_0(\boldsymbol{x}) = f(\boldsymbol{x}^0) + (\boldsymbol{\eta}^0)^\top(\boldsymbol{x} - \boldsymbol{x}^0)$ とする．$k = 0$ とする．

ステップ **1**：　部分問題 (8.5) を解いて，その解を $\boldsymbol{y}^{k+1}$ とする．

ステップ **2**：　$\boldsymbol{y}^{k+1}$ が終了条件をみたせば終了．

ステップ **3**：　$f(\boldsymbol{y}^{k+1})$ と劣勾配 $\boldsymbol{\eta}^{k+1} \in \partial f(\boldsymbol{y}^k + 1)$ を求める．

ステップ **4**：　(8.6) によって r_k を計算する．もし，$r_k \geq \alpha$ であれば $\boldsymbol{x}^{k+1} = \boldsymbol{y}^{k+1}$, $k = k+1$ としてステップ 1 へ．そうでなければ，$\boldsymbol{x}^{k+1} = \boldsymbol{x}^k$ とする．

ステップ **5**：　モデル関数を更新する．

$$\hat{f}_{k+1}(\boldsymbol{x}) := \max\{f_k(\boldsymbol{x}),\ f(\boldsymbol{y}^{k+1}) + (\boldsymbol{\eta}^{k+1})^\top(\boldsymbol{x} - \boldsymbol{y}^{k+1})\}$$

$k = k+1$ としてステップ 1 へ．

● 8.3 ●　大域的収束性が保証された微分を用いない最適化法　●

本節では，大域的収束性が保証された微分を用いない最適化法 (derivative-free optimization, DFO) を紹介する．DFO はシミュレーション最適化など目的関数の評価に時間がかかり，勾配の計算ができない問題に対して用いられる．

DFO には，**直接探索法** (direct search method)，有限差分近似による勾配を用いた手法，サンプル点から構築されたモデル関数（2 次関数）を用いる信頼領域法などがある．どの手法においても，大域的収束を保証するため，現在点 $\boldsymbol{x}^k$ とその近傍の n 点の情報を用いて，最適性の 1 次の必要条件をチェックする．以下では，そのチェック方法を説明しよう．

まず，方向微分を用いた 1 次の必要条件（定理 8.1）を考える．いま，現在点 $\boldsymbol{x}^k$ とそこからの方向 $\boldsymbol{d}^i$, $i = 1, \ldots, m$ が与えられているとする．このとき，f が方向微分可能であれば，$\boldsymbol{d}^i$ 方向の方向微分は，十分小さい正数 ε を用いて

$$f'(\boldsymbol{x}^k; \boldsymbol{d}^i) \approx \frac{f(\boldsymbol{x}^k + \varepsilon \boldsymbol{d}^i) - f(\boldsymbol{x}^k)}{\varepsilon} \tag{8.7}$$

と近似できる．最適性の 1 次の必要条件は，すべての方向 $\boldsymbol{d} \in R^n$ に対して，$f'(\boldsymbol{x}^k; \boldsymbol{d}) \geq 0$ となることだから，すべての $\boldsymbol{d}^i$, $i = 1, \ldots, m$ に対して，

$$f(\boldsymbol{x}^k + \varepsilon \boldsymbol{d}^i) - f(\boldsymbol{x}^k) \geq 0$$

となることは，「最適性の 1 次の必要条件」の必要条件となる．これが「最適性の 1 次の必要条件」の十分条件になるためには，ベクトル $\boldsymbol{d}^i$, $i = 1, \ldots, m$ に条件を加える必要がある．その条件の 1 つが，ベクトル $\boldsymbol{d}^i$, $i = 1, \ldots, m$ で張られる錐 $\{\boldsymbol{v} \in R^n \mid \boldsymbol{v} = \sum_{i=1}^m \alpha_i \boldsymbol{d}^i,\ \alpha_i \geq 0,\ i = 1, \ldots, m\}$ が全空間 R^n と一致することである．実際に，そのような条件が成り立つとき，任意の $\boldsymbol{d} \in R^n$ に対して，$\boldsymbol{d} = \sum_{i=1}^m \alpha_i \boldsymbol{d}^i$ となる $\alpha_i \geq 0$, $i = 1, \ldots, m$ が存在する．f が $\boldsymbol{x}^k$ で微分可能なときは，

$$\begin{aligned} f'(\boldsymbol{x}^k; \boldsymbol{d}) &= \nabla f(\boldsymbol{x}^k)^\top \boldsymbol{d} = \sum_{i=1}^m \alpha_i \nabla f(\boldsymbol{x}^k)^\top \boldsymbol{d}^i = \sum_{i=1}^m \alpha_i f'(\boldsymbol{x}^k; \boldsymbol{d}^i) \\ &\approx \sum_{i=1}^m \alpha_i \frac{f(\boldsymbol{x}^k + \varepsilon \boldsymbol{d}^i) - f(\boldsymbol{x}^k)}{\varepsilon} \geq 0 \end{aligned} \tag{8.8}$$

となるので，最適性の 1 次の必要条件が近似的に成り立つ．f が $\boldsymbol{x}^k$ で微分不可能なときでも，同様の性質を示すことができる．

次に勾配 $\nabla f(\boldsymbol{x}^k)$ を用いた最適性の 1 次の必要条件を考える．まず，n 個の 1 次独立なベクトル $\boldsymbol{d}^1, \ldots, \boldsymbol{d}^n \in R^n$ が与えられているとする．いま，点 $\boldsymbol{x}^k, \boldsymbol{x}^k + \boldsymbol{d}^1, \ldots, \boldsymbol{x}^k + \boldsymbol{d}^n$ において関数 f と同じ関数値をとる 1 次関数を

$$\hat{f}(\boldsymbol{x}) = \boldsymbol{g}^\top \boldsymbol{x} + c$$

とする．ここで $\boldsymbol{g}$ は 1 次関数 $\hat{f}$ の係数ベクトルであり，c は定数である．関数 $\hat{f}$ は

$$\begin{aligned} \hat{f}(\boldsymbol{x}^k) &= \boldsymbol{g}^\top \boldsymbol{x}^k + c = f(\boldsymbol{x}^k) \\ \hat{f}(\boldsymbol{x}^k + \boldsymbol{d}^i) &= \boldsymbol{g}^\top (\boldsymbol{x}^k + \boldsymbol{d}^i) + c = f(\boldsymbol{x}^k + \boldsymbol{d}^i),\ \ i = 1, \ldots, n \end{aligned}$$

をみたすから，

$$\boldsymbol{g}^\top \boldsymbol{d}^i = f(\boldsymbol{x}^k + \boldsymbol{d}^i) - f(\boldsymbol{x}^k),\ \ i = 1, \ldots, n$$

が成り立つ．これは

$$Y\boldsymbol{g} = \begin{pmatrix} f(\boldsymbol{x}^k + \boldsymbol{d}^1) - f(\boldsymbol{x}^k) \\ \vdots \\ f(\boldsymbol{x}^k + \boldsymbol{d}^n) - f(\boldsymbol{x}^k) \end{pmatrix}$$

と書ける．ただし，$Y = [\boldsymbol{d}^1 \cdots \boldsymbol{d}^n]^\top$ であり，$\boldsymbol{d}^1, \ldots, \boldsymbol{d}^n$ が 1 次独立であることから，Y は正則である．よって，1 次のモデル関数 $\hat{f}$ の勾配 $\boldsymbol{g}$ は，

$$\boldsymbol{g} = Y^{-1} \begin{pmatrix} f(\boldsymbol{x}^k + \boldsymbol{d}^1) - f(\boldsymbol{x}^k) \\ \vdots \\ f(\boldsymbol{x}^k + \boldsymbol{d}^n) - f(\boldsymbol{x}^k) \end{pmatrix} \tag{8.9}$$

で与えられる．この $\boldsymbol{g}$ を simplex gradient あるいは stencil gradient とよぶ．I を単位行列，t を微小量としたとき，$Y = tI$ の simplex gradient は通常の有限差分近似によるものと同じになる．そのため，simplex gradient は有限差分近似の一般化とみなせる．

いま，f が微分可能であり，∇f が定数 L のリプシッツ連続とする．さらに，$\|\boldsymbol{d}_i\| \leq \Delta,\ i = 1, \ldots, n$ とする．このとき，

$$\|\nabla f(\boldsymbol{x}^k) - \boldsymbol{g}\| \leq L \left(1 + \frac{\sqrt{n}}{2} \|\hat{Y}^{-1}\| \right) \Delta \tag{8.10}$$

となることが知られている．ここで，$\hat{Y} = Y/\Delta$ である．この式より，$\|\hat{Y}^{-1}\|$ が極端に大きくなく，Δ が十分小さければ，$\boldsymbol{g}$ は $\nabla f(\boldsymbol{x})$ のよい近似とみなせる．$\|\hat{Y}^{-1}\|$ は $\boldsymbol{d}^i$ のとり方に依存するが，これはアルゴリズムによって調整可能である．そのため，Δ が十分小さく，$\boldsymbol{g}$ が $\mathbf{0}$ に近ければ，$\boldsymbol{x}^k$ は f の停留点とみなすことができる．

8.3.1 直接探索法

直接探索法は反復法の 1 つであり，現在の反復点のそばにあるいくつかの候補点のなかから，関数値の最も低い点を次の反復点とする手法である．

以下では，候補点を選ぶために必要となる，現在の反復点から探索する方向の集合を $D = \{\boldsymbol{d}_1, \boldsymbol{d}_2, \ldots, \boldsymbol{d}_m\}$ とする．D の各ベクトルで張られる錐が全空間となるとき，つまり $\{\boldsymbol{v}\ |\boldsymbol{v} = \sum_{i=1}^m \alpha_i \boldsymbol{d}^i,\ \ \alpha_i \geq 0,\ i = 1, \ldots, m\} = R^n$ のとき，D を **positively spanning set** という．さらに，D の要素が 1 つでも抜けたら positively spanning set にならないとき，D は正基底 (positive bases) であるという．

直接探索法

ステップ $\mathbf{0}$： 正基底 D_0 と $\alpha_0 > 0,\ \boldsymbol{x}^0$ を選ぶ．$k = 0$ とする．

ステップ 1： $f(\boldsymbol{x}^k) > f(\boldsymbol{x}^k + \alpha_k \boldsymbol{d})$ となる $\boldsymbol{d} \in D_k$ を探す．そのような $\boldsymbol{d}$ が見つかればステップ 2 へ．そうでなければステップ 3 へ．

ステップ 2： $\boldsymbol{x}^{k+1} = \boldsymbol{x}^k + \alpha_k \boldsymbol{d}$ とし，正基底 D_{k+1} を更新する．$k = k+1$ とし，ステップ 1 へ．

ステップ 3： α_k を小さくし，正基底 D_k を更新して，ステップ 1 へ．

最も単純な直接探索法として，D_k に各軸方向をとる手法が考えられる*1)．

いま，D が正基底であるから，ステップ 3 において α_k が十分小さくなっていれば，(8.8) よりよい近似解が求まっていることになる．

直接探索法は，シンプルで大域的収束性も保証されているが，f の勾配やヘッセ行列の情報を使っていないため，収束が遅い．また，最悪の場合，各反復で n 回関数評価をしなければならない．そのため，直接探索法は，いくつかの高速化テクニックと組み合わせて使われる．高速化に使われるテクニックに，代理関数と探索ステップがある．代理関数とは，これまで得られた関数の情報などを使って構築された計算のしやすい f の近似関数のことである*2)．ステップ 1 において，適当に $\boldsymbol{d} \in D$ を選ぶのではなく，$\boldsymbol{x}^k + \boldsymbol{d}$ における代理関数の値が小さくなる $\boldsymbol{d}$ から順に調べれば，真の目的関数 f の関数評価回数を減らすことが期待できる．一方，探索ステップとは，ステップ 1 を実行する前に，適当なヒューリスティクスによって関数を減少させる点を探すことである．例えば，代理関数の最小点をとりあえず調べ，その点の f の関数値が実際に小さければ，そこに移動し，そうでなければ，あらためてステップ 1 を実行する．

8.3.2 simplex gradient を用いた手法

前項で紹介した直接探索法では目的関数の勾配情報を陽に用いていなかった．ここで紹介する手法は，（近似）勾配の情報を積極的に用いる手法である．

このような手法には，有限差分近似による勾配

$$\hat{\boldsymbol{g}}^k = \begin{pmatrix} \frac{f(\boldsymbol{x}^k + h\boldsymbol{e}^1) - f(\boldsymbol{x}^k)}{h} \\ \vdots \\ \frac{f(\boldsymbol{x}^k + h\boldsymbol{e}^n) - f(\boldsymbol{x}^k)}{h} \end{pmatrix}$$

を用いた降下法（例えば，最急降下法や準ニュートン法）がある．ただし，h は十

*1) $n = 2$ のときは $D = \{(1,0)^\top, (0,1)^\top, (-1,0)^\top, (0,-1)^\top\}$．

*2) 実験計画法における応答局面に相当する．

分小さい正の定数である．しかし，このような有限差分近似では，各反復ごとに，$\boldsymbol{x}^k$ の周りで n 回関数評価をしなければならない．また，目的関数 f が正確に計算できないときやノイズが入る場合，差分 h を微小の値に固定した近似勾配 $\hat{\boldsymbol{g}}^k$ は役に立たないことがある．そのような欠点を克服するために，simplex gradient (8.9) を用いた最急降下法や準ニュートン法が提案されている．$\boldsymbol{d}^i = \boldsymbol{x}^{k-i} - \boldsymbol{x}^k$ と選べば，simplex gradient の計算にはすでに関数値が評価された点の情報を再利用することができるため，各反復で n 回関数評価をする必要がない．また，アルゴリズムの初期の段階では，有限差分近似の差分 h に相当する $\|\boldsymbol{d}^i\|$ が大きくなるため，ノイズに強いことが報告されている．理論的に大域的収束性を保証するためには，解の周りではノイズが小さくなる（あるいは解の周りでは f が正確に計算できる）などの厳しい条件が必要となる．ただし，たいていの場合には，十分実用的な近似解を得ることができる．

参考文献

本章の前半で扱った微分不可能な関数の最適化手法（劣勾配法など）に関しては，[15][1] に解説されている．なお，劣勾配の性質や非凸な関数への一般化などの数学的事項については [4] が詳しい．本章の後半の，目的関数値のみを使った最適化手法 (DFO) については，[5] を読んでほしい．本書では煩雑なため扱わなかった 2 次モデル関数を用いた信頼領域法などが紹介されている．

9 制約つき最小化問題に対する解法

本章では，制約つきの最小化問題：

$$\begin{array}{c|l} \text{目的} & f(\boldsymbol{x}) \quad \to \quad \text{最小化} \\ \text{条件} & h_i(\boldsymbol{x}) = 0,\ i = 1, \ldots, m \\ & g_j(\boldsymbol{x}) \leq 0,\ j = 1, \ldots, r \end{array} \tag{9.1}$$

の代表的な解法をいくつか紹介する．それらの解法は，各反復で，ある部分問題を厳密にあるいは近似的に解くことによって，次の反復点を求める．

まず 9.1 節で，最急降下法を制約つきの問題に拡張した射影勾配法を解説する．この手法における部分問題は実行可能集合への射影である．非負制約などの簡単な制約条件しかない場合，実行可能集合への射影は高速に計算できる．しかし，最急降下法と同様，目的関数の 2 次の情報を利用しないため，速い収束は期待できない．また，複雑な制約をもつ問題には適用できない．

続いて，制約なし最小化問題に対するニュートン法を拡張した逐次 2 次計画法を紹介する．この手法の部分問題は制約つき最小化問題を近似した凸 2 次計画問題である．目的関数の 2 次の情報をもつため，高速な収束が期待できる．

次に，非線形方程式に対するニュートン法，ホモトピー法を応用した内点法を紹介する．内点法における部分問題は KKT 条件に基づいた（制約つきの）非線形方程式である．ただし，この非線形方程式はニュートン法によって近似的に解かれる．

最後に，拡張ラグランジュ法を紹介する．この手法の部分問題は，拡張ラグランジュ関数の制約なし最小化問題である．拡張ラグランジュ関数とは，元の問題の目的関数に制約関数を組み込んだ関数である．この部分問題は第 6 章で紹介した手法で解けばよい．

9.1 射影勾配法

次の制約つき最小化問題を考える．

$$\begin{array}{l|l} \text{目的} & f(\boldsymbol{x}) \quad \to \quad \text{最小化} \\ \text{条件} & \boldsymbol{x} \in \mathcal{F} \end{array}$$

ここで，実行可能集合 $\mathcal{F}$ は凸集合とする．

この問題の解法の 1 つに**射影勾配法** (projected gradient method) がある．射影勾配法は，最急降下法と実行可能集合への射影を組み合わせた手法であり，実行可能な点列 $\{\boldsymbol{x}^k\} \subseteq \mathcal{F}$ を生成する．以下にその手法の詳細を説明する．

いま，点 $\boldsymbol{x}^k$ は実行可能点，つまり $\boldsymbol{x}^k \in \mathcal{F}$ であるとする．点 $\boldsymbol{x}^k$ から最急降下法を実行した次の反復点を $\hat{\boldsymbol{x}}^{k+1}$ とする．

$$\hat{\boldsymbol{x}}^{k+1} = \boldsymbol{x}^k - t_k \nabla f(\boldsymbol{x}^k)$$

ただし，t_k はステップ幅である．第 6 章の直線探索法と同様に，t_k を適切に選べば，目的関数を減少させることができる．しかし，ステップ幅 t_k をどのように選んでも，$\hat{\boldsymbol{x}}^k$ が実行可能とならないことがある．そこで，次の反復点 $\boldsymbol{x}^{k+1}$ として，点 $\hat{\boldsymbol{x}}^{k+1}$ を実行可能集合 $\mathcal{F}$ へ射影した点を選ぶことを考える．ここで，ある点 $\boldsymbol{x} \in R^n$ を集合 $\mathcal{F}$ へ射影した点とは，$\mathcal{F}$ 上で $\boldsymbol{x}$ から一番近い点のことであり，以下では $P_{\mathcal{F}}(\boldsymbol{x})$ と表すことにする*1)．この記号を用いると，次の反復点は

$$\boldsymbol{x}^{k+1} = P_{\mathcal{F}}\left(\boldsymbol{x}^k - t_k \nabla f(\boldsymbol{x}^k)\right)$$

と表せる．この式に従って点列を生成していく手法が射影勾配法である．

射影勾配法で生成される点列は明らかに実行可能集合に含まれる．以下では，（制約なし最小化問題に対する）最急降下法のように目的関数値が減少するかどうかみてみよう．まず，ステップ幅が十分小さいときに，方向 $\boldsymbol{x}^{k+1} - \boldsymbol{x}^k = P_{\mathcal{F}}(\hat{\boldsymbol{x}}^{k+1}) - \boldsymbol{x}^k$ が目的関数 f の降下方向となることを示す．(3.14) と $\boldsymbol{x}^k \in \mathcal{F}$ より

$$0 \geq \langle \hat{\boldsymbol{x}}^{k+1} - P_{\mathcal{F}}(\hat{\boldsymbol{x}}^{k+1}),\ \boldsymbol{x}^k - P_{\mathcal{F}}(\hat{\boldsymbol{x}}^{k+1}) \rangle$$

が成り立つから，

$$t_k \langle \nabla f(\boldsymbol{x}^k),\ P_{\mathcal{F}}(\hat{\boldsymbol{x}}^{k+1}) - \boldsymbol{x}^k \rangle$$

*1) $\mathcal{F}$ が凸集合であることから，$P_{\mathcal{F}}(\boldsymbol{x})$ は唯一に定まる．

$$
\begin{aligned}
&= \langle t_k \nabla f(\boldsymbol{x}^k) - \boldsymbol{x}^k + P_{\mathcal{F}}(\hat{\boldsymbol{x}}^{k+1}),\ P_{\mathcal{F}}(\hat{\boldsymbol{x}}^{k+1}) - \boldsymbol{x}^k \rangle - \|\boldsymbol{x}^k - P_{\mathcal{F}}(\hat{\boldsymbol{x}}^{k+1})\|^2 \\
&\le -\|\boldsymbol{x}^k - P_{\mathcal{F}}(\hat{\boldsymbol{x}}^{k+1})\|^2
\end{aligned}
$$

がいえる．この式は，$\|\boldsymbol{x}^k - P_{\mathcal{F}}(\hat{\boldsymbol{x}}^{k+1})\| \neq 0$ であれば，方向 $P_{\mathcal{F}}(\hat{\boldsymbol{x}}^{k+1}) - \boldsymbol{x}^k$ は降下方向となることを意味している．よって，

$$
\begin{aligned}
f(\boldsymbol{x}^{k+1}) - f(\boldsymbol{x}^k) &= \langle \nabla f(\boldsymbol{x}^k),\ \boldsymbol{x}^{k+1} - \boldsymbol{x}^k \rangle + o(\|\boldsymbol{x}^{k+1} - \boldsymbol{x}^k\|) \\
&\le -\frac{1}{t_k}\|\boldsymbol{x}^{k+1} - \boldsymbol{x}^k\|^2 + o(\|\boldsymbol{x}^{k+1} - \boldsymbol{x}^k\|)
\end{aligned}
$$

が成り立つ．一方，(3.15) より，

$$
\|\boldsymbol{x}^{k+1} - \boldsymbol{x}^k\| = \|P_{\mathcal{F}}(\boldsymbol{x}^k - t_k \nabla f(\boldsymbol{x}^k)) - P_{\mathcal{F}}(\boldsymbol{x}^k)\| \le t_k \|\nabla f(\boldsymbol{x}^k)\|
$$

が成り立つから，$\|\boldsymbol{x}^{k+1} - \boldsymbol{x}^k\|$ は t_k に比例している．これらのことより，t_k が十分小さくなるように選べば，目的関数が減少することがわかる．

次に，$\|\boldsymbol{x}^k - P_{\mathcal{F}}(\hat{\boldsymbol{x}}^{k+1})\| = 0$，つまり $\boldsymbol{x}^k = P_{\mathcal{F}}(\hat{\boldsymbol{x}}^{k+1})$ の場合を考えてみよう．(3.14) より，任意の $\boldsymbol{y} \in \mathcal{F}$ に対して，

$$
\langle \hat{\boldsymbol{x}}^{k+1} - P_{\mathcal{F}}(\hat{\boldsymbol{x}}^{k+1}),\ \boldsymbol{y} - P_{\mathcal{F}}(\hat{\boldsymbol{x}}^{k+1}) \rangle = -\langle t_k \nabla f(\boldsymbol{x}^k),\ \boldsymbol{y} - \boldsymbol{x}^k \rangle \le 0
$$

が成り立つ，つまり，$\boldsymbol{x}^k$ は最適性の 1 次の必要条件 $-\nabla f(\boldsymbol{x}^k) \in N_{\mathcal{F}}(\boldsymbol{x}^k)$（定理 3.3）をみたしていることがわかる．よって f が凸関数であれば，$\boldsymbol{x}^k$ は大域的最小解である．

以上より，t_k をアルミホのルールなどを用いて適切に選べば，射影勾配法によって生成された点列が最適性の 1 次の必要条件をみたす点に収束することを保証できる．なお，アルミホのルールは以下のように書ける．

> アルミホのルール： $\alpha, \beta \in (0,1)$ を選び，次式をみたす最小の非負の整数 l を求め，$t_k := \beta^l$ とする．
>
> $$
> \begin{aligned}
> &f\left(P_{\mathcal{F}}(\boldsymbol{x}^k + \beta^l \nabla f(\boldsymbol{x}^k))\right) - f(\boldsymbol{x}^k) \\
> &\le \alpha \nabla f(\boldsymbol{x}^k)^\top \left(P_{\mathcal{F}}(\boldsymbol{x}^k + \beta^l \nabla f(\boldsymbol{x}^k)) - \boldsymbol{x}^k\right)
> \end{aligned}
> $$

制約なし最小化問題におけるアルミホのルールと同様に，$l = 0, 1, \ldots$ と順に代入していき，はじめて上記の不等式がみたされた l を用いて，$t_k := \beta^l$ とする．なお，整数 l が変わるたびに，目的関数の計算だけでなく，射影の計算が必要で

あることに注意しよう．

（アルミホのルールを用いた）射影勾配法では，各反復で，射影を何回も計算しなければならないことがある．そのため，射影が簡単に計算できる制約条件（例えば上下限制約など）だけをもつ問題以外には，あまり実用的ではない．また，射影の計算が容易であっても，目的関数の 2 次の情報を用いていないため，最急降下法と同様に，高速な収束は期待できない．

9.2　逐次 2 次計画法

本節では，制約つき最小化問題 (9.1) に対する**逐次 2 次計画法** (sequential quadratic programming method, SQP method) を紹介する．

制約なし最小化問題に対する高速な解法は目的関数の 2 次近似を用いたニュートン法か，その近似手法である準ニュートン法に基づいている．ニュートン法では，モデル関数

$$m_k(\boldsymbol{d}) = f(\boldsymbol{x}^k) + \nabla f(\boldsymbol{x}^k)^\top \boldsymbol{d} + \frac{1}{2}\boldsymbol{d}^\top B_k \boldsymbol{d}$$

の最小解を探索方向に用いていた．ただし，B_k は f のヘッセ行列かその近似行列である．

そこで，制約つきの問題 (9.1) に対しては，次の制約つき最小化問題の最小解を探索方向にすればよさそうである．

$$\begin{array}{r|l} \text{目的} & m_k(\boldsymbol{d}) \quad \to \quad \text{最小化} \\ \text{条件} & \boldsymbol{h}(\boldsymbol{x}^k + \boldsymbol{d}) = \boldsymbol{0} \\ & \boldsymbol{g}(\boldsymbol{x}^k + \boldsymbol{d}) \leq \boldsymbol{0} \end{array}$$

制約関数 $\boldsymbol{h}$ や $\boldsymbol{g}$ は非線形な関数であるとき，2 次計画問題にならない．そのため，特別な場合を除いて，簡単に解くことはできない．

そこで，制約関数を 1 次近似した次の問題を考える．

$$\begin{array}{r|l} \text{目的} & m_k(\boldsymbol{d}) \quad \to \quad \text{最小化} \\ \text{条件} & \boldsymbol{h}(\boldsymbol{x}^k) + \nabla \boldsymbol{h}(\boldsymbol{x}^k)^\top \boldsymbol{d} = \boldsymbol{0} \\ & \boldsymbol{g}(\boldsymbol{x}^k) + \nabla \boldsymbol{g}(\boldsymbol{x}^k)^\top \boldsymbol{d} \leq \boldsymbol{0} \end{array} \tag{9.2}$$

この問題は，目的関数が凸関数であれば（B_k が半正定値行列であれば），凸 2 次計画問題となる．特に，B_k が正定値行列のときは，第 5 章で紹介した双対法を用いることによって，有限回の演算で解を得ることができる．

逐次 2 次計画法は，問題 (9.2) の最小解 $\boldsymbol{d}^k$ を探索方向とし，適当にステップ幅 t_k を定めることによって，次の反復点 $\boldsymbol{x}^{k+1} := \boldsymbol{x}^k + t_k\boldsymbol{d}^k$ を生成する手法である．この手法の名前は，各反復で逐次的に 2 次計画問題 (9.2) が構成されることに由来する．

それでは，どのようにしてステップ幅を決めるのであろうか？　制約なし最小化問題に対しては，目的関数 f を用いたアルミホのルールによって，ステップ幅を容易に求めることができた．一方，制約つき最小化問題では，生成された点列が最終的には制約条件をみたす必要がある．つまり，ステップ幅は目的関数だけでなく，制約条件に基づいて定める必要がある．

そこで，逐次 2 次計画法では，次の L_1 ペナルティ関数を用いて，ステップ幅を決める．

$$p_c(\boldsymbol{x}) = f(\boldsymbol{x}) + c\left(\sum_{i=1}^{m} |h_i(\boldsymbol{x})| + \sum_{j=1}^{r} \max\{0, g_i(\boldsymbol{x})\}\right) \tag{9.3}$$

ここで，c はペナルティパラメータとよばれる．この関数を減少させるということは，目的関数 f, $\sum_{i=1}^{m} |h_i(\boldsymbol{x})|$, $\sum_{i=1}^{r} \max\{0, g_i(\boldsymbol{x})\}$ のどれかを減少させることにつながる．また，$\sum_{i=1}^{m} |h_i(\boldsymbol{x})|$ と $\sum_{i=1}^{r} \max\{0, g_i(\boldsymbol{x})\}$ の最小値は 0 であり，その最小値をとる $\boldsymbol{x}$ は制約つき最小化問題 (9.1) の実行可能解となる．逆に，$\boldsymbol{x}$ が実行可能解でないときには $\sum_{i=1}^{m} |h_i(\boldsymbol{x})|$ または $\sum_{i=1}^{r} \max\{0, g_i(\boldsymbol{x})\}$ が正の値をもつ．そのため，関数 p_c は実行可能解でないときにはペナルティとして大きな値をもつように設計されており，さらに，このペナルティは制約関数の L_1 ノルムによって表されているため，p_c のことを L_1 ペナルティ関数とよぶ．L_1 ペナルティ関数の定義より，p_c の制約なし最小化問題の最小解は c が十分大きいとき制約つき最小化問題 (9.1) の近似解となることが期待できる．ただし，p_c は微分不可能な関数であるため，第 6 章で紹介した手法を適用することはできない．

L_1 ペナルティ関数が p_c によってステップ幅を定めるためには，探索方向 $\boldsymbol{d}^k$ が p_c の降下方向になっていなければならない．以下の定理に示すように，ペナルティパラメータ c が十分大きく，B_k が正定値行列のとき，問題 (9.2) の最適解 $\boldsymbol{d}^k$ は降下方向となる．

なお，問題 (9.2) の KKT 条件は

$$B_k\boldsymbol{d}^k + \nabla f(\boldsymbol{x}^k) + \sum_{i=1}^{m} \lambda_i \nabla h_i(\boldsymbol{x}^k) + \sum_{j=1}^{r} \mu_j \nabla g_j(\boldsymbol{x}^k) = \boldsymbol{0} \tag{9.4}$$

$$h_i(\boldsymbol{x}^k) + \nabla h_i(\boldsymbol{x}^k)^\top \boldsymbol{d}^k = 0,\ i = 1, \ldots, m \tag{9.5}$$

$$\left.\begin{array}{l} g_j(\boldsymbol{x}^k) + \nabla g_j(\boldsymbol{x}^k)^\top \boldsymbol{d}^k \leq 0,\ \mu_j \geq 0 \\ (g_j(\boldsymbol{x}^k) + \nabla g_j(\boldsymbol{x}^k)^\top \boldsymbol{d}^k)\mu_j = 0 \end{array}\right\} \ j = 1, \ldots, r \tag{9.6}$$

とかけることに注意しよう．

定理 9.1 2 次計画問題 (9.2) の KKT 点を $(\boldsymbol{d}^k, \boldsymbol{\lambda}, \boldsymbol{\mu})$ とする．ペナルティパラメータは $c > \max\{|\lambda_1|, \ldots, |\lambda_m|,\ \mu_1, \ldots, \mu_r\}$ をみたすとする．このとき 2 次計画問題 (9.2) の解 $\boldsymbol{d}^k$ は，次の不等式をみたす．

$$p'_c(\boldsymbol{x}^k; \boldsymbol{d}^k) \leq -(\boldsymbol{d}^k)^\top B_k \boldsymbol{d}^k$$

証明 以下では，表記の簡単化のため，$\boldsymbol{x}^k$, $\boldsymbol{d}^k$ の添字 k を省略する．さらに，$\hat{h}_i(\boldsymbol{x}) = |h_i(\boldsymbol{x})|$, $\hat{g}_j(\boldsymbol{x}) = \max\{g_j(\boldsymbol{x}), 0\}$ とする．このとき，

$$p_c(\boldsymbol{x}) = f(\boldsymbol{x}) + c\left(\sum_{i=1}^{m} \hat{h}_i(\boldsymbol{x}) + \sum_{j=1}^{r} \hat{g}_j(\boldsymbol{x})\right)$$

となるから，$p'_c(\boldsymbol{x}; \boldsymbol{d})$ は以下のように書ける．

$$p'_c(\boldsymbol{x}; \boldsymbol{d}) = \nabla f(\boldsymbol{x})^\top \boldsymbol{d} + c\left(\sum_{i=1}^{m} \hat{h}'_i(\boldsymbol{x}; \boldsymbol{d}) + \sum_{j=1}^{t} \hat{g}'_j(\boldsymbol{x}; \boldsymbol{d})\right) \tag{9.7}$$

KKT 条件 (9.4) の左から $\boldsymbol{d}$ を掛けて，$\nabla f(\boldsymbol{x})^\top \boldsymbol{d}$ を移項すると，

$$\nabla f(\boldsymbol{x})^\top \boldsymbol{d} = -\boldsymbol{d}^\top B_k \boldsymbol{d} - \sum_{i=1}^{m} \lambda_i \nabla h_i(\boldsymbol{x})^\top \boldsymbol{d} - \sum_{j=1}^{r} \mu_j \nabla g_j(\boldsymbol{x})^\top \boldsymbol{d}$$

を得る．この式を，(9.7) に代入すると，

$$\begin{aligned} p'_c(\boldsymbol{x}; \boldsymbol{d}) = &-\boldsymbol{d}^\top B_k \boldsymbol{d} - \sum_{i=1}^{m} \lambda_i \nabla h_i(\boldsymbol{x})^\top \boldsymbol{d} - \sum_{j=1}^{r} \mu_j \nabla g_j(\boldsymbol{x})^\top \boldsymbol{d} \\ &+c\left(\sum_{i=1}^{m} \hat{h}'_i(\boldsymbol{x}; \boldsymbol{d}) + \sum_{j=1}^{t} \hat{g}'_j(\boldsymbol{x}; \boldsymbol{d})\right) \end{aligned}$$

を得る．

一方，KKT 条件 (9.5) と (9.6) より，

$$h_i(\boldsymbol{x}) = -\nabla h_i(\boldsymbol{x})^\top \boldsymbol{d},\ \ \nabla g_j(\boldsymbol{x})^\top \boldsymbol{d} \le -g_j(\boldsymbol{x})$$

となるから，

$$\hat{h}_i'(\boldsymbol{x};\boldsymbol{d}) = -|h_i(\boldsymbol{x})|,\ \ \hat{g}_j'(\boldsymbol{x};\boldsymbol{d}) \le -\max\{0, g_j(\boldsymbol{x})\}$$

が成り立つ（例 8.1 参照）．これらの式を上の式に代入すると，

$$\begin{aligned}
p_c'(\boldsymbol{x};\boldsymbol{d}) &\le -\boldsymbol{d}^\top B_k \boldsymbol{d} + \sum_{i=1}^m \lambda_i h_i(\boldsymbol{x}) + \sum_{j=1}^r \mu_j g_j(\boldsymbol{x}) \\
&\quad -c\left(\sum_{i=1}^m |h_i(\boldsymbol{x})| + \sum_{j=1}^r \max\{0,\ g_j(\boldsymbol{x})\}\right) \\
&\le -\boldsymbol{d}^\top B_k \boldsymbol{d} + \sum_{i=1}^m |\lambda_i||h_i(\boldsymbol{x})| + \sum_{j=1}^r \mu_j \max\{0,\ g_j(\boldsymbol{x})\} \\
&\quad -c\left(\sum_{i=1}^m |h_i(\boldsymbol{x})| + \sum_{j=1}^r \max\{0,\ g_j(\boldsymbol{x})\}\right) \\
&\le -\boldsymbol{d}^\top B_k \boldsymbol{d} + \sum_{i=1}^m (|\lambda_i| - c)|h_i(\boldsymbol{x})| + \sum_{j=1}^r (\mu_j - c)\max\{0,\ g_j(\boldsymbol{x})\} \\
&\le -\boldsymbol{d}^\top B_k \boldsymbol{d}
\end{aligned}$$

を得る．ただし，最後の不等式は，$c > \max\{|\lambda_1|, \ldots, |\lambda_m|,\ \mu_1, \ldots, \mu_r\}$ を用いた． □

この定理より，

$$p_c(\boldsymbol{x}^k + t\boldsymbol{d}^k) - p_c(\boldsymbol{x}^k) = p_c'(\boldsymbol{x}^k; t\boldsymbol{d}^k) + o(t\|\boldsymbol{d}^k\|) \le -t(\boldsymbol{d}^k)^\top B_k \boldsymbol{d}^k + o(t\|\boldsymbol{d}^k\|)$$

が成り立つ．つまり，$\boldsymbol{d}^k \ne \boldsymbol{0}$ であれば，L_1 ペナルティ関数を減少させるステップ幅 t_k を求めることができる．

一方，$\boldsymbol{d}^k = \boldsymbol{0}$ のときは，KKT 条件 (9.4)–(9.6) から，$(\boldsymbol{x}^k, \boldsymbol{\lambda}, \boldsymbol{\mu})$ は制約つき最小化問題 (9.1) の KKT 点であることがわかる．つまり次の定理が成り立つ．

定理 9.2 2 次計画問題 (9.2) の KKT 点を $(\boldsymbol{d}^k, \boldsymbol{\lambda}, \boldsymbol{\mu})$ とする．$\boldsymbol{d}^k = \boldsymbol{0}$ であれば $(\boldsymbol{x}^k, \boldsymbol{\lambda}, \boldsymbol{\mu})$ は問題 (9.1) の KKT 点である．

この定理より，$\boldsymbol{d}^k = \boldsymbol{0}$ を逐次 2 次計画法の終了条件に使うことができる．

逐次 2 次計画法

ステップ **0**： $\beta, \rho \in (0, \frac{1}{2})$ と正の定数 c, δ を選ぶ．初期点 $\boldsymbol{x}^0 \in R^n$ を適当に選ぶ．$k := 0$ とする．

ステップ **1**： 2 次計画問題 (9.2) を解いて，$\boldsymbol{d}^k$ とそれに対応するラグランジュ乗数 $(\boldsymbol{\lambda}^k, \boldsymbol{\mu}^k)$ を求める．

ステップ **2**： $\boldsymbol{d}^k \approx \boldsymbol{0}$ ならば終了．

ステップ **3**： $c \leq \max\{|\lambda_1|, \ldots, |\lambda_m|, \ \mu_1, \ldots, \mu_r\}$ であれば，$c = \max\{|\lambda_1|, \ldots, |\lambda_m|, \ \mu_1, \ldots, \mu_r\} + \delta$.

ステップ **4**： 次の条件をみたす最小の非負整数 l を求める．

$$p_c(\boldsymbol{x}^k + \beta^l \boldsymbol{d}^k) - p_c(\boldsymbol{x}^k) \leq \rho \beta^l p_c'(\boldsymbol{x}^k; \boldsymbol{d}^k)$$

$\boldsymbol{x}^{k+1} = \boldsymbol{x}^k + \beta^l \boldsymbol{d}^k$ とする．

ステップ **5**： $k := k+1$ として，ステップ 1 へ．

逐次 2 次計画法によって生成される問題 (9.2) のラグランジュ乗数の列 $\{(\boldsymbol{\lambda}^k, \boldsymbol{\mu}^k)\}$ が有界であれば，ペナルティパラメータ c は十分大きい k に対しては同じ値になる．そのため，十分大きい k に対して，逐次 2 次計画法は c が固定された L_1 ペナルティ関数 p_c を最小化する手法となる．さらに $\{\boldsymbol{x}^k\}$ が有界であれば，$\{p_c(\boldsymbol{x}^k)\}$ も有界となる．定理 9.1 より，B_k が一様に正定値行列であれば，$\boldsymbol{d}^k \to \boldsymbol{0}$ がいえる．このことと定理 9.2 より，大域的収束性が示せる．

定理 9.3 逐次 2 次計画法で生成される点列 $\{\boldsymbol{x}^k, \boldsymbol{\lambda}^k, \boldsymbol{\mu}^k\}$ は有界であるとする．さらに B_k に対して，次の不等式をみたす定数 $0 < C_2 \leq C_1$ が存在するとする．

$$C_2 \|\boldsymbol{v}\|^2 \leq \boldsymbol{v}^\top B_k \boldsymbol{v} \leq C_1 \|\boldsymbol{v}\|^2, \quad \forall \boldsymbol{v} \in R^n$$

このとき，$\{\boldsymbol{x}^k\}$ の任意の集積点 $\boldsymbol{x}^*$ は問題の KKT 条件をみたす点である．

さらに超 1 次収束性に対して次の定理が示されている.

定理 9.4　次の条件をみたしているとする.

(a)　十分大きい k では，ステップ幅が 1 となる.

(b)　$\{\boldsymbol{x}^k\}$ のある集積点 $\boldsymbol{x}^*$ は 2 次の十分条件をみたしている.

(c)　B_k が次の条件をみたしている.

$$\lim_{k\to\infty} \frac{\|(B_k - \nabla_x^2 L(\boldsymbol{x}^*, \boldsymbol{\lambda}^*, \boldsymbol{\mu}^*))\boldsymbol{d}^k\|}{\|\boldsymbol{d}^k\|} = 0$$

このとき，点列 $\{\boldsymbol{x}^k\}$ は $\boldsymbol{x}^*$ に超 1 次収束する.

この定理より，速い収束をするためには，B_k としては，f のヘッセ行列 $\nabla^2 f(x^k)$ ではなく，ラグランジュ関数の $\boldsymbol{x}$ に関するヘッセ行列 $\nabla_{xx}^2 L(\boldsymbol{x}^*, \boldsymbol{\lambda}^*, \boldsymbol{\mu}^*)$ の近似行列を用いることが望ましいことがわかる．そこで，B_k の更新規則として，ラグランジュ関数に対して BFGS 更新（p. 111 参照）を用いることを考える．つまり，BFGS 更新における $\boldsymbol{s}^k$ と $\boldsymbol{y}^k$ は

$$\boldsymbol{s}^k = \boldsymbol{x}^{k+1} - \boldsymbol{x}^k,\ \ \boldsymbol{y}^k = \nabla_x L(\boldsymbol{x}^{k+1}, \boldsymbol{\lambda}^{k+1}, \boldsymbol{\mu}^{k+1}) - \nabla_x L(\boldsymbol{x}^k, \boldsymbol{\lambda}^{k+1}, \boldsymbol{\mu}^{k+1})$$

とする．ただし, L_1 ペナルティ関数に基づいてステップ幅を決めると, $(\boldsymbol{s}^k)^\top \boldsymbol{y}^k > 0$ が保証できないので，B_{k+1} が正定値行列とならないことがある．そこで，上記の $\boldsymbol{y}^k$ の代わりに，次の $\tilde{\boldsymbol{y}}^k$ を用いることが提唱されている.

$$\tilde{\boldsymbol{y}}^k := \theta \boldsymbol{y}^k + (1-\theta) B_k \boldsymbol{s}^k$$

ここで

$$\theta := \begin{cases} 1, & (\boldsymbol{y}^k)^\top \boldsymbol{s}^k \geq 0.2 (\boldsymbol{s}^k)^\top B_k \boldsymbol{s}^k \\ \frac{0.8 (\boldsymbol{s}^k)^\top B_k \boldsymbol{s}^k}{(\boldsymbol{s}^k)^\top B_k \boldsymbol{s}^k - (\boldsymbol{y}^k)^\top \boldsymbol{s}^k}, & \text{それ以外} \end{cases}$$

である．このとき，$(\boldsymbol{s}^k)^\top \tilde{\boldsymbol{y}}^k > 0$ となる．$\boldsymbol{y}^k$ の代わりに $\tilde{\boldsymbol{y}}^k$ を用いた BFGS 更新を修正 BFGS 更新 (damped BFGS update) とよぶ.

また仮定 (a) が成り立たないことがある．つまり，ステップ幅がいつも 1 より小さくなり，もし 1 を採用すれば L_1 ペナルティ関数を減らすことができないという状況である．この状況をマラトス効果 (Maratos effect) とよぶ．これは，2 次計画問題において，制約条件を 2 次近似ではなく，1 次近似したことによる．この

マラトス効果の解消方法はいくつか提唱されているが，ここでは説明を省略する．

また，2 次計画問題 (9.2) の実行可能集合が空となる場合がある．このようなときは，実行可能集合を緩和した問題を解くことによって，降下方向を求める逐次 2 次計画法も提案されている．

●9.3● 内　点　法 ●

本節では，次の非線形計画問題に対する**内点法** (interior point method) を紹介する．

$$\begin{array}{c|l} \text{目的} & f(\boldsymbol{x}) \ \to \ \text{最小化} \\ \text{条件} & p_i(\boldsymbol{x}) = 0,\ i = 1, \ldots, m \\ & x_i \geq 0,\ i \in J \end{array} \tag{9.8}$$

ここで，J は $\{1, 2, \ldots, n\}$ の部分集合である．一般の非線形計画問題 (9.1) は変数 $\boldsymbol{s} \in R^r$ を導入して次のように問題 (9.8) に変換できる．

$$\begin{array}{c|l} \text{目的} & f(\boldsymbol{x}) \ \to \ \text{最小化} \\ \text{条件} & h_i(\boldsymbol{x}) = 0,\ i = 1, \ldots, m \\ & g_j(\boldsymbol{x}) + s_j = 0,\ j = 1, \ldots, r \\ & s_j \geq 0,\ j = 1, \ldots, r \end{array}$$

以降では，簡単のため，$J = \{1, 2, \ldots, n\}$ として議論する．

問題 (9.8) の非負制約に関連して関数 b を以下のように定義する．

$$b(\boldsymbol{x}) = \begin{cases} -\sum_{j=1}^{n} \ln(x_j), & x_j > 0,\ j = 1, \ldots, n \\ \infty, & \text{それ以外} \end{cases}$$

この関数を非負制約に対する**対数障壁関数** (log barrier function) とよぶ．障壁関数とは，制約をみたしているときは有限な値をとり，その制約条件をみたす領域の境界（この場合は $x_i = 0$）に近づくにつれて大きな値をとる関数のことである．

対数障壁関数を用いて問題 (9.8) を変換した次の等式制約つき最小化問題を考えよう．

$$P_w \quad \begin{array}{c|l} \text{目的} & f(\boldsymbol{x}) + wb(\boldsymbol{x}) \ \to \ \text{最小化} \\ \text{条件} & \boldsymbol{p}(\boldsymbol{x}) = \boldsymbol{0} \end{array} \tag{9.9}$$

ただし，w は**障壁パラメータ** (barrier parameter) とよばれる正のパラメータである．図 9.1 からもわかるように，問題 P_w の最小解 $\bar{\boldsymbol{x}}$ は非負制約をみたす領域 $R_+ := \{\boldsymbol{x} \in R^n \mid x_i \geq 0,\ i = 1, \ldots, n\}$ の内点となる．さらに，w が十分小さ

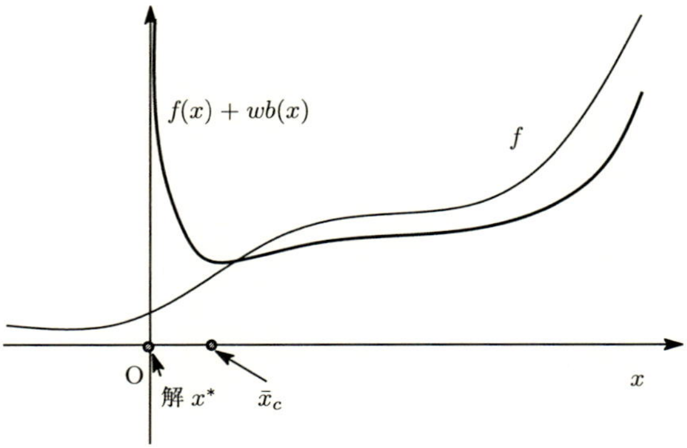

図 **9.1** (等式制約がない場合の)最小解 x^* と対数障壁関数と最小解 $\bar{x}_c$

いとき,問題 (9.9) の最小解は非線形計画問題 (9.8) の近似解とみなすことができる.目的関数 f が微分可能であれば,問題 (9.9) の目的関数も微分可能である.さらに,非線形計画問題 (9.8) が凸計画問題であれば*2),問題 (9.9) も凸計画問題になる.

問題 P_w の KKT 条件は

$$\begin{aligned}&\nabla f(\bar{\boldsymbol{x}}) - w\textstyle\sum_{j=1}^{n} \frac{1}{\bar{x}_j}\boldsymbol{e}^j + \sum_{i=1}^{m} \lambda_i \nabla p_i(\bar{\boldsymbol{x}}) = \mathbf{0}\\ &p_i(\bar{\boldsymbol{x}}) = 0,\ i = 1, \ldots, m\end{aligned} \tag{9.10}$$

とかける.ただし,$\boldsymbol{\lambda}$ は等式制約に対するラグランジュ乗数であり,$\boldsymbol{e}^j$ は第 j 成分が 1,それ以外の成分が 0 となる n 次元ベクトルである.

ここで,$\mu_i = w\frac{1}{\bar{x}_j}$ とおくと,KKT 条件 (9.10) は

$$\begin{aligned}&\nabla f(\bar{\boldsymbol{x}}) - \boldsymbol{\mu} + \textstyle\sum_{i=1}^{m} \lambda_i \nabla p_i(\bar{\boldsymbol{x}}) = \mathbf{0}\\ &p_i(\bar{x}) = 0,\ i = 1, \ldots, m\\ &\bar{x}_j \geq 0,\ \mu_j \geq 0,\ \bar{x}_j\mu_j = w,\ j = 1, \ldots, n\end{aligned} \tag{9.11}$$

とかける.これは,$w = 0$ であれば,問題 (9.8) の KKT 条件に他ならない.この KKT 条件のことを,以下では,中心化 KKT 条件とよぶ.

いま,関数 $G_w : R^{n+m+n} \to R^{n+m+n}$ を以下のように定義する.

---

*2) 正確には,「関数 f が凸関数であり,$h_i,\ i = 1, \ldots, m$ がアフィン関数であれば」である.

$$G_w(\boldsymbol{x},\boldsymbol{\lambda},\boldsymbol{\mu}) = \begin{pmatrix} \nabla f(\boldsymbol{x}) - \boldsymbol{\mu} + \sum_{i=1}^{m} \lambda_i \nabla p_i(\boldsymbol{x}) \\ p_1(\boldsymbol{x}) \\ \vdots \\ p_m(\boldsymbol{x}) \\ x_1\mu_1 - w \\ \vdots \\ x_n\mu_n - w \end{pmatrix} \tag{9.12}$$

$w > 0$ での中心化 KKT 条件 (9.11) をみたす点の近傍では $x_j > 0,\ \mu_j > 0$ が成り立つため，中心化 KKT 条件は，局所的には，次の非線形方程式 (E_w) として表せる．

$$E_w : G_w(\boldsymbol{x},\boldsymbol{\lambda},\boldsymbol{\mu}) = \boldsymbol{0}$$

内点法は，障壁パラメータ w を 0 に近づけつつ，非線形方程式 E_w をニュートン法によって求める手法であり，第 7 章で紹介したホモトピー法の一種とみなすことができる*3)．また，この手法では問題 (9.8) の決定変数だけでなく，ラグランジュ乗数（双対問題における決定変数）も同時に更新する．そのため，主双対内点法とよばれることもある．以下に内点法の概略を記述する．

内点法の概略

ステップ 0： $w_0 > 0$ を選ぶ．$k = 0$ とする．

ステップ 1： 中心化 KKT 条件 (9.11) を近似的にみたす点 $(\boldsymbol{x}^{k+1}, \boldsymbol{\lambda}^{k+1}, \boldsymbol{\mu}^{k+1})$ を求める．

ステップ 2： w_k が十分小さいとき $\boldsymbol{x}^{k+1}$ を問題 (9.8) の近似解として終了．

ステップ 3： $0 < w_{k+1} < w_k$ となるように w_{k+1} を更新する．ステップ 1 へ．

この内点法を実現するためには，次の 3 点を考えなければならない．

- ステップ 1 において "近似の程度" をどのように表すか．
- ステップ 1 において $(\boldsymbol{x}^{k+1}, \boldsymbol{\lambda}^{k+1}, \boldsymbol{\mu}^{k+1})$ をどのように求めるか．
- ステップ 3 において障壁パラメータ w_k をどう更新するか．

これらについて説明しよう．表記を簡単にするため，以下では添字 k を省略する．

---

*3) ニュートン法を必ず使わなければならないわけではないが，一般的には，ニュートン法を使う手法のことをいう．

まず，中心化 KKT 条件の近似度は等価な非線形方程式を構成する関数 G_w を用いて測ることにする．次の集合 $N(w,\beta)$ を考える．

$$N(w,\beta) := \{(\boldsymbol{x},\boldsymbol{\lambda},\boldsymbol{\mu}) \mid \|G_w(\boldsymbol{x},\boldsymbol{\lambda},\boldsymbol{\mu})\| \le \beta w,\ \boldsymbol{x} \ge \boldsymbol{0},\ \boldsymbol{\mu} \ge \boldsymbol{0}\}$$

ただし，β は非負のパラメータである．集合 $N(w,\beta)$ は非線形方程式 E_w の近似解の集合と考えることができる．$N(w,\beta)$ を用いて，条件：

$$(\boldsymbol{x},\boldsymbol{\lambda},\boldsymbol{\mu}) \in N(w,\beta) \tag{9.13}$$

をステップ 1 の近似基準とする．

次に，近似基準 (9.13) をみたした点を求める手法として，最小化問題 P_w に基づいた手法と，非線形方程式 E_w に基づいた手法を紹介する．

まず，最小化問題 P_w に基づいた手法を紹介する．まず，P_w の KKT 点を $(\boldsymbol{x}^*,\boldsymbol{\lambda}^*)$ とすれば，$\mu_j^* = \frac{w}{x_j^*}$ とした $(\boldsymbol{x}^*,\boldsymbol{\lambda}^*,\boldsymbol{\mu}^*)$ は中心化 KKT 条件をみたす点であったことを思い出そう．そのため，問題 P_w を解く過程で，中心化 KKT 条件を近似的にみたす点を求めることができる．そこで，問題 P_w に対して前節で紹介した逐次 2 次計画法を適用することを考えよう．その逐次 2 次計画法では点列 $\boldsymbol{y}^l$ を生成するものとする．ここで，l はこの逐次 2 次計画法の反復数を表す．さらに，初期点 $\boldsymbol{y}^0$ は $\boldsymbol{x}^k$ とする．問題 P_w に対する L_1 ペナルティ関数は

$$\tilde{p}_c(\boldsymbol{y}) = f(\boldsymbol{y}) - w\sum_{i=1}^{n} \ln(y_i) + c\sum_{i=1}^{m} |p_i(\boldsymbol{y})|$$

となる．この関数は，問題 (9.8) の等式制約に対しては L_1 ペナルティ関数，非負制約に対しては対数障壁関数となっており，混合ペナルティ関数とよばれている．また，逐次 2 次計画法の第 l 反復の部分問題は

$$\begin{array}{l|l} \text{目的} & \frac{1}{2}\boldsymbol{d}^\top B_l \boldsymbol{d} + \nabla f(\boldsymbol{y}^l)^\top \boldsymbol{d} - w\sum_{i=1}^{n} \frac{d_i}{y_i^l} \quad \to \quad \text{最小化} \\ \text{条件} & \boldsymbol{p}(\boldsymbol{y}^l) + \nabla \boldsymbol{p}(\boldsymbol{y}^l)^\top \boldsymbol{d} = 0 \end{array} \tag{9.14}$$

とかける．ここで，$\nabla \boldsymbol{p}(\boldsymbol{y}^l)$ の階数が m であれば問題 (9.14) は実行可能となる．さらに，問題 (9.14) の KKT 条件が以下の線形方程式となるから，問題 (9.14) の解は容易に求めることができる．

$$\begin{pmatrix} B_l & \nabla \boldsymbol{p}(\boldsymbol{y}^l) \\ \nabla \boldsymbol{p}(\boldsymbol{y}^l)^\top & 0 \end{pmatrix} \begin{pmatrix} \boldsymbol{d} \\ \boldsymbol{\lambda} \end{pmatrix} = \begin{pmatrix} -\nabla f(\boldsymbol{y}^l) + w(Y_l)^{-1}\boldsymbol{e} \\ -\boldsymbol{p}(\boldsymbol{y}^l) \end{pmatrix}$$

ただし，Y_l は次式で定義される $n \times n$ の対角行列である．

$$Y_l = \mathrm{diag}(\boldsymbol{y}^l) = \begin{pmatrix} y_1^l & & 0 \\ & \ddots & \\ 0 & & y_n^l \end{pmatrix}$$

逐次 2 次計画法によって,

$$\nabla f(\boldsymbol{y}^*) - w(Y_*)^{-1}\boldsymbol{e} + \nabla \boldsymbol{p}(\boldsymbol{y}^*)\boldsymbol{\lambda}^* = \boldsymbol{0},\ \boldsymbol{p}(\boldsymbol{y}^*) = \boldsymbol{0}$$

が成り立つ $(\boldsymbol{y}^*, \boldsymbol{\lambda}^*)$ を求めることができる．ただし，$Y_* = \mathrm{diag}(\boldsymbol{y}^*)$ であり，$\boldsymbol{e}$ はすべての成分が 1 の n 次元ベクトルである．

ここで，$\boldsymbol{\mu}^* = wY_*^{-1}\boldsymbol{e}$ とすれば，$(\boldsymbol{y}^*, \boldsymbol{\lambda}^*, \boldsymbol{\mu}^*)$ は非線形方程式 E_w の解となることに注意しよう．よって，部分問題 (9.14) の KKT 点 $(\boldsymbol{d}^l, \boldsymbol{\lambda}^{l+1})$ を求め，混合ペナルティ関数によってステップ幅 t_l を定め,

$$\boldsymbol{y}^{l+1} = \boldsymbol{y}^l + t_l\boldsymbol{d}^l,\ \boldsymbol{\mu}^{l+1} = wY_l^{-1}\boldsymbol{e}$$

として点列 $\{(\boldsymbol{y}^{l+1}, \boldsymbol{\lambda}^{l+1}, \boldsymbol{\mu}^{l+1})\}$ を生成すれば，P_w の近似基準をみたした近似 KKT 点を求めることができる．

このように最小化問題 P_w に対して逐次 2 次計画法によって点列を生成した場合，ラグランジュ乗数 $\boldsymbol{\mu}^l$ は P_w の決定変数 $\boldsymbol{y}^l$ に付随して更新される．もし，問題の情報に基づいて，ラグランジュ乗数 $\boldsymbol{\mu}$ を $\boldsymbol{y}$ と同時に更新することができれば，より効率的に近似解を求めることができるはずである．そこで，非線形方程式 E_w に対して，（非線形方程式に対する）ニュートン法を適用し，$\boldsymbol{y}^l$ と $\boldsymbol{\mu}^l$ を同時に更新することを考えよう．非線形方程式 E_w に対するニュートン方程式は

$$\begin{pmatrix} B_l & \nabla \boldsymbol{p}(\boldsymbol{y}^l) & -I \\ \nabla \boldsymbol{p}(\boldsymbol{y}^l)^\top & 0 & 0 \\ U_l & 0 & Y_l \end{pmatrix} \begin{pmatrix} \boldsymbol{d}_y \\ \boldsymbol{d}_\lambda \\ \boldsymbol{d}_\mu \end{pmatrix} = \begin{pmatrix} -\nabla_y L(\boldsymbol{y}^l, \boldsymbol{\lambda}^l, \boldsymbol{\mu}^l) \\ -\boldsymbol{p}(\boldsymbol{y}^l) \\ w\boldsymbol{e} - Y_l\boldsymbol{\mu}^l \end{pmatrix} \quad (9.15)$$

とかける．ここで，U_l は次式で定義される $n \times n$ の対角行列である．

$$U_l = \mathrm{diag}(\boldsymbol{\mu}^l) = \begin{pmatrix} \mu_1^l & & 0 \\ & \ddots & \\ 0 & & \mu_n^l \end{pmatrix}$$

また，B_l はヘッセ行列 $\nabla_{yy}^2 L(\boldsymbol{y}^l, \boldsymbol{\lambda}^l, \boldsymbol{\mu}^l)$ またはその近似行列である．ニュートン法としてはヘッセ行列をそのまま使うのが望ましいが，以下にみるように B_l は正定値行列である必要がある．そのため，ヘッセ行列が正定値行列となることが期

待できないときは，その近似行列を用いる．そのような近似行列としては，逐次2次計画法と同様に，ラグランジュ関数に対して修正 BFGS 更新を用いるとよい．

まず，B_l が半正定値行列であれば，以下に示すように線形方程式 (9.15) の係数行列は正則になる．

定理 9.5　$y_j^l > 0,\ \mu_j^l > 0,\ j = 1, \ldots, n$ とする．行列 B_l は半正定値行列であり，$\nabla \boldsymbol{p}(\boldsymbol{y}^l)$ の階数は m であるとする．このとき，行列

$$\begin{pmatrix} B_l & A^\top & -I \\ A & 0 & 0 \\ U_l & 0 & Y_l \end{pmatrix} \tag{9.16}$$

は正則である．ただし，$A = \nabla \boldsymbol{p}(\boldsymbol{y}^l)$ である．

証明　次式をみたすベクトル $\boldsymbol{v}^1 \in R^n$, $\boldsymbol{v}^2 \in R^m$, $\boldsymbol{v}^3 \in R^n$ がすべて $\boldsymbol{0}$ となることを示す．

$$\begin{pmatrix} B_l & A^\top & -I \\ A & 0 & 0 \\ U_l & 0 & Y_l \end{pmatrix} \begin{pmatrix} \boldsymbol{v}^1 \\ \boldsymbol{v}^2 \\ \boldsymbol{v}^3 \end{pmatrix} = \boldsymbol{0} \tag{9.17}$$

$y_j^l > 0,\ j = 1, \ldots, n$ より Y_l は正則であるから $\boldsymbol{v}^3 = -Y_l^{-1} U_l \boldsymbol{v}^1$ と表せる．

$$M = B_l + Y_l^{-1} U_l$$

とすると，(9.17) より

$$M\boldsymbol{v}^1 + A^\top \boldsymbol{v}^2 = \boldsymbol{0},\ \ A\boldsymbol{v}^1 = \boldsymbol{0}$$

とかける．第1式の両辺に左から $(\boldsymbol{v}^1)^\top$ を掛け，第2式を用いると

$$0 = (\boldsymbol{v}^1)^\top (M\boldsymbol{v}^1 + A^\top \boldsymbol{v}^2) = (\boldsymbol{v}^1)^\top M \boldsymbol{v}^1$$

を得る．仮定より M は正定値行列となるから，この式は $\boldsymbol{v}^1 = \boldsymbol{0}$ であることを意味する．このとき，$A^\top \boldsymbol{v}^2 = \boldsymbol{0}$ を得るが，A の階数が m であることより，$\boldsymbol{v}^2 = \boldsymbol{0}$ となる．さらに $\boldsymbol{v}^3 = -Y_l^{-1} U_l \boldsymbol{v}^1 = \boldsymbol{0}$ となる．したがって，行列 (9.16) は正則である．□

幸運なことに，方程式 (9.15) の解 $\boldsymbol{d}_y$ は混合ペナルティ関数 $\tilde{p}_c$ の降下方向となる．

定理 9.6　方程式 (9.15) の解を $(\boldsymbol{d}_y, \boldsymbol{d}_\lambda, \boldsymbol{d}_\mu)$ とする．もし $c > |\boldsymbol{\lambda}_i^l + (\boldsymbol{d}_\lambda)_i|$, $i = 1, \ldots, m$ であれば，次の不等式が成り立つ．

$$\tilde{p}_c'(\boldsymbol{y}^l; \boldsymbol{d}_y) \leq -\boldsymbol{d}_y^\top B_l \boldsymbol{d}_y$$

証明　以下では，表記の簡単化のため，添字 l を省略する．線形方程式 (9.15) は

$$B\boldsymbol{d}_y + \sum_{i=1}^m (\boldsymbol{d}_\lambda)_i \nabla p_i(\boldsymbol{y}) - \boldsymbol{d}_\mu = -\nabla f(\boldsymbol{y}) - \sum_{i=1}^m \lambda_i \nabla p_i(\boldsymbol{y}) + \boldsymbol{\mu}$$

$$\nabla p_i(\boldsymbol{y})^\top \boldsymbol{d}_y = -p_i(\boldsymbol{y}),\ i = 1, \ldots, m \tag{9.18}$$

$$\mu_j(\boldsymbol{d}_y)_j + y_j(\boldsymbol{d}_\mu)_j = w - y_j\mu_j,\ j = 1, \ldots, n \tag{9.19}$$

とかける．この左から $\boldsymbol{d}_y^\top$ を掛けて，整理すると，

$$\nabla f(\boldsymbol{x}^k)^\top \boldsymbol{d}_y = -\boldsymbol{d}_y^\top B\boldsymbol{d}_y - \sum_{i=1}^m ((\boldsymbol{d}_\lambda)_i + \lambda_i)\nabla p_i(\boldsymbol{y})^\top \boldsymbol{d}_y + \boldsymbol{d}_\mu^\top \boldsymbol{d}_y + \boldsymbol{\mu}^\top \boldsymbol{d}_y$$

を得る．この式を，$\tilde{p}_c$ の方向微係数に代入すると，

$$\begin{aligned}\tilde{p}_c'(\boldsymbol{y}; \boldsymbol{d}_y) = -\boldsymbol{d}_y^\top B\boldsymbol{d}_y - \sum_{i=1}^m ((\boldsymbol{d}_\lambda)_i + \lambda_i)\nabla p_i(\boldsymbol{y})^\top \boldsymbol{d}_y \\ +(\boldsymbol{\mu} + \boldsymbol{d}_\mu - w\boldsymbol{e}^\top Y^{-1}\boldsymbol{e})^\top \boldsymbol{d}_y + c\sum_{i=1}^m \hat{p}_i'(\boldsymbol{y}; \boldsymbol{d}_y)\end{aligned} \tag{9.20}$$

を得る．ただし，$\hat{p}_i(\boldsymbol{x}) = |p_i(\boldsymbol{x})|$ である．

一方，(9.19) より，

$$\boldsymbol{d}_\mu = wY^{-1}\boldsymbol{e} - U\boldsymbol{e} - Y^{-1}U\boldsymbol{d}_y$$

となるから，

$$\begin{aligned}&(\boldsymbol{\mu} + \boldsymbol{d}_\mu - wY^{-1}\boldsymbol{e})^\top \boldsymbol{d}_y \\ &= \boldsymbol{\mu}^\top \boldsymbol{d}_y - w\boldsymbol{e}^\top Y^{-1}\boldsymbol{d}_y + w\boldsymbol{e}^\top Y^{-1}\boldsymbol{d}_y - \boldsymbol{d}_y U\boldsymbol{e} - \boldsymbol{d}_y Y^{-1}U\boldsymbol{d}_y \\ &= -\boldsymbol{d}_y Y^{-1}U\boldsymbol{d}_y\end{aligned}$$

を得る．さらに (9.19) より $\nabla p_i(\boldsymbol{y})^\top \boldsymbol{d}_y = -p_i(\boldsymbol{y})$ であるから，

$$\hat{p}_i'(\boldsymbol{y}; \boldsymbol{d}_y) = -|p_i(\boldsymbol{y})|$$

を得る．これらの式を式 (9.20) に代入すると，

$$\begin{aligned}
\tilde{p}_c'(\boldsymbol{y};\boldsymbol{d}_y) &= -\boldsymbol{d}_y^\top B\boldsymbol{d}_y + \sum_{i=1}^{m}((\boldsymbol{d}_\lambda)_i+\lambda_i)p_i(\boldsymbol{y}) - \boldsymbol{d}_y Y^{-1}U\boldsymbol{d}_y - c\sum_{i=1}^{m}|p_i(\boldsymbol{y})| \\
&\le -\boldsymbol{d}_y^\top(B+Y^{-1}U)\boldsymbol{d}_y + \sum_{i=1}^{m}|(\boldsymbol{d}_\lambda)_i+\lambda_i||p_i(\boldsymbol{y})| - c\sum_{i=1}^{m}|p_i(\boldsymbol{y})| \\
&= -\boldsymbol{d}_y^\top(B+Y^{-1}U)\boldsymbol{d}_y + \sum_{i=1}^{m}(|(\boldsymbol{d}_\lambda)_i+\lambda_i|-c)|p_i(\boldsymbol{y})| \\
&\le -\boldsymbol{d}_y^\top(B+Y^{-1}U)\boldsymbol{d}_y
\end{aligned}$$

を得る．ただし，最後の不等式は，$c > \max\{|(\boldsymbol{d}_\lambda)_1+\lambda_1|,\ldots,|(\boldsymbol{d}_\lambda)_m+\lambda_m|\}$ を用いた． □

この定理によって，$\tilde{p}_c$ の停留点，つまり部分問題 P_w の KKT 点に収束するアルゴリズムを構築することができる．

部分問題 P_w に対するアルゴリズム

ステップ **0**： $\boldsymbol{y}^0=\boldsymbol{x}^k$, $\boldsymbol{\lambda}^0=\boldsymbol{\lambda}^k$, $\boldsymbol{\mu}^0=\boldsymbol{\mu}^k$, $\rho\in(0,1)$, $l=0$ とする．

ステップ **1**： 線形方程式 (9.15) を解いて探索方向 $(\boldsymbol{d}_y,\boldsymbol{d}_\lambda,\boldsymbol{d}_\mu)$ を求める．$c_l > \max\{|(\boldsymbol{d}_\lambda)_1+\lambda_1^l|,\ldots,|(\boldsymbol{d}_\lambda)_m+\lambda_m^l|\}$ となるように c_l を選ぶ．

ステップ **2**： $\boldsymbol{y}^l+t\boldsymbol{d}_y>\boldsymbol{0}$, $\boldsymbol{\mu}^l+t\boldsymbol{d}_\mu>\boldsymbol{0}$ かつ

$$\tilde{p}_{c_l}(\boldsymbol{y}^l+t\boldsymbol{d}_y)-\tilde{p}_{c_l}(\boldsymbol{y}^l)\le\rho t p_{c_l}(\boldsymbol{y}^l;\boldsymbol{d}_y)$$

をみたすステップ幅 t_l を決める．$(\boldsymbol{y}^{l+1},\boldsymbol{\lambda}^{l+1},\boldsymbol{\mu}^{l+1})=(\boldsymbol{y}^l+t_l\boldsymbol{d}_y,\boldsymbol{\lambda}^l+\boldsymbol{d}_\lambda,\boldsymbol{\mu}^l+t_l\boldsymbol{d}_\mu)$ とする．

ステップ **3**： $(\boldsymbol{y}^{l+1},\boldsymbol{\lambda}^{l+1},\boldsymbol{\mu}^{l+1})$ が近似基準をみたせば，$(\boldsymbol{x}^{k+1},\boldsymbol{\lambda}^{k+1},\boldsymbol{\mu}^{k+1})=(\boldsymbol{y}^{l+1},\boldsymbol{\lambda}^{l+1},\boldsymbol{\mu}^{l+1})$ として終了．そうでなければ，$l=l+1$ としてステップ 1 へ．

アルゴリズムのステップ 2 では，次の反復点 $\boldsymbol{y}^{l+1}$ と $\boldsymbol{\mu}^{l+1}$ の各成分が正となるように，ステップ幅を求めている．

最後に，w_k の更新規則を与えよう．大域的収束のためには，$w_k\to 0$ となるような列であれば大丈夫である．よく用いられる更新方法に $\alpha\in(0,1)$ となるパラメータを用いて，

$$w_k = \alpha \min \left\{ \frac{(\boldsymbol{\mu}^{k+1})^\top \boldsymbol{x}^{k+1}}{n},\ w_{k+1} \right\} \tag{9.21}$$

となるものがある．

以上のことをまとめると，内点法は以下のように記述できる．

> **内点法**
>
> **ステップ 0**（初期設定）： 適当に $\alpha, \rho \in (0,1)$ と $\beta \in (0,1)$ を決める．$(\boldsymbol{x}^0, \boldsymbol{\lambda}^0, \boldsymbol{\mu}^0) \in N(\beta)$ となる点を求める．$w^0 = \alpha \frac{(\boldsymbol{x}^0)^\top \boldsymbol{\mu}^0}{n}$ とする．
>
> **ステップ 1**（点列の更新）： 近似基準 $(\boldsymbol{x}^{k+1}, \boldsymbol{\lambda}^{k+1}, \boldsymbol{\mu}^{k+1}) \in N(w_k, \beta)$ をみたす $(\boldsymbol{x}^{k+1}, \boldsymbol{\lambda}^{k+1}, \boldsymbol{\mu}^{k+1})$ を部分問題 P_{w_k} に対するアルゴリズムによって求める．
>
> **ステップ 2**（w_k の更新）： (9.21) を用いて w_{k+1} を求める．$k := k+1$ として，ステップ 1 へ．

ステップ 1 で点列 $\{(\boldsymbol{x}^k, \boldsymbol{\lambda}^k, \boldsymbol{\mu}^k)\}$ が生成できれば，$\{(\boldsymbol{x}^k, \boldsymbol{\lambda}^k, \boldsymbol{\mu}^k)\}$ の集積点は元の問題 (9.8) の KKT 点となる．たいていの問題に対して，内点法は（問題の規模にかかわらず）数十回の反復で KKT 点を求めることができる．ただし，各 k において P_{w_k} の部分問題を解くために反復が数多くかかっていては，実際に速いアルゴリズムとはいえない．幸いなことに，凸 2 次計画問題に対しては，パラメータを適切に選べば，上記のアルゴリズムを 1 回反復するだけで，つまり 1 回線形方程式を解くだけで，近似基準をみたす点が求まることが示されている．そのため，2 次計画問題に対する内点法は多項式時間の解法となる．また，一般の非線形計画問題に対しても，$\boldsymbol{x}^k$ が問題 P_{w_k} のよい近似解であることから，多くの場合，部分問題 P_{w_k} に対するアルゴリズムを数回反復するだけで，$\boldsymbol{x}^{k+1}$ が求まる．

● 9.4 ● 拡張ラグランジュ法 ●

ここでは，まず，次の等式制約つき最小化問題を考える．

$$\begin{array}{c|l} \text{目的} & f(\boldsymbol{x}) \ \rightarrow \ \text{最小化} \\ \text{条件} & h_i(\boldsymbol{x}) = 0,\ i = 1, \ldots, m \end{array} \tag{9.22}$$

以下では，目的関数 f と制約関数 h_i，$i = 1, \ldots, m$ は連続的微分可能な関数とする．

次の関数 $L_c : R^{n+m} \to R$ を問題 (9.22) に対する拡張ラグランジュ関数 (augmented Lagrangian) とよぶ.

$$L_c(\boldsymbol{x}, \boldsymbol{\lambda}) = L(\boldsymbol{x}, \boldsymbol{\lambda}) + \frac{c}{2}\|\boldsymbol{h}(\boldsymbol{x})\|^2$$

ただし, $L : R^{n+m} \to R$ は問題 (9.22) のラグランジュ関数であり, c は正のパラメータである. ラグランジュ関数に追加された項 $\frac{c}{2}\|h(\boldsymbol{x})\|^2$ は等式制約をみたすときは 0, そうでないときには正の値をとる. そのため, 拡張ラグランジュ関数は L_1 ペナルティ関数のようなペナルティ関数とみなすことができる. ただし, L_1 ペナルティ関数とは違い, 拡張ラグランジュ関数は微分可能な関数であることに注意しよう.

いま, ラグランジュ乗数 $\boldsymbol{\lambda}$ を固定した拡張ラグランジュ関数の $\boldsymbol{x}$ に関する最小化問題を考える.

$$\begin{array}{c|lcl} \text{目的} & L_c(\boldsymbol{x}, \boldsymbol{\lambda}) & \to & \text{最小化} \\ \text{条件} & \boldsymbol{x} \in R^n & & \end{array} \tag{9.23}$$

パラメータ c が大きいとき, 問題 (9.23) の最小解は問題 (9.22) の近似解とみなすことができる. また, 拡張ラグランジュ関数は微分可能な関数であるから, 問題 (9.23) に対して直線探索法や信頼領域法を適用することによって, 停留点を求めることができる. ここで, 問題 (9.23) の停留点は次式をみたす.

$$\nabla f(\boldsymbol{x}) + \sum_{i=1}^{m}(\lambda_i + ch_i(\boldsymbol{x}))\nabla h_i(\boldsymbol{x}) = \boldsymbol{0}$$

そのため, $h_i(\boldsymbol{x}) = 0$ であれば, $(\boldsymbol{x}, \boldsymbol{\lambda})$ は問題 (9.22) の KKT 点となることがわかる. しかしながら, 一般には, c が小さな値のときは, $h_i(\boldsymbol{x}) = 0$ とはならない. 一方, c を大きくすると, 問題 (9.23) は数値的に扱うことが難しくなる. そこで, 拡張ラグランジュ関数に含まれるパラメータが c と $\boldsymbol{\lambda}$ であることに着目しよう. つまり, c だけでなく, 拡張ラグランジュ関数を構成する $\boldsymbol{\lambda}$ も同時に調整することで, 数値的に安定となり精度の高い近似解を得ることを考える.

以下では, $(\boldsymbol{x}^*, \boldsymbol{\lambda}^*)$ を問題 (9.22) の KKT 点とし, $\boldsymbol{x}^*$ において 2 次の十分条件が成り立つとしよう. このとき, 拡張ラグランジュ関数のパラメータ $\boldsymbol{\lambda}$ が $\boldsymbol{\lambda}^*$ に近ければ, c を極端に大きくしなくても, 問題 (9.23) の最小解が問題 (9.22) の精度のよい近似解になる. 実際, 以下に示すように, $\boldsymbol{x}^*$ は $\boldsymbol{\lambda} = \boldsymbol{\lambda}^*$ とした問題 (9.23) の狭義の局所的最小解になる.

まず, $(\boldsymbol{x}^*, \boldsymbol{\lambda}^*)$ が KKT 点であることより,

$$\nabla_x L_c(\boldsymbol{x}^*, \boldsymbol{\lambda}^*) = \nabla_x L(\boldsymbol{x}^*, \boldsymbol{\lambda}^*) + c\sum_{i=1}^{m} h_i(\boldsymbol{x}^*)\nabla h_i(\boldsymbol{x}^*) = \boldsymbol{0}$$

が成り立つから，$\boldsymbol{x}^*$ は $L_c(\cdot, \boldsymbol{\lambda}^*)$ の停留点になる．つまり最適性の 1 次の必要条件が成り立つ．次に，c が十分大きいとき，最適性の 2 次の十分条件が成り立つ，つまり，拡張ラグランジュ関数の $\boldsymbol{x}$ に関するヘッセ行列が正定値行列となることを示す．ヘッセ行列は

$$\begin{aligned}\nabla^2_{xx} L_c(\boldsymbol{x}^*, \boldsymbol{\lambda}^*) &= \nabla^2_{xx} L(\boldsymbol{x}^*, \boldsymbol{\lambda}^*) + c\sum_{i=1}^{m} \nabla h_i(\boldsymbol{x}^*)\nabla h_i(\boldsymbol{x}^*)^\top \\ &\quad + c\sum_{i=1}^{m} h_i(\boldsymbol{x}^*)\nabla^2 h(\boldsymbol{x}^*) \\ &= \nabla^2_{xx} L(\boldsymbol{x}^*, \boldsymbol{\lambda}^*) + c\sum_{i=1}^{m} \nabla h_i(\boldsymbol{x}^*)\nabla h_i(\boldsymbol{x}^*)^\top\end{aligned}$$

とかける．$\boldsymbol{x}^*$ は問題 (9.22) の 2 次の十分条件をみたすことから，$\boldsymbol{0}$ でないベクトル $\boldsymbol{d} \in V(\boldsymbol{x}^*) = \{\boldsymbol{d} \in R^n \mid \nabla h_i(\boldsymbol{x}^*)^\top \boldsymbol{d} = 0,\ i = 1, \ldots, m\}$ に対して，

$$\boldsymbol{d}^\top \nabla^2_{xx} L_c(\boldsymbol{x}^*, \boldsymbol{\lambda}^*)\boldsymbol{d} = \boldsymbol{d}^\top \nabla^2_{xx} L(\boldsymbol{x}^*, \boldsymbol{\lambda}^*)\boldsymbol{d} > 0 \tag{9.24}$$

が成り立つことがわかる．一方，$\boldsymbol{d} \notin V(\boldsymbol{x}^*)$ に対しては，c が十分大きいとき ($c \to \infty$ という意味ではない)，

$$\boldsymbol{d}^\top \nabla^2_{xx} L_c(\boldsymbol{x}^*, \boldsymbol{\lambda}^*)\boldsymbol{d} = \boldsymbol{d}^\top \nabla^2_{xx} L(\boldsymbol{x}^*, \boldsymbol{\lambda}^*)\boldsymbol{d} + c\left\|\sum_{i=1}^{m} \nabla h_i(\boldsymbol{x}^*)^\top \boldsymbol{d}\right\|^2 > 0$$

となることを示すことができる[*4)]．以上より，すべての $\boldsymbol{0}$ でない $\boldsymbol{d}$ に対して，

$$\boldsymbol{d}^\top \nabla^2_{xx} L_c(\boldsymbol{x}^*, \boldsymbol{\lambda})\boldsymbol{d} > 0$$

が成り立つから，$\boldsymbol{x}^*$ は $L_c(\cdot, \boldsymbol{\lambda}^*)$ の制約なし最小化問題の 2 次の十分条件をみたしている．つまり，$\boldsymbol{x}^*$ は $L_c(\cdot, \boldsymbol{\lambda}^*)$ の狭義の局所的最小解となる．

---

*4) 不等式が成り立たないとすると，$c_k \to \infty$ となる $\{c_k\}$ に対して $(\boldsymbol{d}^k)^\top \nabla^2_{xx} L_{c_k}(\boldsymbol{x}^*, \boldsymbol{\lambda}^*)\boldsymbol{d}^k \leq 0$ かつ $\|\boldsymbol{d}^k\| = 1$ である $\boldsymbol{d}^k \notin V(\boldsymbol{x}^*)$ の点列 $\{\boldsymbol{d}^k\}$ が存在することになる．$\{\boldsymbol{d}^k\}$ は有界なので集積点 $\boldsymbol{d}^*$ をもつ．$c_k \to \infty$ であるので，$\|\sum_{i=1}^{m} \nabla h_i(\boldsymbol{x}^*)^\top \boldsymbol{d}^*\|^2 = 0$ とならなければならない．つまり，$\boldsymbol{d}^* \in V(\boldsymbol{x}^*)$ である．(9.24) より，十分大きい k に対して $(\boldsymbol{d}^k)^\top \nabla^2_{xx} L(\boldsymbol{x}^*, \boldsymbol{\lambda}^*)\boldsymbol{d}^k > 0$ が成り立つ．これは $(\boldsymbol{d}^k)^\top \nabla^2_{xx} L_{c_k}(\boldsymbol{x}^*, \boldsymbol{\lambda}^*)\boldsymbol{d}^k \leq 0$ であることに矛盾する．

このように，$\boldsymbol{\lambda}$ が $\boldsymbol{\lambda}^*$ に十分近ければ，$c \to \infty$ としなくても，$L_c(\cdot, \boldsymbol{\lambda})$ の局所的最小解は元の問題 (9.22) の精度のよい近似解とみなせる．**拡張ラグランジュ法** (augmented Lagrangian method) は各反復 k において $\boldsymbol{\lambda}^*$ を推定したベクトル $\boldsymbol{\lambda}^k$ を計算し，その $\boldsymbol{\lambda}^k$ に基づいた問題 (9.23) の近似解を生成する反復法である．なお，拡張ラグランジュ法のことを**乗数法** (method of multipliers) とよぶこともある．

第 3 章の 2 次の十分条件 (定理 3.13) の証明でみたように，等式制約問題の拡張ラグランジュ関数は，

$$
\begin{array}{l|l}
\text{目的} & f(\boldsymbol{x}) + \frac{c}{2}\|\boldsymbol{h}(\boldsymbol{x})\|^2 \quad \to \quad \text{最小化} \\
\text{条件} & \boldsymbol{h}(\boldsymbol{x}) = 0
\end{array}
$$

のラグランジュ関数である．それでは，不等式制約をもつ一般の最小化問題 (9.1) の拡張ラグランジュ関数はどうなるのだろうか？　一般の最小化問題 (9.1) は，変数 $\boldsymbol{z} \in R^r$ を導入した次の等式制約問題と等価になる．

$$
\begin{array}{l|l}
\text{目的} & f(\boldsymbol{x}) \quad \to \quad \text{最小化} \\
\text{条件} & h_i(\boldsymbol{x}) = 0,\ i = 1, \ldots, m \\
 & g_j(\boldsymbol{x}) + z_j^2 = 0,\ \ j = 1, \ldots, r
\end{array}
$$

この問題の拡張ラグランジュ関数は，

$$
\begin{aligned}
&\hat{L}_c(\boldsymbol{x}, \boldsymbol{z}, \boldsymbol{\lambda}, \boldsymbol{\mu}) \\
&= f(\boldsymbol{x}) + \boldsymbol{\lambda}^\top \boldsymbol{h}(\boldsymbol{x}) + \sum_{j=1}^{r} \boldsymbol{\mu}_j (g_j(\boldsymbol{x}) + z_j^2) + \frac{c}{2}\|\boldsymbol{h}(\boldsymbol{x})\|^2 + \frac{c}{2}\sum_{j=1}^{r}(g_j(\boldsymbol{x}) + z_j^2)^2
\end{aligned}
$$

と書ける．この拡張ラグランジュ関数を，$\boldsymbol{x}$ と $\boldsymbol{z}$ に関して最小化することになるが，ここでは，$\boldsymbol{z}$ に対しての最小化は先に行うことを考える．そして，$\boldsymbol{z}$ に対して最小化した拡張ラグランジュ関数の値を $\hat{L}_c$ とし，これを一般の最小化問題 (9.1) の拡張ラグランジュ関数として定義することにする．

$$
L_c(\boldsymbol{x}, \boldsymbol{\lambda}, \boldsymbol{\mu}) = \min_{\boldsymbol{z} \in R^r} \hat{L}_c(\boldsymbol{x}, \boldsymbol{z}, \boldsymbol{\lambda}, \boldsymbol{\mu})
$$

実際に計算すると，

$$
\begin{aligned}
L_c(\boldsymbol{x}, \boldsymbol{\lambda}, \boldsymbol{\mu}) = f(\boldsymbol{x}) + \boldsymbol{\lambda}^\top \boldsymbol{h}(\boldsymbol{x}) + \frac{c}{2}\|\boldsymbol{h}(\boldsymbol{x})\|^2 \\
+ \frac{1}{2c}\sum_{j=1}^{r}\left\{\max\{0, \mu_j + c g_j(\boldsymbol{x})\}^2 - \mu_j^2\right\} \qquad (9.25)
\end{aligned}
$$

を得る．

拡張ラグランジュ関数に対して，次の定理が成り立つ．証明は [2] に掲載されている．

定理 9.7 f と $\boldsymbol{g}, \boldsymbol{h}$ は連続的微分可能であるとする．点列 $\{\boldsymbol{\lambda}^k\}, \{\boldsymbol{\mu}^k\}$ は有界であり，$\{\boldsymbol{x}^k\}$ は次の条件をみたしているとする．

$$\|\nabla_x L_{c_k}(\boldsymbol{x}^k, \boldsymbol{\lambda}^k, \boldsymbol{\mu}^k)\| \leq \delta_k$$

ここで，c_k と δ_k は，

$$0 < c_k < c_{k+1},\ 0 \leq \delta_k,\ \ \forall k$$

かつ，$c_k \to \infty, \delta_k \to 0$ となる点列である．さらに部分列 $\{\boldsymbol{x}^k\}_K$ は $\boldsymbol{x}^*$ に収束し，$\boldsymbol{x}^*$ において 1 次独立の制約想定が成り立つとする．このとき，部分列 $\{\boldsymbol{\lambda}^k + c_k h_i(\boldsymbol{x}^k)\}_K$ と $\{\max\{0,\ \mu_j^k + c_k g_j(\boldsymbol{x}^k)\}\}_K$ は収束する．さらに，

$$\boldsymbol{\lambda}^* = \lim_{k\to\infty, k\in K}(\boldsymbol{\lambda}^k + c_k \boldsymbol{h}(\boldsymbol{x}^k))$$
$$\mu_j^* = \lim_{k\to\infty, k\in K}\max\{0,\ \mu_j^k + c_k g_j(\boldsymbol{x}^k)\},\quad j = 1, \ldots, r$$

とすると，$(\boldsymbol{x}^*, \boldsymbol{\mu}^*, \boldsymbol{\lambda}^*)$ は最小化問題 (9.1) の KKT 条件をみたす．

この定理に従って，次のアルゴリズムを構築することができる．

拡張ラグランジュ法（乗数法）

ステップ 0（初期設定）： $c_k \to \infty$ となる増加列 $\{c_k\}$ と 0 に収束する正の数列 $\{\delta_k\}$ を選ぶ．初期点 $(\boldsymbol{x}^0, \boldsymbol{\lambda}^0, \boldsymbol{\mu}^0) \in R^{n+m+r}$ を適当に選ぶ．$k := 0$ とする．

ステップ 1（終了判定）： $(\boldsymbol{x}^k, \boldsymbol{\lambda}^k, \boldsymbol{\mu}^k)$ が終了条件をみたしていれば終了する．

ステップ 2（反復点の更新）： 拡張ラグランジュ関数 $L_{c_k}(\boldsymbol{x}, \boldsymbol{\lambda}^k, \boldsymbol{\mu}^k)$ に対して，$\boldsymbol{x}$ に関する制約なし最小化問題

目的	$L_{c_k}(\boldsymbol{x}, \boldsymbol{\lambda}^k, \boldsymbol{\mu}^k) \ \to\ $ 最小化
条件	$\boldsymbol{x} \in R^n$

の近似解で次の条件をみたす $\boldsymbol{x}^{k+1}$ を求める．

$$\|\nabla_x L_{c_k}(\boldsymbol{x}^{k+1}, \boldsymbol{\lambda}^k, \boldsymbol{\mu}^k)\| \leq \delta_k$$

ステップ 3（ラグランジュ乗数の更新）： ラグランジュ乗数を更新する．

$$\begin{aligned}\boldsymbol{\lambda}^{k+1} &= \boldsymbol{\lambda}^k + c_k \boldsymbol{h}(\boldsymbol{x}^k) \\ \mu_j^{k+1} &= \max\{0, \mu_j^k + c_k g_j(\boldsymbol{x}^k)\}, \quad j = 1, \ldots, r\end{aligned}$$

$k := k+1$ として，ステップ 1 へ．

ステップ 2 における最小化問題は，制約なし最小化問題に対する数値解法を用いる．その際，前回の反復点 $\boldsymbol{x}^k$ を初期点とすることによって，効率よく求めることができる．

拡張ラグランジュ法は，内点法や逐次 2 次計画法よりも，時間がかかる．しかし，内点法や逐次 2 次計画法は，各反復で線形方程式や 2 次計画問題を解かなければならないため，10 万変数を超えるような大規模な問題には適用できない．一方，拡張ラグランジュ法では，ステップ 2 において，L-BFGS 法など勾配だけを用いる手法を用いれば，線形方程式を解くことなく，近似解を求めることができる．そのため，内点法などが適用できないような大規模な問題に対して，ある程度の精度の近似解がほしいときには，拡張ラグランジュ法を用いるとよい．

参 考 文 献

本章で扱った手法の多くは [2] に掲載されている．特に，拡張ラグランジュ法に関しては，証明を含め詳しく解説されている．また，内点法に関しては，日本語で書かれた本 [9] がある．その本では，線形計画問題，2 次計画問題，半正定値計画問題などに対する内点法が，その計算量の解析とともに，わかりやすく紹介されている．本書で紹介した拡張ラグランジュ法では，[2] に基づいて，ペナルティパラメータ c_k が $c_k \to \infty$ となるようにしている．制約条件をよくみたしている場合には，ペナルティパラメータを大きくする必要がない．そのような工夫と，その工夫のもとでの大域的収束性の証明は [10] に掲載されている．

A 数学用語

以下では，本書で用いる数学用語，記号を与える．

単位ベクトル，その他： 第 i 成分が 1 でそれ以外が 0 の単位ベクトルを $\boldsymbol{e}^i$ と表す．すべての成分が 1 のベクトルを $\boldsymbol{e}$ とする．

ノルム： ベクトル $\boldsymbol{x} \in R^n$ のノルム $\|\boldsymbol{x}\|$ はユークリッドノルム（l_2 ノルム），つまり，$\|\boldsymbol{x}\| = \sqrt{\boldsymbol{x}^\top \boldsymbol{x}}$ とする．また，行列 $A \in R^{n\times n}$ に対して，本書では $\|A\| = \max_{\boldsymbol{x}\neq \boldsymbol{0}} \frac{\|A\boldsymbol{x}\|}{\|\boldsymbol{x}\|}$ で定義された行列ノルムを用いる．

距離： 2 点 $\boldsymbol{x}, \boldsymbol{y} \in R^n$ の距離を $\mathrm{dist}\{\boldsymbol{x}, \boldsymbol{y}\} = \|\boldsymbol{x} - \boldsymbol{y}\|$ とする．点 $\boldsymbol{x} \in R^n$ と閉集合 $S \subseteq R^n$ の距離を $\mathrm{dist}\{\boldsymbol{x}, S\} = \min_{\boldsymbol{y}\in S} \|\boldsymbol{x} - \boldsymbol{y}\|$ とする．

射影： 閉集合かつ凸集合である $S \subseteq R^n$ と $\boldsymbol{x} \in R^n$ に対して，$\boldsymbol{x}$ から距離が最小となる S 上の点を $\boldsymbol{x}$ の S への射影 (projection) といい，$\mathrm{P}_S(\boldsymbol{x})$ と表す．$\boldsymbol{x} \in S$ のとき，$\mathrm{P}_S(\boldsymbol{x}) = \boldsymbol{x}$ である．

数列，点列の添字： 本書では，数列と行列の列の順番を表す添字は下につける．また，ベクトルの列の添字は上につけるものとする．また，点列 $\{\boldsymbol{x}^k\}$ の部分列は，その部分列の添字集合を $K \subseteq \{0, 1, 2, \ldots\}$ としたとき，$\{\boldsymbol{x}^k\}_K$ と表すこととする．なお，ベクトル $\boldsymbol{x} \in R^n$ に対して，x_i は $\boldsymbol{x}$ の第 i 成分を表し，スカラー α に対して，α^k は α の k 乗を表すこととする．

行列式とトレース： $n \times n$ 行列 A の行列式を $\det A$ と表す．また，A のトレースを $\mathrm{trace}\, A$ と表す．行列 A の固有値を λ_i とすると，$\det A = \Pi_{i=1}^n \lambda_i$, $\mathrm{trace}\, A = \sum_{i=1}^n \lambda_i$ が成り立つ．また，行列式やトレースの性質として以下のものが知られている．

$$\det AB = \det A \det B, \quad \mathrm{trace}\, AB = \mathrm{trace}\, BA$$

ランダウの O 記号： 数列 $\{\alpha_k\}$ と $\{\beta_k\}$ に対して，$\alpha_k \leq C\beta_k$ となるような正の定数 C が存在するとき，$\alpha_k = O(\beta_k)$ と表す．さらに $\alpha_k \leq C_k\beta_k$ が成り立つ 0 に収束する正の数列 $\{C_k\}$ が存在するとき，$\alpha_k = o(\beta_k)$ と表す．

局所的リプシッツ連続： 関数 $F : R^n \to R^m$ は連続関数とする．このとき，$\boldsymbol{x} \in R^n$

に対して，$\boldsymbol{x}$ の近傍 N と正の定数 L で，

$$\|F(\boldsymbol{x}) - F(\boldsymbol{y})\| \leq L\|\boldsymbol{x} - \boldsymbol{y}\|, \ \forall \boldsymbol{y} \in N$$

となるものが存在するとき，関数 F は $\boldsymbol{x}$ で局所的リプシッツ連続 (locally Lipschitz continuous) であるという．

方向微分： 関数 $f : R^n \to R$ は $\boldsymbol{x}$ で局所的リプシッツ連続であるとする．このとき，任意の方向 $\boldsymbol{d} \in R^n$ に対して，極限値

$$\lim_{t \downarrow 0} \frac{f(\boldsymbol{x} + t\boldsymbol{d}) - f(\boldsymbol{x})}{t}$$

が存在する．このような極限値が存在するとき，f は $\boldsymbol{x}$ で方向 $\boldsymbol{d}$ に対して方向微分可能といい，その極限値を方向微分とよび $f'(\boldsymbol{x}; \boldsymbol{d})$ で表す．

微分可能性： 関数 $F : R^n \to R^m$ と $\boldsymbol{x} \in R^n$ に対して，次の条件をみたす $m \times n$ 行列 A が存在するとき，関数 F は $\boldsymbol{x}$ において微分可能といい，$F'(\boldsymbol{x}) = A$ と表す．

$$\lim_{\boldsymbol{d} \in R^n, \|\boldsymbol{d}\| \to 0} \frac{F(\boldsymbol{x} + \boldsymbol{d}) - F(\boldsymbol{x}) - A\boldsymbol{d}}{\|\boldsymbol{d}\|} = 0$$

また $F'(\boldsymbol{x})$ が連続関数となるとき，F は連続微分可能という．さらに，$F'(\boldsymbol{x})$ の各成分が微分可能なとき，F は 2 回微分可能という．

ヤコビ行列： 微分可能な関数 $F : R^n \to R^m$ に対して，$m \times n$ 行列

$$F'(\boldsymbol{x}) := \begin{pmatrix} \frac{\partial F_1(\boldsymbol{x})}{\partial x_1} & \cdots & \frac{\partial F_1(\boldsymbol{x})}{\partial x_n} \\ \vdots & \ddots & \vdots \\ \frac{\partial F_m(\boldsymbol{x})}{\partial x_1} & \cdots & \frac{\partial F_m(\boldsymbol{x})}{\partial x_n} \end{pmatrix}$$

をヤコビ行列 (Jacobian) とよび，ヤコビ行列の転置行列を $\nabla F(\boldsymbol{x})$ と表す．

勾配，ヘッセ行列： 微分可能な関数 $f : R^n \to R$ に対して，

$$\nabla f(\boldsymbol{x}) = f'(\boldsymbol{x})^\top = \begin{pmatrix} \frac{\partial f(\boldsymbol{x})}{\partial x_1} \\ \vdots \\ \frac{\partial f(\boldsymbol{x})}{\partial x_n} \end{pmatrix}$$

を f の勾配 (gradient) とよぶ．さらに，f が 2 回微分可能なとき，

$$\nabla^2 f(\boldsymbol{x}) = \nabla(\nabla f(\boldsymbol{x}))$$

を f のヘッセ行列 (Hessian) とよぶ．なお，ヘッセ行列は対称行列となるため，

$$\nabla^2 f(\boldsymbol{x}) = \nabla(\nabla f(\boldsymbol{x})) = \nabla(f'(\boldsymbol{x})) = f''(\boldsymbol{x})$$

となることに注意しよう．

また，微分可能関数 $L : R^{n+m} \to R$ が，2 変数 $\boldsymbol{x} \in R^n$ と $\boldsymbol{\lambda} \in R^m$ によって，$L(\boldsymbol{x}, \boldsymbol{\lambda})$ と表されているとき，$\boldsymbol{x}$ に関する勾配を $\nabla_x L(\boldsymbol{x}, \boldsymbol{\lambda})$ と表す．同様に関数 L の $\boldsymbol{x}$ に関するヘッセ行列を $\nabla^2_{xx} L(\boldsymbol{x}, \boldsymbol{\lambda})$ と表す．

合成関数の微分： 連続微分可能な関数 $h : R^m \to R$ と $\boldsymbol{g} : R^\ell \to R^m$ の合成関数 $p(\boldsymbol{u}) = h(\boldsymbol{g}(\boldsymbol{u}))$ の勾配は，次式で与えられる．

$$\nabla p(\boldsymbol{u}) = \nabla \boldsymbol{g}(\boldsymbol{u}) \nabla h(\boldsymbol{g}(\boldsymbol{u}))$$

特に，$f : R^n \to R$ と $\boldsymbol{x}, \boldsymbol{d} \in R^n$ を用いて，$p(t) = f(\boldsymbol{x} + t\boldsymbol{d})$ と定義すると，p の微分は

$$p'(t) = \nabla f(\boldsymbol{x} + t\boldsymbol{d})^\top \boldsymbol{d} \tag{A.1}$$

で与えられる（$m = n$, $\ell = 1$, $h(\boldsymbol{x}) = f(\boldsymbol{x})$, $g(t) = \boldsymbol{x} + t\boldsymbol{d}$ と考えればよい）．

テイラー展開： 関数 $F : R^n \to R^m$ が $\boldsymbol{x}$ で微分可能なとき，$\boldsymbol{x}$ の近傍 $\boldsymbol{x}'$ において，

$$F(\boldsymbol{x}') = F(\boldsymbol{x}) + \nabla F(\boldsymbol{x})^\top (\boldsymbol{x}' - \boldsymbol{x}) + o(\|\boldsymbol{x}' - \boldsymbol{x}\|)$$

が成り立つ[*1]．この式の右辺を F の $\boldsymbol{x}$ の周りでの 1 次のテイラー展開 (Taylor expansion) とよぶ．また 2 回微分可能関数 $f : R^n \to R$ に対して，2 次のテイラー展開は，

$$f(\boldsymbol{x}') = f(\boldsymbol{x}) + \nabla f(\boldsymbol{x})^\top (\boldsymbol{x}' - \boldsymbol{x}) + \frac{1}{2}(\boldsymbol{x}' - \boldsymbol{x})^\top \nabla^2 f(\boldsymbol{x})(\boldsymbol{x}' - \boldsymbol{x}) + o(\|\boldsymbol{x}' - \boldsymbol{x}\|^2)$$

と表される．

閉集合と閉包： 集合 $S \subseteq R^n$ は，その集合に含まれる任意の点列 $\{\boldsymbol{x}^k\} \subseteq S$ の集積点が S に含まれるとき，閉集合であるという．集合 $V \subseteq R^n$ を含む閉集合 $\bar{V} \supset V$ で，集合 $\bar{V}$ に真に含まれるような V を含む閉集合が存在しないとき，$\bar{V}$ を V の閉包といい，$\mathrm{cl}\, V$ と表す．閉集合の閉包は，その閉集合自身である．

凸包： 集合 $V \subseteq R^n$ を含む凸集合 $\bar{V} \supset V$ で，集合 $\bar{V}$ に真に含まれるような V を含む凸集合が存在しないとき，$\bar{V}$ を V の凸包といい，$\mathrm{co}\, V$ と表す．凸集合の凸包は，その凸集合自身である．

[*1] ここでの記号 $o(\|\boldsymbol{x}' - \boldsymbol{x}\|)$ は，便宜上，各成分が $o(\|\boldsymbol{x}' - \boldsymbol{x}\|)$ となるベクトルとして用いている．

B 補助定理

以下では，本書で用いた補題・定理のうち，いくつかの証明を与える．

補題 B.1　A を対称行列，B を正定値対称行列とする．このとき，

$$X^\top AX = D,\ \ X^\top BX = I$$

となる正則行列 X と対角行列 D が存在する．

証明　B は正定値対称行列だから，$B = B^{\frac{1}{2}}B^{\frac{1}{2}}$ となる正定値対称行列 $B^{\frac{1}{2}}$ が存在する．さらに，$B^{-\frac{1}{2}}AB^{-\frac{1}{2}}$ は対称行列だから，固有値分解できて，その固有値分解を

$$B^{-\frac{1}{2}}AB^{-\frac{1}{2}} = FDF^\top$$

とする．ここで，F は直交行列であり，D は固有値を並べた対角行列である．このとき，$X = B^{-\frac{1}{2}}F$ とおくと，

$$\begin{aligned}X^\top AX &= F^\top B^{-\frac{1}{2}}AB^{-\frac{1}{2}}F = F^\top(FDF^\top)F = D\\ X^\top BX &= F^\top B^{-\frac{1}{2}}BB^{-\frac{1}{2}}F = F^\top F = I\end{aligned}$$

を得る．　□

補題 B.2　$\boldsymbol{u}, \boldsymbol{v} \in R^n$ とする．

$$\det(I + \boldsymbol{u}\boldsymbol{v}^\top) = 1 + \boldsymbol{u}^\top\boldsymbol{v}$$

証明　$\boldsymbol{u} = \boldsymbol{0}$ のときは自明．$\boldsymbol{u} \neq \boldsymbol{0}$ とする．適当に $\boldsymbol{w}^1, \ldots, \boldsymbol{w}^{n-1} \in R^n$ を定めた正則行列

$$Q = \begin{bmatrix}\boldsymbol{u} & \boldsymbol{w}^1 & \cdots & \boldsymbol{w}^{n-1}\end{bmatrix}$$

を考える．このとき，$\boldsymbol{e}^1 = (1, 0, \ldots, 0)^\top$ に対して

$$\boldsymbol{u} = Q\boldsymbol{e}^1$$

つまり，$Q^{-1}\boldsymbol{u} = \boldsymbol{e}^1$ である．ここで，

$$\boldsymbol{z} = \boldsymbol{v}^\top Q$$

とおくと，

$$z_1 = \boldsymbol{z}\boldsymbol{e}^1 = \boldsymbol{v}^\top QQ^{-1}\boldsymbol{u} = \boldsymbol{u}^\top \boldsymbol{v}$$

であり，

$$\det(I + \boldsymbol{u}\boldsymbol{v}^\top) = \det\left(Q^{-1}(I + \boldsymbol{u}\boldsymbol{v}^\top)Q\right) = \det(I + \boldsymbol{e}^1\boldsymbol{v}^\top Q)$$

である．よって，

$$I + \boldsymbol{e}^1\boldsymbol{v}^\top Q = I + \begin{pmatrix} z_1 & \cdots & z_n \\ 0 & \cdots & 0 \\ \vdots & \ddots & \vdots \\ 0 & \cdots & 0 \end{pmatrix} = \begin{pmatrix} 1 + z_1 & z_2 & \cdots & z_n \\ 0 & 1 & & \text{\Large 0} \\ \vdots & & \ddots & \\ 0 & \text{\Large 0} & & 1 \end{pmatrix}$$

となるから，

$$\det(I + \boldsymbol{u}\boldsymbol{v}^\top) = 1 + z_1 = 1 + \boldsymbol{u}^\top \boldsymbol{v}$$

を得る． □

この補題を使って，行列式の微分を与えよう．

補題 B.3 A を正則な行列とする．このとき，$\det A$ は微分可能で，

$$\frac{\partial \det A}{\partial A_{ij}} = (A^{-1})_{ji} \det A$$

である．

証明 $\boldsymbol{e}^i$ を第 i 成分が 1 で，それ以外が 0 となる n 次元ベクトルとする．(i,j) 成分が 1 でそれ以外が 0 となる $n \times n$ 行列を E_{ij} とすると，$E_{ij} = \boldsymbol{e}^i(\boldsymbol{e}^j)^\top$ と表すことができる．

補題 B.2 より，任意の t に対して

$$\begin{aligned} \det(A + tE_{ij}) &= \det\left((I + t\boldsymbol{e}^i(\boldsymbol{e}^j)^\top A^{-1})A\right) \\ &= \det(I + t\boldsymbol{e}^i(\boldsymbol{e}^j)^\top A^{-1}) \det A \\ &= (1 + t(\boldsymbol{e}^j)^\top A^{-1}\boldsymbol{e}^i) \det A \end{aligned}$$

$$= (1 + t(A^{-1})_{ji}) \det A$$

が成り立つ．よって，微分の定義より，

$$\frac{\partial \det A}{\partial A_{ij}} = \lim_{t \to 0} \frac{\det(A + tE_{ij}) - \det A}{t} = (A^{-1})_{ji} \det A$$

を得る． □

次に接錐の性質を与えよう．

定理 B.1

(a) 接錐は閉集合である．

(b) S を凸集合とする．このとき，S の $\bar{\boldsymbol{x}} \in S$ における接錐 $T_S(\bar{\boldsymbol{x}})$ は，次式で与えられる．

$$T_S(\bar{\boldsymbol{x}}) = \mathrm{cl}\,\mathrm{cone}[S, \bar{\boldsymbol{x}}]$$

ただし，$\mathrm{cone}[S, \bar{\boldsymbol{x}}] = \{\boldsymbol{y} \mid \boldsymbol{y} = \beta(\boldsymbol{x} - \bar{\boldsymbol{x}}),\ \boldsymbol{x} \in S,\ \beta > 0\}$ である．

証明　(a) $\boldsymbol{y}^l \to \bar{\boldsymbol{y}}$ となる点列 $\{\boldsymbol{y}^l\} \subseteq T_S(\bar{\boldsymbol{x}})$ と $\bar{\boldsymbol{y}}$ を考える．接錐は閉集合となることを示すには，$\bar{\boldsymbol{y}} \in T_S(\bar{\boldsymbol{x}})$ となることを示せば十分である．

一般性を失わずに，

$$\|\boldsymbol{y}^l - \bar{\boldsymbol{y}}\| < \frac{1}{l} \tag{B.1}$$

であるとする．

$\boldsymbol{y}^l \in T_S(\bar{\boldsymbol{x}})$ より，各 l に対して，

$$\boldsymbol{y}^l = \lim_{k \to \infty} \alpha_{l,k}(\boldsymbol{x}^{l,k} - \bar{\boldsymbol{x}}),\ \boldsymbol{x}^{l,k} \in S,\ \boldsymbol{x}^{l,k} \to \bar{\boldsymbol{x}},\ \alpha_{l,k} \geq 0$$

となる列 $\{\boldsymbol{x}^{l,k}\}$ と $\{\alpha_{l,k}\}$ が存在する．このとき，ある k_l が存在して，

$$\|\alpha_{l,k_l}(\boldsymbol{x}^{l,k_l} - \bar{\boldsymbol{x}}) - \boldsymbol{y}^l\| < \frac{1}{l},\ \ \|\boldsymbol{x}^{l,k_l} - \bar{\boldsymbol{x}}\| < \frac{1}{l} \tag{B.2}$$

が成り立つ．

ここで，$\alpha_l = \alpha_{l,k_l}, \boldsymbol{x}^l = \boldsymbol{x}^{l,k_l}$ とおく．このとき，$\alpha_l \geq 0$，$\boldsymbol{x}^l \in S$ である．さらに，

$$\|\boldsymbol{x}^l - \bar{\boldsymbol{x}}\| = \|\boldsymbol{x}^{l,k_l} - \bar{\boldsymbol{x}}\| < \frac{1}{l}$$

より，$\boldsymbol{x}^l \to \bar{\boldsymbol{x}}$ が成り立つ．

(B.1) と (B.2) より，

$$\|\alpha_l(\boldsymbol{x}^l - \bar{\boldsymbol{x}}) - \bar{\boldsymbol{y}}\| = \|\alpha_{l,k_l}(\boldsymbol{x}^{l,k_l} - \bar{\boldsymbol{x}}) - \bar{\boldsymbol{y}}\|$$

$$\leq \|\alpha_{l,k_l}(\boldsymbol{x}^{l,k_l} - \bar{\boldsymbol{x}}) - \boldsymbol{y}^l\| + \|\boldsymbol{y}^l - \bar{\boldsymbol{y}}\|$$
$$\leq \frac{1}{l} + \frac{1}{l}$$

であるから，$\bar{\boldsymbol{y}} = \lim_{l\to\infty} \alpha_l(\boldsymbol{x}^l - \bar{\boldsymbol{x}})$ を得る．よって，$\bar{\boldsymbol{y}} \in T_S(\bar{\boldsymbol{x}})$ である．

(b) $\boldsymbol{y} \in \mathrm{cone}[S, \bar{\boldsymbol{x}}]$ とする．このとき，ある $\boldsymbol{x} \in S$ と $\beta > 0$ が存在して，$\boldsymbol{y} = \beta(\boldsymbol{x} - \bar{\boldsymbol{x}})$ と表せる．いま，$\{\gamma_k\}$ を $\beta\gamma_k \in (0,1)$ かつ $\gamma_k \to 0$ をみたす数列とする．このとき，$\boldsymbol{x}^k = \bar{\boldsymbol{x}} + \gamma_k \boldsymbol{y}$ とおくと，$\boldsymbol{x}^k = (1-\beta\gamma_k)\bar{\boldsymbol{x}} + \beta\gamma_k \boldsymbol{x}$ であるから，$\boldsymbol{x}^k \in S$ かつ $\boldsymbol{x}^k \to \bar{\boldsymbol{x}}$ である．

ここで，$\alpha_k = 1/\gamma_k$ とおくと，$\lim_{k\to\infty} \alpha_k(\boldsymbol{x}^k - \bar{\boldsymbol{x}}) = \boldsymbol{y}$ となるから，$\boldsymbol{y} \in T_S(\bar{\boldsymbol{x}})$ である．つまり，$T_S(\bar{\boldsymbol{x}}) \supseteq \mathrm{cone}[S, \bar{\boldsymbol{x}}]$ が成り立つ．(a) より，接錐は閉集合であるから，$T_S(\bar{\boldsymbol{x}}) = \mathrm{cl}\, T_S(\bar{\boldsymbol{x}}) \supseteq \mathrm{cl\,cone}[S, \bar{\boldsymbol{x}}]$ である．

逆に，$\boldsymbol{y} \in T_S(\bar{\boldsymbol{x}})$ とする．このとき，ある $\alpha_k \geq 0$ と $\boldsymbol{x}^k \in S$ が存在して，$\boldsymbol{y} = \lim_{k\to\infty} \alpha_k(\boldsymbol{x}^k - \bar{\boldsymbol{x}})$ と表せる．$\alpha_k > 0$ のときは $\alpha_k(\boldsymbol{x}^k - \bar{\boldsymbol{x}}) \in \mathrm{cone}[S, \bar{\boldsymbol{x}}]$ であり，$\alpha_k = 0$ のときは $\alpha_k(\boldsymbol{x}^k - \bar{\boldsymbol{x}}) \in \mathrm{cl\,cone}[S, \bar{\boldsymbol{x}}]$ であるから，どちらの場合も $\alpha_k(\boldsymbol{x}^k - \bar{\boldsymbol{x}}) \in \mathrm{cl\,cone}[S, \bar{\boldsymbol{x}}]$ である．よって，$\boldsymbol{y} \in \mathrm{cl\,cone}[S, \bar{\boldsymbol{x}}]$ が成り立つから，$T_S(\bar{\boldsymbol{x}}) \subseteq \mathrm{cl\,cone}[S, \bar{\boldsymbol{x}}]$ である． □

この定理 (b) と法線錐 $N_S(\bar{\boldsymbol{x}})$ の定義より，S が凸集合であるとき，

$$N_S(\bar{\boldsymbol{x}}) = \{\boldsymbol{y} \mid \langle \boldsymbol{y}, \boldsymbol{x} - \bar{\boldsymbol{x}} \rangle \leq 0,\ \boldsymbol{x} \in S\}$$

となることがわかる．

C ウルフのルールをみたすステップ幅の求め方

直線探索法においてウルフのルールをみたすステップ幅を求めるアルゴリズムを紹介する.

以下では $\boldsymbol{d}$ を降下方向とし, 関数 f は $\boldsymbol{d}$ 方向には下に有界であるとする. $0 < c_1 < c_2 < 1$ が与えられたとき, ウルフのルールは

$$f(\boldsymbol{x} + t\boldsymbol{d}) - f(\boldsymbol{x}) \leq c_1 t \nabla f(\boldsymbol{x})^\top \boldsymbol{d}$$

$$\nabla f(\boldsymbol{x} + t\boldsymbol{d})^\top \boldsymbol{d} \geq c_2 \nabla f(\boldsymbol{x})^\top \boldsymbol{d}$$

である. いま $p(t) = f(\boldsymbol{x} + t\boldsymbol{d}) - f(\boldsymbol{x})$ とすると, ウルフのルールは

$$p(t) \leq c_1 p'(0) t, \ \ p'(t) \geq c_2 p'(0)$$

と書ける. ここで, $\boldsymbol{d}$ が降下方向であるから, $p'(0) < 0$ であることに注意する.

ウルフのルールをみたすステップ幅を見つけるアルゴリズムは次の 2 段階のアルゴリズムで構成される. 第 1 段階のアルゴリズムは, $s_0 = 0$ から始め, 単調に増加する列 $\{s_i\}$ を生成し, ウルフのルールをみたすステップ幅 t が存在する区間 $[s_{i-1}, s_i]$ を求める. 第 2 段階のアルゴリズムは区間 $[s_{i-1}, s_i]$ からウルフのルールをみたすステップ幅 t を求める.

第 1 段階アルゴリズムを理解するために次の補題が必要となる.

補題 C.1 単調増加列 $\{s_i\}$ は $s_0 = 0$ かつ $\lim_{i \to \infty} s_i = \infty$ をみたすとする. このとき, 次の条件のうちどれかをみたさない i が存在する.

1. $p(s_i) \leq c_1 p'(0) s_i$
2. $p(s_i) < p(s_{i-1})$
3. $p'(s_i) < 0$

さらに, そのような $i \geq 1$ のうち最小のものを $\bar{i}$ とする. このとき, 区間 $[s_{\bar{i}-1}, s_{\bar{i}}]$ のなかにウルフのルールをみたすステップ幅 t が存在する.

証明　まず，すべての i において，3 つの条件をみたすとしよう．このとき，条件 1. と $p'(0) < 0$ より，$\lim_{i\to\infty} p(s_i) = -\infty$ となる．p の定義より，$\lim_{i\to\infty} f(\boldsymbol{x}+s_i\boldsymbol{d}) = -\infty$ となるが，これは f が $\boldsymbol{d}$ 方向に下に有界であったことに反する．よって，条件 1.–3. のうちどれかをみたさない i が存在する．

次に，$i \geq 1$ のなかで条件 1.–3. のうちどれかをみたさない最小のものを $\bar{i}$ とする．

まず，$s_{\bar{i}}$ が条件 1. をみたす（条件 2. または 3. をみたさない）場合を考えよう．このとき，次の問題を考える．

$$\begin{array}{l|l} 目的 & p(s) \quad \to \quad 最小化 \\ 条件 & s_{\bar{i}-1} \leq s \leq s_{\bar{i}} \end{array} \tag{C.1}$$

$s_{\bar{i}-1}$ は条件 3. をみたすので，$p'(s_{\bar{i}-1}) < 0$ である．よって，$s_{\bar{i}-1}$ は問題 (C.1) の大域的最小解ではない．仮定より $s_{\bar{i}}$ は条件 2. または 3. をみたさないから，$p(s_{\bar{i}}) \geq p(s_{\bar{i}-1})$ か $p'(s_{\bar{i}}) > 0$ となる．よって，$s_{\bar{i}}$ も問題 (C.1) の大域的最小解ではない．つまり，問題 (C.1) の大域的最小解 s^* では不等式制約が有効とならないため，$p'(s^*) = 0$ となる．よって，$p'(0) < 0$ より，$0 = p'(s^*) \geq c_2 p'(0)$ が成り立つ．また，$s^* < s_{\bar{i}}$ であり，$s_{\bar{i}}$ は条件 1. をみたすから，

$$p(s^*) \leq p(s_{\bar{i}}) \leq c_1 p'(0) s_{\bar{i}} \leq c_1 p'(0) s^*$$

が成り立つ．よって，$s^* \in [s_{\bar{i}-1}, s_{\bar{i}}]$ はウルフのルールをみたす．

次に，$s_{\bar{i}}$ が条件 1. をみたしていない場合を考えよう．$q(t) = p(t) - c_1 p'(0) t$ とすると，$s_{\bar{i}-1}$ は条件 1. をみたすから，$q(s_{\bar{i}-1}) \leq 0$ である．さらに，$s_{\bar{i}}$ は条件 1. をみたしていないから $q(s_{\bar{i}}) > 0$ が成り立つ．q は連続関数だから，$q(\bar{s}) = 0$ かつ $q'(\bar{s}) \geq 0$ となる，つまり，$p(\bar{s}) = c_1 p'(0)\bar{s}$ かつ $p'(\bar{s}) \geq c_1 p'(0)$ となる $\bar{s} \in [s_{\bar{i}-1}, s_{\bar{i}}]$ が存在する．$c_2 > c_1$ であるから，$p'(\bar{s}) > c_2 p'(0)$ である．よって，$\bar{s}$ はウルフのルールをみたす．

□

この補題によって，増加列 $\{s_i\}$ に対して，条件 1.–3. を使うことによって，ウルフのルールをみたすステップ幅が存在する区間 $[s_{i-1}, s_i]$ を見つけることができる．

区間 $[s_{i-1}, s_i]$ からステップ幅 t を出力する関数（第 2 段階のアルゴリズム）を $\mathrm{find}(s_{i-1}, s_i)$ とすると，ウルフのルールをみたすステップ幅を見つけるアルゴリズムは以下のように記述できる．

ウルフのルールをみたすステップ幅 $\boldsymbol{t}$ を見つけるアルゴリズム

ステップ 0：　$s_0 = 0$ とし，$s_1 > 0$ を選ぶ．$i = 1$ とする．

ステップ 1：　もし $p(s_i) > c_1 p'(0) s_i$ となるか $i > 1$ で $p(s_i) \geq p(s_{i-1})$ となるならば，$t = \mathrm{find}(s_{i-1}, s_i)$ として終了．

ステップ 2：　もし $|p'(s_i)| \leq -c_2 p'(0)$ であれば $t = s_i$ として終了．

ステップ 3： もし $p'(s_i) \geq 0$ であれば $t = \mathrm{find}(s_{i-1}, s_i)$ として終了.
ステップ 4： $s_{i+1} > s_i$ となる s_{i+1} を選び，$i := i + 1$ としてステップ 1 へ.

ステップ 2 に至るのは，ステップ 1 の条件をみたしていないときである．そのため，$p(s_i) \leq c_1 p'(0) s_i$ が成り立っている．さらに，ステップ 2 の条件をみたせば，$-p'(s_i) \leq -c_2 p'(0)$ が成り立つので，$p'(s_i) \geq c_2 p'(0)$ である．このとき，s_i はウルフの条件をみたしているので，$t = s_i$ として終了する．

ステップ 4 では，例えば，$s_{i+1} = 10 s_i$ とすればよい．

次に，第 2 段階のアルゴリズムを説明しよう．このアルゴリズムでは補題 C.1 の証明中に出てきた s^* あるいは $\bar{s}$ を近似的に求める．

いま，$v \in (s_{i-1}, s_i)$ としよう．補題 C.1 より，次の 3 つの場合が考えられる．

v が条件 1.–3. をみたす場合： 区間 $[v, s_i]$ の間にウルフのルールをみたす点が存在する．

v が条件 1. または 2. をみたさないとき： 区間 $[s_{i-1}, v]$ にウルフのルールをみたす点が存在する．

v が条件 1. と 2. をみたすが，条件 3. をみたさないとき： v はウルフのルールをみたす．

第 2 段階のアルゴリズムは縮小する区間の列 $\{(l_j, u_j)\} \subseteq [s_{\bar{i}-1}, s_{\bar{i}}]$ を生成する．

第 2 段階のアルゴリズム
ステップ 0： $l = s_{i-1}$, $u = s_i$ とする.
ステップ 1： 適当な手法を用いて，$v \in (l, u)$ を求める.
ステップ 2： $p(v) > c_1 p'(0) v$ または $p(v) > p(l)$ であれば $u = v$ としてステップ 1 へ.
ステップ 3： $p'(v) \leq 0$ であれば $l = v$ としてステップ 1 へ.
ステップ 4： v を出力して終了.

ステップ 1 で v を求める最も単純な方法は $v = \frac{l+u}{2}$ とすることである．こうすることによって，1 回の反復で区間 (l, v) の長さは半分になる．実際は，s_{i-1}, s_i, v などの p の関数値や勾配を用いて，p の 2 次あるいは 3 次近似した関数を求め，その近似関数の最小点を v とすることが多い．

D 修正ガウス–ニュートン法の2次収束性

ここでは，直線探索法を用いない修正ガウス–ニュートン法（以下，LM 法）の局所的収束性を議論する．つまり，次の反復点 $\boldsymbol{x}^{k+1}$ は

$$\boldsymbol{x}^{k+1} := \boldsymbol{x}^k + \boldsymbol{d}^k$$

とする．ここで，LM 法の探索方向 $\boldsymbol{d}^k$ は，線形方程式

$$(F'(\boldsymbol{x}^k)^\top F'(\boldsymbol{x}^k) + w_k I)\boldsymbol{d} = -F'(\boldsymbol{x}^k)^\top F(\boldsymbol{x}^k) \tag{D.1}$$

の解である．

まず，関数 θ^k を次のように定義する．

$$\theta^k(\boldsymbol{d}) = \|F'(\boldsymbol{x}^k)\boldsymbol{d} + F(\boldsymbol{x}^k)\|^2 + w_k\|\boldsymbol{d}\|^2$$

容易にわかるように関数 θ^k は狭義凸な2次関数である．さらにこの関数の制約なし最小化問題

$$\text{目的} \mid \theta^k(\boldsymbol{d}) \ \rightarrow\ \text{最小化} \tag{D.2}$$

は，θ が凸関数であることと最適性の1次の必要条件より，方程式 (D.1) と等価であることがわかる．この最小化問題 (D.2) の性質を用いて，LM 法の局所的な性質の解析を行う．

まず，これからの解析に必要となるいくつかの仮定をおく．

仮定 D.1 問題 (7.1) の解集合 $X = \{\boldsymbol{x} \in R^n \mid F(\boldsymbol{x}) = \boldsymbol{0}\}$ は空でなく，ある $\boldsymbol{x}^* \in X$ において次の条件 (a), (b) が成り立つ．

(a) 以下の不等式が成り立つような定数 $b \in (0, \infty)$, $c_1 \in (0, \infty)$ が存在する．

$$\|F'(\boldsymbol{y})(\boldsymbol{x} - \boldsymbol{y}) - (F(\boldsymbol{x}) - F(\boldsymbol{y}))\| \le c_1\|\boldsymbol{x} - \boldsymbol{y}\|^2,$$
$$\forall \boldsymbol{x}, \boldsymbol{y} \in B(\boldsymbol{x}^*, b) := \{\boldsymbol{x} \mid \|\boldsymbol{x} - \boldsymbol{x}^*\| \le b\}$$

(b) $\|F(\boldsymbol{x})\|$ は $B(\boldsymbol{x}^*, b)$ 上で局所的エラーバウンドとなる．つまり，次の不等式が成り立つ正の定数 c_2 が存在する．

$$c_2 \mathrm{dist}(\boldsymbol{x}, X) \le \|F(\boldsymbol{x})\|, \ \ \forall \boldsymbol{x} \in B(\boldsymbol{x}^*, b)$$

仮定 (a) は F が連続的微分可能で F' がリプシッツ連続であれば成り立つ．また仮定 (a) より，次の不等式をみたす正の定数 L が存在する．

$$\|F(\boldsymbol{x}) - F(\boldsymbol{y})\| \le L\|\boldsymbol{x} - \boldsymbol{y}\|, \ \ \forall \boldsymbol{x}, \boldsymbol{y} \in B(\boldsymbol{x}^*, b) \tag{D.3}$$

また，LM 法で用いる数列 $\{w_k\}$ は以下のように更新されると仮定する．

仮定 D.2 各 k に対して $w_k := \|F(\boldsymbol{x}^k)\|^2$ である．

この仮定は w_k が 0 に収束する速さを与えている．実際，式 (D.3) より，w_k は点列が解に収束する 2 乗の速さで収束する．なお，実際にアルゴリズムを実装する場合は，適当な正の定数 α, β を用いて，

$$w_k = \alpha \min\{\|F(\boldsymbol{x}^k)\|^2, \beta\}$$

とすることもできるが，解析を容易にするために，ここでは仮定 D.2 のように定義する．

これらの仮定のもと次の性質を示すことができる．以下では，各 k に対して，$\bar{\boldsymbol{x}}^k \in X$ は

$$\|\boldsymbol{x}^k - \bar{\boldsymbol{x}}^k\| = \mathrm{dist}(\boldsymbol{x}^k, X)$$

をみたす解を表すものとする．

補題 D.1 仮定 D.1 が成り立つとする．さらに，$\boldsymbol{x}^k \in B\left(\boldsymbol{x}^*, \frac{b}{2}\right)$ とし，$\boldsymbol{d}^k$ を方程式 (D.1) の解とする．このとき，

$$\begin{aligned} \|\boldsymbol{d}^k\| &\le c_3 \mathrm{dist}(\boldsymbol{x}^k, X) \\ \|F'(\boldsymbol{x}^k)\boldsymbol{d}^k + F(\boldsymbol{x}^k)\| &\le c_4 \mathrm{dist}(\boldsymbol{x}^k, X) \end{aligned}$$

が成り立つ．ここで，$c_3 = \sqrt{\frac{c_1^2 + c_2^2}{c_2^2}}, c_4 = \sqrt{c_1^2 + L^2}$ である．

証明 $\boldsymbol{d}^k$ は最小化問題 (D.2) の解であるから，

$$\theta^k(\boldsymbol{d}^k) \le \theta^k(\bar{\boldsymbol{x}}^k - \boldsymbol{x}^k)$$

である．また，$\boldsymbol{x}^k \in B\left(\boldsymbol{x}^*, \frac{b}{2}\right)$ であるから，

$$\|\bar{\boldsymbol{x}}^k - \boldsymbol{x}^*\| \leq \|\bar{\boldsymbol{x}}^k - \boldsymbol{x}^k\| + \|\boldsymbol{x}^* - \boldsymbol{x}^k\| \leq \|\boldsymbol{x}^* - \boldsymbol{x}^k\| + \|\boldsymbol{x}^* - \boldsymbol{x}^k\| \leq b$$

となる．よって，$\bar{\boldsymbol{x}}^k \in B(\boldsymbol{x}^*, b)$ である．このため，θ^k の定義と仮定 D.1 (a) より，

$$\begin{aligned}
\|\boldsymbol{d}^k\|^2 &\leq \frac{1}{w_k}\theta^k(\boldsymbol{d}^k) \\
&\leq \frac{1}{w_k}\theta^k(\bar{\boldsymbol{x}}^k - \boldsymbol{x}^k) \\
&= \frac{1}{w_k}\left(\|F'(\boldsymbol{x}^k)(\bar{\boldsymbol{x}}^k - \boldsymbol{x}^k) + F(\boldsymbol{x}^k)\|^2 + w_k\|\bar{\boldsymbol{x}}^k - \boldsymbol{x}^k\|^2\right) \\
&\leq \frac{1}{w_k}\left(c_1^2\|\boldsymbol{x}^k - \bar{\boldsymbol{x}}^k\|^4 + w_k\|\boldsymbol{x}^k - \bar{\boldsymbol{x}}^k\|^2\right) \\
&\leq \left(\frac{c_1^2\|\boldsymbol{x}^k - \bar{\boldsymbol{x}}^k\|^2}{w_k} + 1\right)\|\boldsymbol{x}^k - \bar{\boldsymbol{x}}^k\|^2
\end{aligned}$$

となる．一方，仮定 D.1 (b), 仮定 D.2 より，

$$w_k = \|F(\boldsymbol{x}^k)\|^2 \geq c_2^2\|\boldsymbol{x}^k - \bar{\boldsymbol{x}}^k\|^2$$

であるので，この不等式を上記の不等式に代入して式変形すると，

$$\|\boldsymbol{d}^k\| \leq \sqrt{\frac{c_1^2 + c_2^2}{c_2^2}}\|\boldsymbol{x}^k - \bar{\boldsymbol{x}}^k\|$$

を得る．

次に 2 番目の不等式を示す．1 番目の不等式を示したときと同様にして，

$$\begin{aligned}
\|F'(\boldsymbol{x}^k)\boldsymbol{d}^k + F(\boldsymbol{x}^k)\|^2 &\leq \theta^k(\boldsymbol{d}^k) \\
&\leq \theta^k(\bar{\boldsymbol{x}}^k - \boldsymbol{x}^k) \\
&\leq c_1^2\|\boldsymbol{x}^k - \bar{\boldsymbol{x}}^k\|^4 + w_k\|\boldsymbol{x}^k - \bar{\boldsymbol{x}}^k\|^2
\end{aligned}$$

を得る．ここで，(D.3), 仮定 D.2 より，

$$w_k = \|F(\boldsymbol{x}^k)\|^2 = \|F(\boldsymbol{x}^k) - F(\bar{\boldsymbol{x}}^k)\|^2 \leq L^2\|\boldsymbol{x}^k - \bar{\boldsymbol{x}}^k\|^2$$

であるので，

$$\|F'(\boldsymbol{x}^k)\boldsymbol{d}^k + F(\boldsymbol{x}^k)\| \leq \sqrt{c_1^2 + L^2}\|\boldsymbol{x}^k - \bar{\boldsymbol{x}}^k\|^2$$

を得る． □

次にこの性質を用いて，すべての k に対して $\boldsymbol{x}^k \in B(\boldsymbol{x}^*, b/2)$ であれば，$\mathrm{dist}(\boldsymbol{x}^k, X)$ が 0 に 2 次収束することを示す．

補題 D.2 $\boldsymbol{x}^k, \boldsymbol{x}^{k-1} \in B(\boldsymbol{x}^*, \frac{b}{2})$ であれば,

$$\mathrm{dist}(\boldsymbol{x}^k, X) \leq c_5 \mathrm{dist}(\boldsymbol{x}^{k-1}, X)^2 \tag{D.4}$$

が成り立つ．ここで，$c_5 = (c_1 c_3^2 + c_4)/c_2$ である．

証明 $\boldsymbol{x}^k, \boldsymbol{x}^{k-1} \in B\left(\boldsymbol{x}^*, \frac{b}{2}\right)$ かつ $\boldsymbol{x}^k = \boldsymbol{x}^{k-1} + \boldsymbol{d}^{k-1}$ であるので，仮定 D.1 (a), (b) と補題 D.1 より

$$\begin{aligned}
c_2 \mathrm{dist}(\boldsymbol{x}^k, X) &= c_2 \mathrm{dist}(\boldsymbol{x}^{k-1} + \boldsymbol{d}^{k-1}, X) \\
&\leq \|F(\boldsymbol{x}^{k-1} + \boldsymbol{d}^{k-1})\| \\
&\leq \|F'(\boldsymbol{x}^{k-1})\boldsymbol{d}^{k-1} + F(\boldsymbol{x}^{k-1})\| + c_1 \|\boldsymbol{d}^{k-1}\|^2 \\
&\leq c_4 \mathrm{dist}(\boldsymbol{x}^{k-1}, X)^2 + c_1 c_3^2 \mathrm{dist}(\boldsymbol{x}^{k-1}, X)^2 \\
&= (c_1 c_3^2 + c_4) \mathrm{dist}(\boldsymbol{x}^{k-1}, X)^2
\end{aligned}$$

となる．よって，$c_5 = \frac{c_1 c_3^2 + c_4}{c_2}$ とすれば，(D.4) を得る． □

この補題より，すべての k に対して $\boldsymbol{x}^k \in B\left(\boldsymbol{x}^*, \frac{b}{2}\right)$ であれば，$\{\mathrm{dist}(\boldsymbol{x}^k, X)\}$ が 0 に 2 次収束することがわかる．そこで，以下の補題において，すべての k に対して $\boldsymbol{x}^k \in B\left(\boldsymbol{x}^*, \frac{b}{2}\right)$ となるための十分条件を与える．

補題 D.3 $r := \min\{\frac{b}{2+4c_3}, \frac{1}{2c_5}\}$ とする．このとき $\boldsymbol{x}^0 \in B(\boldsymbol{x}^*, r)$ であれば，すべての k に対して $\boldsymbol{x}^k \in B(\boldsymbol{x}^*, \frac{b}{2})$ となる．

証明 帰納法で示す．まず，$\boldsymbol{x}^0 \in B(\boldsymbol{x}^*, r) \subseteq B(\boldsymbol{x}^*, \frac{b}{2})$ である．

次に，$\boldsymbol{x}^l \in B\left(\boldsymbol{x}^*, \frac{b}{2}\right)$，$l = 0, 1, \ldots, k$ であれば，$\boldsymbol{x}^{k+1} \in B\left(\boldsymbol{x}^*, \frac{b}{2}\right)$ となることを示す．ここで，$k = 0$，$k \geq 1$ の 2 つ場合に分けて示す．

$k = 0$ のとき： このとき，補題 D.1 より

$$\begin{aligned}
\|\boldsymbol{x}^1 - \boldsymbol{x}^*\| \leq \|\boldsymbol{x}^0 + \boldsymbol{d}^0 - \boldsymbol{x}^*\| \leq \|\boldsymbol{x}^0 - \boldsymbol{x}^*\| + \|\boldsymbol{d}^0\| \leq r + c_3 \mathrm{dist}(\boldsymbol{x}^0, X) \\
\leq r + c_3 \|\boldsymbol{x}^0 - \boldsymbol{x}^*\| \leq (1 + c_3) r
\end{aligned} \tag{D.5}$$

を得る．r の定義より，$(1 + c_3) r \leq \frac{b}{2}$ であるから，$\boldsymbol{x}^1 \in B(\boldsymbol{x}^*, \frac{b}{2})$ となる．

$k \geq 1$ のとき： このとき $0 \leq l \leq k$ であるすべての l に対して，$\boldsymbol{x}^l \in B(\boldsymbol{x}^*, \frac{b}{2})$ である．よって，補題 D.2 より，$1 \leq l \leq k$ である l に対して

$$\mathrm{dist}(\boldsymbol{x}^l, X) \leq c_5 \mathrm{dist}(\boldsymbol{x}^{l-1}, X)^2 \leq \cdots \leq c_5^{2^l - 1} \|\boldsymbol{x}^0 - \boldsymbol{x}^*\|^{2^l} \leq r \left(\frac{1}{2}\right)^{2^l - 1}$$

が成り立つ．ここで最後の不等式は $r \leq \frac{1}{2c_5}$ であることを用いた．さらに補題 D.1 より，$1 \leq l \leq k$ であるすべての l に対して

$$\|\boldsymbol{d}^l\| \leq c_3 \mathrm{dist}(\boldsymbol{x}^l, X) \leq c_3 r \left(\frac{1}{2}\right)^{2^l-1} \leq c_3 r \left(\frac{1}{2}\right)^{2l-1} \tag{D.6}$$

となる．よって，

$$\begin{aligned}
\|\boldsymbol{x}^{k+1} - \boldsymbol{x}^*\| &\leq \|\boldsymbol{x}^1 - \boldsymbol{x}^*\| + \sum_{l=1}^{k} \|\boldsymbol{d}^l\| \\
&\leq (1+c_3)r + c_3 r \sum_{l=1}^{k} \left(\frac{1}{2}\right)^{2l-1} \\
&\leq (1+2c_3)r \\
&\leq \frac{b}{2}
\end{aligned}$$

となる．ここで，2 番目の不等式は (D.5) を用い，最後の不等式は $r \leq \frac{b}{2+4c_3}$ であることを用いた．よって $\boldsymbol{x}^{k+1} \in B\left(\boldsymbol{x}^*, \frac{b}{2}\right)$ となる．

以上より，題意は示された． □

補題 D.2, D.3 を用いれば，主題である次の定理が示せる．

定理 D.1 仮定 D.1 が成り立ち，$r := \min\{\frac{b}{2+4c_3}, \frac{1}{2c_5}\}$ とする．さらに $\boldsymbol{x}^0 \in B(\boldsymbol{x}^*, r)$ として LM 法で生成された点列を $\{\boldsymbol{x}^k\}$ とする．このとき $\{\mathrm{dist}(\boldsymbol{x}^k, X)\}$ は 0 に 2 次収束する．さらに，点列 $\{\boldsymbol{x}^k\}$ はある解 $\hat{\boldsymbol{x}} \in B(\boldsymbol{x}^*, \frac{b}{2})$ に収束する．

証明 定理の前半は補題 D.2, D.3 より明らかである．

点列 $\{\boldsymbol{x}^k\}$ がある解 $\hat{\boldsymbol{x}} \in B(\boldsymbol{x}^*, \frac{b}{2})$ に収束することを示す．このことを示すには，$\{\mathrm{dist}(\boldsymbol{x}^k, X)\}$ が 0 に収束することと $\{\boldsymbol{x}^k\} \subset B(\boldsymbol{x}^*, \frac{b}{2})$ より，$\{\boldsymbol{x}^k\}$ がある点に収束することを示せば十分である．(D.6) より，すべての $k \geq 1$ に対して，

$$\|\boldsymbol{d}^k\| \leq c_3 r \left(\frac{1}{2}\right)^{2k-1}$$

が成り立つ．このとき，$p \geq q$ である正整数 p, q に対して

$$\|\boldsymbol{x}^p - \boldsymbol{x}^q\| \leq \sum_{i=q}^{p-1} \|\boldsymbol{d}^i\| \leq \sum_{i=q}^{\infty} \|\boldsymbol{d}^i\| \leq c_3 r \sum_{i=q}^{\infty} \left(\frac{1}{2}\right)^{2i-1} \leq 3c_3 r \left(\frac{1}{2}\right)^{2q}$$

となる．よって，$\{\boldsymbol{x}^k\}$ はコーシー列になるので，ある点に収束する． □

参考文献

[1] A. Bagirov, N. Karmitsa, and M. M. Mäkelä. *Introduction to Nonsmooth Optimization.* Springer-Verlag, New York, 2014.

[2] D. P. Bertsekas. *Nonlinear Programming: 2nd Edition.* Athena Scientific, Massachusetts, 1999.

[3] S. Boyd and L. Vandenberghe. *Convex Optimization.* Cambridge University Press, New York, 2004.

[4] F. H. Clarke. *Optimization and Nonsmooth Analysis.* John Wiley & Sons, New York, 1983.

[5] A. R. Conn, K. Scheinberg, and L. N. Vicente. *Introduction to Derivative-Free Optimization.* SIAM, Philadelphia, 2009.

[6] 福島雅夫.『非線形最適化の基礎』朝倉書店, 2001.

[7] 福島雅夫.『新版 数理計画入門』朝倉書店, 2011.

[8] 茨木俊秀, 福島雅夫.『FORTRAN77　最適化プログラミング』岩波書店, 1991.

[9] 小島政和, 土谷　隆, 水野眞治, 矢部　博.『内点法』(経営科学のニューフロンティア 9) 朝倉書店, 2001.

[10] 今野　浩, 山下　浩.『非線形計画法』日科技連出版社, 1978.

[11] J. Nocedal and S. Wright. *Numerical Optimization.* Springer-Verlag, New York, 2006.

[12] L. Qi. Convergence analysis of some algorithms for solving nonsmooth equations. *Mathematics of Operations Research*, 18:227–244, 1993.

[13] L. Qi and J. Sun. A nonsmooth version of Newton's method. *Mathematical Programming*, 58:353–367, 1993.

[14] R. T. Rockerfeller. *Convex Analysis* (ペーパーバック版). Princeton University Press, New Jersey, 1996.

[15] A. Ruszczynski. *Nonlinear Optimization.* Princeton University Press, New Jersey, 2006.

[16] 田村明久, 村松正和.『最適化法』共立出版, 2002.

[17] 矢部　博.『工学基礎 最適化とその応用』数理工学社, 2006.

[18] 矢部　博, 八巻直一.『非線形計画法』(応用数値計算ライブラリ) 朝倉書店, 1999.

索　引

Abadie の制約想定　39, 58
Barzilai と Borwein の方法（BB 法）　122
BD 正則 (BD-regular)　138
BFGS (Broyden–Fletcher–Goldfarb–Shanno) 更新　112
bundle 法　12, 141, 148
B 微分 (B-differential)　136
Clarke の一般化ヤコビ行列 (Clarke generalized Jacobian)　136
Cottle の制約想定　59
Farkas の補題　49
Fischer–Burmeister 関数　128, 136
Guignard の制約想定　58
J 最適解　92
KKT 点　41
Levenberg–Marquardt 法　132
Mangasarian–Fromovitz (MF) の制約想定　61
p 次収束 (convergence with order p)　9
Q 共役 (Q-orthogonal, conjugate with respect to Q)　86
simplex gradient　151
Slater の制約想定　59, 61
Steihaug 法　119
stencil gradient　151

ア　行

アルミホのルール (Armijo rule)　105
鞍点 (saddle point)　76

1 次収束 (linear convergence)　9
1 次独立の制約想定 (LICQ)　59, 61
一般化ニュートン法 (generalized Newton method)　135, 139

ウルフのルール (Wolfe rule)　105, 106, 184

カ　行

ガウス–ニュートン法 (Gauss–Newton method)　132
拡張ラグランジュ関数 (augmented Lagrangian)　172
拡張ラグランジュ法（乗数法）(augmented Lagrangian method (method of multipliers))　12, 171, 175
カーネルトリック (kernel trick)　82
カラテオドリの定理 (Carathéodory's theorem)　54
カルーシュ–キューン–タッカー条件 (Karush–Kuhn–Tucker conditions, KKT conditions)　39, 40
緩和問題 (relaxation problem)　82

記憶制限つき BFGS 法 (limited memory BFGS method, L-BFGS method)　122, 124
狭義凸関数 (strictly convex function)　23
狭義の局所的最小解 (strictly local minimum)　7
狭義の相補性 (strict complementarity)　70
強双対定理 (strongly duality theorem)　78
強半平滑 (strongly semismooth)　137
共役勾配法 (conjugate gradient method)　85, 125
共役方向法 (conjugate direction method)　86
局所的エラーバウンド (local error bound)　133
局所的最小解 (local minimum)　6, 7
局所的最適解 (local optimum)　7
局所的収束 (local convergence)　8
局所的リプシッツ連続 (locally Lipschitz

continuous) 177
極錐 (polar cone) 27

決定変数 (decision variables) 2

降下法 (descent method) 103
降下方向 (descent direction) 104, 143
勾配 (gradient) 178

サ 行

最急降下法 (steepest descent method) 11, 108
最急降下方向 (steepest descent direction) 108
最小二乗問題 (least square problem) 127
最適解 (optimal solution) 7
最適化問題 (optimization problem) 1
最適性の 1 次の必要条件 (first order optimality condition) 40
最適性の条件 (optimality condition) 7
最適性の 2 次の十分条件 (second order sufficient optimality conditions) 62, 66, 70
最適性の 2 次の必要条件 (second order necessary optimality conditions) 62, 64, 69
最尤推定 (maximum likelihood estimation) 15
サポートベクター回帰 (support vector regression) 13

資産配分問題 (asset allocation problem) 15
実行可能解 (feasible solution) 2
実行可能集合 (feasible set) 2
シミュレーション最適化 (simulation optimization) 21
射影 (projection) 177
射影勾配法 (projected gradient method) 12, 155
弱双対定理 (weak duality theorem) 75
修正 BFGS 更新 (damped BFGS update) 162
修正ガウス–ニュートン法 (modified Gauss–Newton method) 132
収束率 (rate of convergence) 8
主問題 (primal problem) 74
準ニュートン法 (quasi-Newton method) 11, 108, 111
乗数法 (method of multipliers) 174
障壁パラメータ (barrier parameter) 163
初期点 (initial point) 8
信頼領域法 (trust region method) 11, 103, 113

錐 (cone) 5, 26
錐計画問題 (cone programming problem) 5
ステップ幅 (step size, step length) 104

正基底 (positive bases) 151
制約関数 (constraint function) 2
制約想定 (constraint qualification) 58
制約つき最小化問題 (constrained minimization problem) 3
制約なし最小化問題 (unconstrained minimization problem) 3
セカント条件 (secant condition) 111
切除平面法 (cutting plane method) 147
接錐 (tangent cone) 26
線形計画問題 (linear programming problem) 3

双対ギャップ (duality gap) 76
双対法 (dual method) 12, 91
双対問題 (dual problem) 7, 71
相補性条件 (complementarity condition) 41

タ 行

大域的最小解 (global minimum) 6
大域的最小値 (global minimum) 6
大域的最適解 (global optimum) 6
大域的収束 (global convergence) 8
対数障壁関数 (log barrier function) 163
多項式計画問題 (polynomial optimization

problem)　4
単位単体制約 (unit simplex constraint)　2
探索方向 (search direction)　104
単体制約 (simplex constraint)　2

逐次 2 次計画法 (sequential quadratic programming method, SQP method)　12, 157, 161
超 1 次収束 (superlinear convergence)　9
直接探索法 (direct search method)　141, 149
直線探索法 (line search method)　103, 104, 144

テイラー展開 (Taylor expansion)　179
停留点 (stationary point)　47, 143

等式制約 (equality constraints)　2
等式制約問題 (equality constrained minimization problem)　3
凸関数 (convex function)　4, 23
凸計画問題 (convex programming problem)　4
凸結合 (convex combination)　26
凸集合 (convex set)　4, 23
凸錐 (convex cone)　26
凸多面体 (convex polytope)　26
凸包 (convex hull)　179

ナ　行

内点法 (interior point method)　12, 163

2 次計画問題 (quadratic programming problem)　4
2 次収束 (quadratic convergence)　9
2 段階計画問題 (bilevel programming problem)　5
ニュートン法 (Newton method)　11, 108, 109, 129
ニュートン方向　109

ハ　行

半正定値計画問題 (semidefinite programming problem)　5
反復法 (iterative method)　7
半平滑 (semismooth)　137
半無限計画問題 (semi-infinite programming problem)　5

非線形計画問題 (nonlinear programming problem)　1
非線形最小化問題 (nonlinear minimization problem)　2
非線形相補性問題 (nonlinear complementarity problem)　20
非線形方程式 (system of nonlinear equations)　127
非単調直線探索 (nonmonotone line search)　121
非負制約 (nonnegative constraint)　2
微分を用いない最適化法 (DFO)　149

不等式制約 (inequality constraints)　2
不等式制約問題 (inequality constrained minimization problem)　3
部分問題 (subproblem)　8

閉包 (closure)　179
ヘッセ行列 (Hessian)　178

方向微係数 (directional derivative)　141
方向微分 (directional derivative)　35, 178
方向微分可能 (directionally differentiable)　141
法線錐 (normal cone)　26
ホモトピーパス (homotopy path)　134
ホモトピー法 (homotopy method)　134

マ　行

前処理つき共役勾配法 (preconditioned conjugate gradient method)　91
マラトス効果 (Maratos effect)　162

無限計画問題 (infinite programming problem)　5

目的関数 (objective function)　2

ヤ　行

ヤコビ行列 (Jacobian)　178

有効制約法 (active set method)　91

ラ　行

ラグランジュ関数 (Lagrange function)　40
ラグランジュ緩和問題 (Lagrangian relaxation problem)　72
ラグランジュ乗数 (Lagrange multipliers)　40
ラグランジュ双対問題 (Lagrangian dual problem)　71
ラグランジュの未定乗数法 (method of Lagrange multiplier)　40

劣 1 次収束 (sublinear convergence)　10
劣勾配 (subgradient)　35, 144
劣勾配法 (subgradient method)　11, 141, 145
劣微分 (subdifferential)　36
連続最適化問題 (continuous optimization problem)　1

ロバスト最適化 (robust optimization)　19, 82

著者略歴

やました のぶお
山 下 信 雄

1969 年　愛知県に生まれる
1996 年　奈良先端科学技術大学院大学博士後期課程修了
現　在　京都大学大学院情報学研究科数理工学専攻教授
　　　　博士（工学）

主　著　『数理計画法』（共著）コロナ社，2008.

応用最適化シリーズ 6
非線形計画法　　定価はカバーに表示

2015 年 7 月 25 日　初版第 1 刷
2020 年 7 月 25 日　　　第 3 刷

著　者　山　下　信　雄
発行者　朝　倉　誠　造
発行所　株式会社　朝　倉　書　店
東京都新宿区新小川町 6-29
郵 便 番 号　162-8707
電　話　03（3260）0141
F A X　03（3260）0180
http://www.asakura.co.jp

〈検印省略〉

中央印刷・渡辺製本

ISBN 978-4-254-11791-2　C 3341　Printed in Japan